内容简介

本书是为高等理工科院校各专业本科生、研究生开设的“数值计算方法”课程而编写的教材. 全书系统地介绍了现代科学与工程计算中常用的数值分析理论、方法及有关应用，内容包括：数值计算方法引论、线性方程组的数值解法、非线性方程的数值解法、矩阵的特征值及特征向量的计算、插值法、最小二乘法与曲线拟合、数值微积分、常微分方程的数值解法等. 本书取材新颖、阐述严谨、内容丰富、重点突出、推导详尽、思路清晰、深入浅出、富有启发性，便于教学与自学. 为了加强对学生基本知识的训练与综合能力的培养，每章末都配备了小结并精选了相当数量的算法与C语言程序设计上机实例、复习思考题及综合练习题，以便读者巩固、复习、应用所学知识. 书末附有习题答案与提示，可供教师与学生参考.

本书可作为高等理工科院校各专业本科生、研究生“数值计算方法”课程的教材或教学参考书，也可供从事数值计算的科技工作者学习参考.

现代数值计算方法

（第二版）

主编　肖筱南

编著　肖筱南　赵来军　党林立

北京大学出版社
PEKING UNIVERSITY PRESS

图书在版编目（CIP）数据

现代数值计算方法 / 肖筱南主编．—2 版．—北京：北京大学出版社，2016.8
（21 世纪高等院校数学规划系列教材）
ISBN 978-7-301-27446-0

Ⅰ．①现…　Ⅱ．①肖…　Ⅲ．①数值计算—计算方法—高等学校—教材
Ⅳ．①O241

中国版本图书馆 CIP 数据核字（2016）第 193701 号

书　　名　现代数值计算方法（第二版）
　　　　　　XIANDAI SHUZHI JISUAN FANGFA
著作责任者　肖筱南　主编
责任编辑　曾琬婷
标准书号　ISBN 978-7-301-27446-0
出版发行　北京大学出版社
地　　址　北京市海淀区成府路 205 号　100871
网　　址　http://www.pup.cn　新浪微博：@北京大学出版社
电子信箱　zpup@pup.cn
电　　话　邮购部 62752015　发行部 62750672　编辑部 62767347
印 刷 者　北京市科星印刷有限责任公司
经 销 者　新华书店
　　　　　　787 毫米×980 毫米　16 开本　13.5 印张　280 千字
　　　　　　2003 年 7 月第 1 版
　　　　　　2016 年 8 月第 2 版　2022 年 6 月第 4 次印刷（总第 15 次印刷）
印　　数　43501—46501 册
定　　价　32.00 元

“21世纪高等院校数学规划系列教材”
编审委员会

主　编　肖筱南

编　委　（按姓氏笔画为序）

王海玲	王惠君	庄平辉	许振明
许清泉	李清桂	杨世廞	单福奎
周小林	周牡丹	林应标	林建华
欧阳克智	宣飞红	茹世才	殷　倩
高琪仁	曹镇潮		

“21世纪高等院校数学规划系列教材”书目

高等数学（上册）	林建华等编著
高等数学（下册）	林建华等编著
微积分	曹镇潮等编著
线性代数	许振明等编著
新编概率论与数理统计（第二版）	肖筱南等编著
现代数值计算方法（第二版）	肖筱南　主编

第二版前言

随着科学技术的飞速发展，作为计算科学的基础——数值计算方法越来越显示出它的重要性. 本书作为高等理工科院校各相关专业本科生喜爱的畅销教材，自2003年出版以来，一直受到广大读者的热情关怀、支持与好评，并被许多院校广泛采用，致使出版至今，累计印刷10余次，方能满足读者需求.

为了进一步满足新世纪对高等理工科院校“数值计算方法”课程培养复合型高素质人才的要求，我们根据多年的教学改革、研究与实践以及教材出版后读者的反馈意见，并按照新形势下课程改革的精神与学生学习“数值计算方法”课程的实际要求，对第一版教材进行了全面的、必要的修订.

经过修订后的教材，结构更加严谨，逻辑更加清晰，比第一版教材更加完整；既保持了第一版教材的结构、系统与风格，又更加简明、实用、易学、易教.

本版由肖筱南教授制订修订方案并负责统稿、定稿. 在修订过程中，充分听取了广大教师所提出的宝贵意见与建议. 周小林老师与许振明老师为本书的再版付出了辛勤劳动. 本次修订得到了北京大学出版社的大力支持与帮助. 在此一并表示诚挚的谢意.

我们期望第二版教材能更加适应新世纪“数值计算方法”课程教学的需要，不足之处，恳请读者批评指正.

编　者

2016年5月

第一版前言

随着科学技术的不断发展与计算机技术的广泛应用，数值计算越来越显示出其重要作用，科学计算的重要性被愈来愈多的人所认识．而对于当今信息社会的大学生而言，则更应当具备这方面的知识与能力．事实上，在众多科技与工程领域中，如果没有科学计算，就不可能产生一流的研究成果．由此可见科学计算在科技发展中的重要性．正因如此，许多理工科大学都已将"数值计算方法"列为大学生与硕士研究生的必修课程，以便学生将来能为众多的科学与工程技术问题提供准确、有效、可靠、科学的数值计算方法．

为了进一步提高数值计算方法的教学质量，更好地满足新世纪对高等理工科院校培养复合型高素质人才的要求，我们在紧扣教育部最新颁布的工科院校"数值计算方法"教学大纲的前提下，结合多年的教学研究与实践，博采众家之长并针对理工科院校学生学习计算方法的实际需要，几经易稿编写了本书．在编写过程中，我们既充分考虑到现代科学技术发展的需要，系统地介绍了现代科学与工程计算中常用的数值计算方法、理论及其应用，又充分考虑到理工科院校开设"数值计算方法"课程的教学特点和需要，在遵循本学科科学性与系统性、基础性与实用性并重的前提下，尽量注意贯彻由浅入深、循序渐进、融会贯通的教学原则与直观形象的教学方法，既注意现代数值计算方法基本概念、基本理论和方法的阐述，又注意对学生基本计算、编程能力的训练和分析问题、解决问题能力的培养，以达到使学生真正掌握好这门课程之目的．此外，本书每章末还都配备了小结、算法及C语言程序设计实例、复习思考题和综合练习题，以供读者巩固、复习、应用所学知识．书末附有习题答案与提示，可供教师与学生参考．

本书可作为高等理工科院校本科生、研究生"数值计算方法"课程的教材或教学参考书．全书共分八章，内容包括：数值计算中的误差分析，线性方程组的数值解法，非线性方程的数值解法，矩阵的特征值及特征向量的计算，插值法，最小二乘法与曲线拟合，数值微积分，常微分方程的数值解法等．本书结构严谨、逻辑清晰、深入浅出、分析深刻、富有新意，便于教学与阅读．书中内容包括了现代科学与工程计算中常用的数值分析理论及方法，本书各章内容具有一定的独立性．讲授全书约需72学时，但根据实际情况与专业需要，删去部分内容，也可适用于40～60学时的教学需要．

本书由肖筱南教授主编，编著者为肖筱南教授、赵来军博士与党林立博士．在本书的编写过程中,得到了北京大学出版社的大力支持与帮助,责任编辑刘勇副编审为本书的出版付出了辛勤劳动,在此一并表示诚挚的谢意.

我们谨将本书奉献给读者,希望它能成为每位读者学习数值计算方法的良师益友.限于编者水平,书中难免有不妥之处,恳请读者指正.

编 者

2003 年 5 月

目　　录

第一章 数值计算方法引论

数值计算方法是研究数学问题的数值解及其理论的一个数学分支，其应用极为广泛. 数值计算方法是将欲求解的数学模型或数学问题简化成一系列算术运算和逻辑运算，以便在计算机上求出问题的数值解. 但由于数值解与准确解之间往往存在误差，当然人们总是希望其误差越小越好. 因此，误差分析与估计就成为了数值计算方法的重要内容. 本章简要介绍数值计算方法的研究对象、任务与特点，误差的基本理论(包括误差的来源与分类、数据误差的影响)以及数值算法的稳定性与数值算法设计的原则.

§1 数值计算方法的研究对象、任务与特点

一、科学计算的意义

现代科学研究有三大支柱：理论研究、科学实验和科学计算. 科学计算的基础就是数值计算方法. 数值计算方法也称数值分析、数值方法或计算机数学，它是计算数学的一个主要部分. 计算数学是数学科学的一个分支，它研究用计算机求解各种数学问题的数值计算方法及其理论与软件实现，是用公式表示数学问题以便可以利用算术运算和逻辑运算解决这些问题的技术.

数值计算方法是寻求数学问题近似解的方法、过程及其理论的一个数学分支，它主要考虑各种数学模型及其算法. 这些数学模型是为了解决各类应用领域，特别是科学与工程计算领域的实际问题而提出的. 数值计算方法以纯数学作为基础，但却不完全像纯数学那样只研究数学本身的理论，而是看重研究数学问题求解的数值方法及与此有关的理论(包括方法的收敛性、稳定性及误差分析)，且是根据计算机的特点研究计算时间和空间(也称计算复杂性)最省的计算方法. 有的方法在理论上虽然还不够完善与严密，但通过对比分析、实际计算和实践检验等手段，被证明是行之有效的方法，这样的计算方法也可采用. 因此，数值分析既有纯数学

的高度抽象性与严密科学性的特点,又有应用的广泛性与实际试验的高度技术性的特点,是一门与计算机密切结合的实用性很强的计算数学课程.

学习数值计算方法,除了具有上述意义,还对解决如下问题具有重要意义:

(1) 在许多情况下,数值计算方法能够解决用传统的解析方法不可能求解的问题. 例如,在处理大型方程组、非线性和复杂几何等问题时,数值方法可以极大地提高问题求解的技能.

(2) 数值计算方法可以让用户更加智慧地使用被视为"黑盒"的"封装过的"软件. 许多问题不能直接用封装的程序解决,如果熟悉数值方法并擅长计算机编程的话,就可以自己设计程序解决问题.

(3) 数值计算方法是学习使用计算机的有效载体,对于展示计算机的强大和不足是非常理想的. 当成功地在计算机上实现了数值方法,然后将它们应用于求解其他难题时,计算机的服务功能便可得到极大的展现. 同时,在数值分析的过程中,我们还会研究如何认识和控制误差. 这是大规模数值计算的组成部分,也是大规模数值计算面临的最大问题.

(4) 数值计算方法提供了一个增强对数学理解的平台,因为数值方法的一个功能就是将数学从高级抽象的理论运算化为基本的算术运算. 从这个独特的角度而言,数值计算方法可以提高对数学问题的理解和认知.

二、数值计算方法的研究对象、任务与特点

随着计算机的普及与发展,数值计算已成为科学研究与工程设计中必不可少的重要手段. 在科学技术高速发展的今天,学习、掌握数值计算方法并会用计算机来解决科研与工程实际中的数值计算问题,已成为广大科技与工程技术人员的迫切需要. 因此,在理工科高等院校的本科生与研究生的教育中,很多专业都将"数值计算方法"列为必修课程.

数值计算方法是研究科学与工程技术中数学问题的数值解及其理论的一个数学分支,它的涉及面很广,如涉及代数、微积分、微分方程的数值解等问题. 自计算机成为数值计算的主要工具以来,数值计算方法的主要任务就是研究适合于在计算机上使用的数值计算方法及与此相关的理论,如方法的收敛性、稳定性以及误差分析等. 此外,还要根据计算机的特点研究计算时间最短、需要计算机内存最少等计算方法问题. 利用计算机解决科学计算问题需经历几个环节:实际问题→数学模型→提出数学问题→设计高效、可靠的数值计算方法→程序设计→上机计算求出结果. 可以看出,由实际问题的提出到上机求得问题解答,整个过程的关键是如何根据数学模型提出求解的数值计算方法直到编出程序上机计算出结果,它既是计算数学的任务,也是数值计算方法的研究对象. 可见,数值计算方法不同于纯数学的是,它既具有数学的抽象性与严格性,又具有应用的广泛性与实际试验的技术性,它是一门与计算机紧密结合的实用性很强的有着自身研究方法与理论系统的计算数学课程. 具体而言,数值计算方法的特点可概括为:应提供能让计算机直接处理的、包括加减乘除运算和逻

辑运算及具有完整解题步骤的、切实可行的有效算法与程序;可用框图、算法语言、数学语言或自然语言来描述,并有可靠的理论分析;能任意逼近且达到精确度要求,对近似算法应保证收敛性和数值稳定性、进行必要的误差分析. 此外,还要注意算法能否在计算机上实现,应避免因数值方法选用不当、程序设计不合理而导致超过计算机的存贮能力,或导致计算结果精确度不高等.

根据"数值计算方法"的特点,学习本课程时,我们首先应注意掌握数值计算方法的基本原理和思想,注意方法处理的技巧及其与计算机的密切结合,重视误差分析、收敛性及稳定性的基本理论;其次,要注意方法的使用条件,通过各种方法的比较,了解各种方法的异同及优缺点;最后,为了学好这门课程,还应通过一定数量的理论与计算练习,培养与提高我们使用各种数值计算方法解决实际计算问题的能力.

§2 误差与数值计算的误差估计

一、误差的来源与分类

在数值计算过程中,估计计算结果的精确度是十分重要的工作. 而影响精确度的因素是各种各样的误差,它们可分为两大类:一类称为"过失误差",它们一般是由人为造成的,是可以避免的,故在数值计算中我们不讨论它们;而另一类称为"非过失误差",这类误差在数值计算中往往是无法避免的,也是我们要研究的. 按照非过失误差的来源,它们可分为以下四种:

1. 模型误差

用数值计算方法解决实际问题时,首先必须建立数学模型. 由于实际问题的复杂性,在对实际问题进行抽象与简化时,往往为了抓住主要因素而忽略了一些次要因素,这样就会使得建立起来的数学模型只是复杂客观现象的一种近似描述,它与实际问题之间总会存在一定的误差. 我们把数学模型与实际问题之间出现的这种误差称为**模型误差**.

2. 观测误差

在数学模型中往往包含一些由观测或实验得来的物理量,由于测量工具精确度和测量手段的限制,它们与实际量大小之间必然存在误差,这种误差称为**观测误差**.

3. 截断误差

对于由实际问题建立起来的数学模型,在很多情况下要得到准确解是困难的,通常要用数值方法求出它的近似解. 例如,常常用有限过程逼近无限过程,用能计算的问题代替不能计算的问题. 这种数学模型的精确解与由数值方法求出的近似解之间的误差称为**截断误差**. 由于截断误差是数值计算方法固有的,故又称为**方法误差**.

例如,用函数 $f(x)$ 的泰勒(Taylor)展开式的部分和 $S_n(x)$ 去近似代替 $f(x)$,其余项 R_n 就是真值 $f(x)$ 的截断误差.

4. 舍入误差

用计算机进行数值计算时,由于计算机的位数有限,计算时只能对超过位数的数字进行四舍五入,由此产生的误差称为**舍入误差**. 例如,用 2.71828 作为无理数 e 的近似值产生的误差就是舍入误差. 应请读者注意的是,虽然少量的舍入误差是微不足道的,但在计算机上完成了千百万次运算之后,舍入误差的积累却可能是十分惊人的.

综上所述,数值计算中除了可以完全避免的过失误差外,还存在难以回避的模型误差、观测误差、截断误差和舍入误差. 而在这四种误差来源的分析中,前两种误差是客观存在的,后两种误差是由计算方法所引起的. 因此,后两种误差将是数值计算方法的主要研究对象,讨论它们在计算过程中的传播和对计算结果的影响,并找出误差的界,对研究误差的渐近特性和改进算法的近似程度具有重大的实际意义.

二、误差与有效数字

1. 绝对误差与绝对误差限

设某一量的精确值为 x,其近似值为 x^*,则称

$$E(x^*)=x-x^*$$

为近似值 x^* 的**绝对误差**,简称**误差**.

当 $E(x^*)>0$ 时,称 x^* 为**弱近似值**或**亏近似值**;当 $E(x^*)<0$ 时,称 x^* 为**强近似值**或**盈近似值**.

一般地,某一量的精确值 x 是不知道的,因而 $E(x^*)$ 也无法求出,但往往可以估计出 $E(x^*)$ 的上界,即存在 $\eta>0$,使得

$$|E(x^*)|=|x-x^*|\leqslant\eta.$$

此时,称 η 为近似值 x^* 的**绝对误差限**,简称**误差限**或**精确度**. η 越小,表示近似值 x^* 的精确度越高. 显然有

$$x^*-\eta\leqslant x\leqslant x^*+\eta.$$

有时也用

$$x=x^*\pm\eta$$

来表示近似值 x^* 的精确度或精确值 x 的所在范围. 绝对误差是有量纲的.

例如,用毫米刻度的直尺去测量一长度为 x 的物体,测得其近似值为 $x^*=84\,\mathrm{mm}$. 由于直尺以毫米为刻度,所以其误差不超过 0.5 mm,即

$$|x-84\,\mathrm{mm}|\leqslant 0.5\ \mathrm{mm}.$$

这样,虽然不能得出准确值 x 的长度是多少,但从这个不等式可以知道 x 的范围是

$$83.5\ \mathrm{mm} \leqslant x \leqslant 84.5\ \mathrm{mm}.$$

2. 相对误差与相对误差限

用绝对误差来刻画一个近似值的精确程度是有局限性的，在很多场合中它无法显示出近似值的准确程度. 例如，测量 100 m 和 10 m 两个长度，若它们的绝对误差都是 1 cm，显然前者的测量结果比后者的准确. 由此可见，决定一个量的近似值的精确度，除了要看绝对误差的大小外，还必须考虑该量本身的大小. 为此，引入相对误差的概念.

称绝对误差与精确值之比

$$E_r(x^*) = \frac{E(x^*)}{x} = \frac{x - x^*}{x}$$

为近似值 x^* 的**相对误差**. 在实际中，由于精确值 x 一般无法知道，因此往往取

$$E_r(x^*) = \frac{x - x^*}{x^*}$$

作为近似值 x^* 的相对误差.

类似于绝对误差的情况，若存在 $\delta > 0$，使得

$$|E_r(x^*)| = \left|\frac{x - x^*}{x^*}\right| \leqslant \delta,$$

则称 δ 为近似值 x^* 的**相对误差限**. 相对误差是无量纲的数，通常用百分比表示，称为**百分误差**.

根据上述定义可知，当 $|x - x^*| \leqslant 1$ cm 时，测量 100 m 物体时的相对误差为

$$|E_r(x^*)| = \frac{1}{10000} = 0.01\%,$$

测量 10 m 物体时的相对误差为

$$|E_r(x^*)| = \frac{1}{1000} = 0.1\%.$$

可见，前者的测量结果要比后者精确. 所以，在分析误差时，相对误差更能刻画误差的特性.

3. 有效数字

为了能给出一种数的表示法，使之既能表示其大小，又能表示其精确程度，需要引进有效数字的概念. 在实际计算中，当准确值 x 有很多位数时，我们常常按四舍五入的原则得到 x 的近似值 x^*. 例如，对无理数

$$\mathrm{e} = 2.718281828\cdots,$$

若按四舍五入原则分别取三位和六位小数，则得

$$\mathrm{e} \approx 2.72, \quad \mathrm{e} \approx 2.71828.$$

不管取几位小数得到的近似数，其绝对误差都不超过末位数的半个单位，即

$$|\mathrm{e} - 2.72| \leqslant \frac{1}{2} \times 10^{-2}, \quad |\mathrm{e} - 2.71828| \leqslant \frac{1}{2} \times 10^{-5}.$$

下面我们将四舍五入抽象成数学语言，进而引进“有效数字”的概念.

若近似值 x^* 的绝对误差限是某一位的半个单位，就称其“准确”到这一位，且从该位直到 x^* 的第一位非零数字共有 n 位，则称近似值 x^* 有 n 位**有效数字**.

引入有效数字的概念后，我们规定所写出的数都应该是有效数字，且在同一计算问题中，参加运算的数，都应该有相同的有效数字.

例如，358.467，0.00427511，8.000034，8.000034×10^3 的具有 5 位有效数字的近似值分别是 358.47，0.0042751，8.0000，8000.0.

注意，8.000034 的 5 位有效数字是 8.0000，而不是 8，因为 8 只有 1 位有效数字，前者精确到 0.0001，而后者仅精确到 1，两者相差是很大的. 显然，前者远较后者精确. 由此可见，有效数字尾部的零不能随意省去，以免损失精确度.

一般地，任何一个实数 x 经四舍五入后得到的近似值 x^* 都可写成如下标准形式：

$$x^*=\pm(\alpha_1\times10^{-1}+\alpha_2\times10^{-2}+\cdots+\alpha_n\times10^{-n})\times10^m, \tag{1.2.1}$$

其中 m 为整数，α_1 是 1 到 9 中的一个数字，$\alpha_2,\alpha_3,\cdots,\alpha_n$ 是 0 到 9 中的数字. 所以，当 x^* 的绝对误差限满足

$$|x-x^*|\leqslant\frac{1}{2}\times10^{m-n} \tag{1.2.2}$$

时，则称 x^* 具有 n 位有效数字.

根据上述有效数字的定义，不难验证 e 的近似值 2.71828 具有 6 位有效数字. 事实上，

$$\begin{aligned}2.71828=(&2\times10^{-1}+7\times10^{-2}+1\times10^{-3}+8\times10^{-4}\\&+2\times10^{-5}+8\times10^{-6})\times10,\end{aligned}$$

这里 $m=1,n=6$. 因为

$$|\mathrm{e}-2.71828|=0.000001828\cdots<\frac{1}{2}\times10^{-5},$$

所以它具有 6 位有效数字.

有效数字不但给出了近似值的大小，而且还给出了它的绝对误差限. 例如，有效数字 3567.82，0.423×10^{-2}，0.4230×10^{-2} 的绝对误差限分别为 $\frac{1}{2}\times10^{-2}$，$\frac{1}{2}\times10^{-5}$，$\frac{1}{2}\times10^{-6}$. 必须注意，在有效数字的记法中，0.423×10^{-2} 与 0.4230×10^{-2} 是有区别的，前者只有 3 位有效数字，而后者则具有 4 位有效数字.

还需指出的是，一个准确数字的有效数字的位数，应当说有无穷多位. 例如，不能说 $1/8=0.125$ 只有 3 位有效数字.

有效数字与绝对误差、相对误差有如下关系：

(1) 若某数 x 的近似值 x^* 有 n 位有效数字，则此近似值 x^* 的绝对误差限为

$$|x-x^*|\leqslant\frac{1}{2}\times10^{m-n}.$$

由此可见，当 m 一定时，有效数字位数 n 越多，其绝对误差限越小.

(2) 若用(1.2.1)式表示的近似值 x^* 具有 n 位有效数字，则其相对误差限为

$$|E_r(x^*)| \leqslant \frac{1}{2\alpha_1} \times 10^{-(n-1)}; \tag{1.2.3}$$

反之，若 x^* 的相对误差限满足

$$|E_r(x^*)| \leqslant \frac{1}{2(\alpha_1+1)} \times 10^{-(n-1)}, \tag{1.2.4}$$

则 x^* 至少具有 n 位有效数字.

事实上，由(1.2.1)式可知

$$\alpha_1 \times 10^{m-1} \leqslant |x^*| \leqslant (\alpha_1+1) \times 10^{m-1},$$

所以

$$|E_r(x^*)| = \frac{|x-x^*|}{|x^*|} \leqslant \frac{\frac{1}{2} \times 10^{m-n}}{\alpha_1 \times 10^{m-1}} = \frac{1}{2\alpha_1} \times 10^{-(n-1)}.$$

反之，由

$$\begin{aligned} |x-x^*| &= |x^*| \cdot |E_r(x^*)| \\ &\leqslant (\alpha_1+1) \times 10^{m-1} \times \frac{1}{2(\alpha_1+1)} \times 10^{-(n-1)} \\ &= \frac{1}{2} \times 10^{m-n} \end{aligned}$$

知，x^* 至少具有 n 位有效数字.

可见，有效数字的位数越多，相对误差限就越小，即近似值的有效位数越多，用这个近似值去近似代替准确值的精确度就越高.

例 1 为了使 $\sqrt{20}$ 的近似值的相对误差小于 1%，问：至少应取几位有效数字？

解 $\sqrt{20}$ 的近似值的首位非零数字是 $\alpha_1=4$，由(1.2.3)式有

$$|E_r(x^*)| = \frac{1}{2 \times 4} \times 10^{-(n-1)} < 1\%.$$

解之得 $n>2$，故取 $n=3$ 即可满足要求. 也就是说，只要 $\sqrt{20}$ 的近似值具有 3 位有效数字，就能保证 $\sqrt{20} \approx 4.47$ 的相对误差小于 1%.

三、数值计算的误差估计

数值计算中误差产生与传播的情况非常复杂，参与运算的数据往往都是些近似值，它们都带有误差. 而这些数据的误差在多次运算中又会进行传播，使计算结果产生一定的误差，这就是误差的传播问题. 以下介绍利用函数的泰勒公式来估计误差的一种常用方法.

设可微函数 $y=f(x_1,x_2,\cdots,x_n)$ 中的自变量 $x_1,x_2,\cdots,x_n$ 相互独立,又 $x_1^*,x_2^*,\cdots,x_n^*$ 依次是 $x_1,x_2,\cdots,x_n$ 的近似值,则 y 的近似值为 $y^*=f(x_1^*,x_2^*,\cdots,x_n^*)$.

将函数 $f(x_1,x_2,\cdots,x_n)$ 在点 $(x_1^*,x_2^*,\cdots,x_n^*)$ 处作泰勒展开,并略去其中的高阶小量等项,即可得到 y 的近似值 y^* 的绝对误差和相对误差的估计式分别为

$$\begin{aligned}E(y^*)&=y-y^*=f(x_1,x_2,\cdots,x_n)-f(x_1^*,x_2^*,\cdots,x_n^*)\\&\approx\sum_{i=1}^{n}\frac{\partial f(x_1^*,x_2^*,\cdots,x_n^*)}{\partial x_i^*}(x_i-x_i^*)\\&=\sum_{i=1}^{n}\frac{\partial f(x_1^*,x_2^*,\cdots,x_n^*)}{\partial x_i^*}E(x_i^*),\end{aligned}\tag{1.2.5}$$

$$\begin{aligned}E_r(y^*)&=\frac{E(y^*)}{y^*}\approx\sum_{i=1}^{n}\frac{\partial f(x_1^*,x_2^*,\cdots,x_n^*)}{\partial x_i^*}\frac{x_i^*}{y^*}\frac{E(x_i^*)}{x_i^*}\\&=\sum_{i=1}^{n}\frac{x_i^*}{y^*}\frac{\partial f(x_1^*,x_2^*,\cdots,x_n^*)}{\partial x_i^*}E_r(x_i^*).\end{aligned}\tag{1.2.6}$$

以上两式中的各项

$$\frac{\partial f(x_1^*,x_2^*,\cdots,x_n^*)}{\partial x_i^*}\quad 和 \quad\frac{x_i^*}{y^*}\frac{\partial f(x_1^*,x_2^*,\cdots,x_n^*)}{\partial x_i^*}\quad(i=1,2,\cdots,n)$$

分别称为各个 x_i^* $(i=1,2,\cdots,n)$ 对 y^* 的绝对误差和相对误差的**增长因子**,它们分别表示绝对误差 $E(x_i^*)$ 和相对误差 $E_r(x_i^*)$ 经过传播后增大或缩小的倍数.

利用(1.2.5)式或(1.2.6)式,还可得到两数和、差、积、商的误差估计.

例 2 试估计 $y=f(x_1,x_2,\cdots,x_n)=x_1+x_2+\cdots+x_n$ 的绝对误差与相对误差.

解 因为 $\frac{\partial f}{\partial x_i}=1\,(i=1,2,\cdots,n)$,所以由(1.2.5)式知

$$E(y^*)=\sum_{i=1}^{n}E(x_i^*),\quad |E(y^*)|\leqslant\sum_{i=1}^{n}|E(x_i^*)|,$$

即和的绝对误差不超过各加数的绝对误差之和.

为了估计和式 y 的相对误差,考虑到误差源 $E(x_i^*)$ 同号这一最坏情况,不妨假设 $x_i^*>0$ $(i=1,2,\cdots,n)$,于是可得

$$|E_r(y^*)|\leqslant\max_{1\leqslant i\leqslant n}|E_r(x_i^*)|,$$

即和的相对误差不超过相加各项中最不准确的一项的相对误差.

例 3 测得某桌面的长 a 的近似值为 $a^*=120\,\text{cm}$,宽 b 的近似值为 $b^*=60\,\text{cm}$. 若已知 $|a-a^*|\leqslant0.2\,\text{cm}$, $|b-b^*|\leqslant0.1\,\text{cm}$,试求近似面积 $S^*=a^*b^*$ 的绝对误差限与相对误差限.

解 因为 $S=ab$, $\frac{\partial S}{\partial a}=b$, $\frac{\partial S}{\partial b}=a$,则由(1.2.5)式得

$$E(S^*) \approx \frac{\partial S^*}{\partial a^*}E(a^*) + \frac{\partial S^*}{\partial b^*}E(b^*)$$
$$= b^* E(a^*) + a^* E(b^*).$$

所以

$$|E(S^*)| \leqslant |60 \times 0.2|\ \mathrm{cm}^2 + |120 \times 0.1|\ \mathrm{cm}^2 = 24\ \mathrm{cm}^2.$$

而相对误差限为

$$|E_r(S^*)| = \left|\frac{E(S^*)}{S^*}\right| = \frac{|E(S^*)|}{a^* b^*} \leqslant \frac{24}{7200} \approx 0.33\%.$$

最后指出,在由误差估计式得出绝对误差限和相对误差限的估计时,由于取了绝对值并用三角不等式放大,因此是按最坏的情形得出的,所以由此得出的结果是保守的. 事实上,出现最坏情形的可能性是很小的. 因此,近年来出现了一系列关于误差的概率估计. 一般来说,为了保证运算结果的精确度,只要根据运算量的大小,比结果中所要求的有效数字的位数多取 1 位或 2 位进行计算就可以了.

§3 选用和设计算法时应遵循的原则

数值算法通常简称为**算法**,是指有步骤地完成求解数值问题的过程. 利用计算机来求数学模型的数值解时,必须首先设计算法,而算法的好坏,将会直接影响到计算机的使用效率,也会影响到数值计算结果的精确度与真实性. 为了选用到计算量小、精确度高的有效算法,选用算法时一般应遵循以下原则: 算法稳定;算法的逻辑结构简单;算法的运算次数和算法的存储量尽量少;等等. 同时,为了让计算机能更好地解决实际问题,我们除了要建立正确的数学模型外,还应针对具体问题适当地选择与改造算法,熟悉算法的设计原理与计算过程,并且精心设计与编写计算机程序以获得满意的计算效果. 下面通过对误差传播规律与算法优劣的分析,指出选用和设计算法时应注意的几个问题.

一、选用数值稳定的计算公式,控制舍入误差的传播

一个算法是否稳定,这是十分重要的. 如果算法不稳定,则数值计算的结果就会严重背离数学模型的真实结果. 因此,在选择数值计算公式来进行近似计算时,我们应特别注意选用那些在数值计算过程中不会导致误差迅速增长的计算公式.

例如,对定积分

$$I_n = \mathrm{e}^{-1}\int_0^1 x^n \mathrm{e}^x \mathrm{d}x \quad (n = 0,1,2,\cdots), \tag{1.3.1}$$

利用分部积分法不难求得 I_n 的递推关系式为

$$\begin{cases} I_n = 1 - nI_{n-1} \quad (n = 1,2,\cdots), \\ I_0 = 1 - \mathrm{e}^{-1} \approx 0.6321. \end{cases} \tag{1.3.2}$$

由递推关系式(1.3.2)可依次计算得结果如下:

$$I_0=0.6321,\quad I_1=0.3680,\quad I_2=0.2640,$$
$$I_3=0.2080,\quad I_4=0.1680,\quad I_5=0.1600,$$
$$I_6=0.0400,\quad I_7=0.7200,\quad I_8=-0.7280.$$

由于

$$0<I_n<\mathrm{e}^{-1}\max_{0\leqslant x\leqslant 1}(\mathrm{e}^x)\cdot\int_0^1 x^n\,\mathrm{d}x=\frac{1}{n+1},\tag{1.3.3}$$

则由以上 I_n 的不等式可看出

$$I_7<\frac{1}{8}=0.1250.$$

可见,按递推关系式(1.3.2)计算出的 I_7,I_8 的结果是错误的. 错误产生的原因是 I_0 本身有不超过 $(1/2)\times10^{-4}$ 的舍入误差,此误差在运算中传播、积累很快,传播到 I_7 与 I_8 时,该误差已放大了 7 与 8 倍,从而使得 I_7,I_8 的结果面目全非.

但若将递推关系式(1.3.2)中的第一个式子改写为

$$I_{n-1}=\frac{1}{n}(1-I_n)\quad(n=1,2,\cdots),\tag{1.3.4}$$

因为

$$I_n>\mathrm{e}^{-1}\min_{0\leqslant x\leqslant 1}(\mathrm{e}^x)\cdot\int_0^1 x^n\,\mathrm{d}x=\frac{\mathrm{e}^{-1}}{n+1},$$

则结合(1.3.3)式可得

$$\frac{\mathrm{e}^{-1}}{n+1}<I_n<\frac{1}{n+1}.$$

当 $n=7$ 时,由上面的估计式可取 $I_7=0.1124$ 作初始值,依算式(1.3.4)计算,有如下结果:

$$I_7=0.1124,\quad I_6=0.1269,\quad I_5=0.1455,$$
$$I_4=0.1708,\quad I_3=0.2073,\quad I_2=0.2643,$$
$$I_1=0.3680,\quad I_0=0.6320.$$

此时,由于因 I_7 引起的初始误差在以后的计算过程中逐渐减小,最后便得到了与 $I_0=1-\mathrm{e}^{-1}\approx0.6321$ 相差无几的精确结果.

在数值计算中,我们将在计算过程中误差不会增长的计算公式称为**数值稳定**的,这时也称相应的算法是**稳定**的;否则,称为**数值不稳定**的,也称相应的算法是**不稳定**的. 在实际应用中,为了不影响数值计算结果的精确度与真实性,我们应选用数值稳定的计算公式,尽量避免使用数值不稳定的公式.

二、尽量简化计算步骤,以便减少运算次数

同样一个计算问题,若能选用更为简单的计算公式,减少运算次数,不但可以节省计算

量,提高计算速度,还能简化逻辑结构,减少误差积累,这也是数值计算必须遵循的原则与计算方法研究的一项主要内容.

例如,计算多项式

$$P_n(x)=a_nx^n+a_{n-1}x^{n-1}+\cdots+a_1x+a_0$$

的值,若采用逐项计算然后相加的算法,计算 a_kx^k 要做 k 次乘法,而 $P_n(x)$ 共有 $n+1$ 项,所以需做

$$1+2+\cdots+(n-1)+n=\frac{1}{2}n(n+1)$$

次乘法和 n 次加法;但若采用递推算法(又称秦九韶算法):

$$\begin{cases}u_0=a_n,\\u_k=u_{k-1}x+a_{n-k},\end{cases}\tag{1.3.5}$$

对 $k=1,2,\cdots,n$ 反复执行算式(1.3.5),则只需 n 次乘法和 n 次加法,即可计算出 $P_n(x)$ 的值.

又如,计算和式

$$\sum_{n=1}^{1000}\frac{1}{n(n+1)}$$

的值,若直接逐项求和,则其运算次数不仅很多而且误差积累也不小;但若将该和式简化为

$$\sum_{n=1}^{1000}\frac{1}{n(n+1)}=\sum_{n=1}^{1000}\left(\frac{1}{n}-\frac{1}{n+1}\right)=1-\frac{1}{1001},$$

则整个计算就只需一次除法和一次减法.

三、尽量避免两个相近的数相减

在数值计算中,两个相近的数相减将会造成有效数字的严重损失. 因此,遇到此种情况,应当多保留这两个数的有效数字,或尽量避免减法运算,改变计算方法,根据不同情况对公式进行处理,如可通过因式分解、分子分母有理化、恒等式替换、泰勒展开等变换计算公式,防止减法运算的出现.

例如,当 $x=1000$ 时,计算

$$\sqrt{x+1}-\sqrt{x}$$

的值,若取 4 位有效数字计算,则有

$$\sqrt{x+1}-\sqrt{x}=\sqrt{1001}-\sqrt{1000}\approx 31.64-31.62=0.02.$$

这个结果只有一位有效数字,损失了 3 位有效数字,从而绝对误差和相对误差都变得很大,严重影响了计算结果的精确度. 但若将公式变形,则有

$$\sqrt{x+1}-\sqrt{x}=\frac{1}{\sqrt{x+1}+\sqrt{x}}\approx 0.01581,$$

结果仍有 4 位有效数字. 可见,改变计算公式可以避免两个相近数相减而引起的有效数字的损失,从而可以得到比较精确的结果.

又如,计算

$$A=10^7(1-\cos 2^\circ)$$

的值,若将 $\cos 2^\circ \approx 0.9994$(具有 4 位有效数字)代入直接计算,得

$$A\approx 10^7(1-0.9994)=6\times 10^3,$$

这个结果只有 1 位有效数字. 但若利用公式

$$1-\cos x=2\sin^2\frac{x}{2},$$

则有

$$\begin{aligned}A&=10^7(1-\cos 2^\circ)=2\times(\sin 1^\circ)^2\times 10^7\\&\approx 2\times 0.01745^2\times 10^7\approx 6.09\times 10^3,\end{aligned}$$

从而可得到具有 3 位有效数字的比较精确的结果.

四、绝对值太小的数不宜作除数

在数值计算中,用绝对值很小的数作除数,将会使商的数量级增加,甚至会在计算机中造成"溢出"停机,而且当很小的除数稍有一点误差时,会对计算结果影响很大.

例如,对 $\dfrac{3.1416}{0.001}=3141.6$,当分母变为 0.0011,即分母只有0.0001 的变化时,有

$$\frac{3.1416}{0.0011}=2856,$$

商却引起了巨大变化. 因此,在计算过程中,不仅要避免两个相近的数相减,还应特别注意避免再用这个差作除数.

五、合理安排运算顺序,防止大数"吃掉"小数

在数值计算中,有时参与运算的数的数量级相差很大,而计算机的位数是有限的,在编制程序时,如不注意运算次序,就很可能出现小数加不到大数中而产生大数"吃掉"小数的现象. 因此,两数相加时,我们应尽量避免将小数加到大数中所引起的这种严重后果.

例如,对 a,b,c 三数进行加法运算,其中 $a=10^{12}$,$b=10$,$c\approx -a$,若按 $(a+b)+c$ 的顺序编制程序,在 8 位的计算机上计算,则 a"吃掉"b,且 a 与 c 互相抵消,其结果接近于零;但若按 $(a+c)+b$ 的顺序编制程序,则可得到接近于 10 的真实结果.

在实际计算中,我们还要特别注意保护重要的物理参数,防止一些重要的物理量在计算中被"吃掉". 例如,考查物体在阻尼介质中的运动时,阻尼系数 k 是一个重要的物理参数,若

在动力学方程离散化过程中将 k 置于一个很大的数 a 的加、减法运算中，则 k 就会被数 a “吃掉”，使计算结果严重失真. 因此，为了避免大数“吃掉”小数，我们必须事先分析计算方案的数量级，在编制程序时加以合理安排. 这样，一些重要的物理参数才不至于在计算中被“吃掉”，以免造成有效数字不必要的损失.

本章小结

本章介绍了数值计算方法和误差的基本概念以及误差在数值计算中的传播规律. 误差在数值计算中的危害是十分严重的，若不控制误差的传播与积累，则计算结果就会与真值有很大偏差，甚至会完全淹没真值. 因此，误差的分析及其危害的防止是数值计算中一个非常重要的问题，应该引起读者的充分注意.

在实际计算以及在计算机上所进行的运算中，参与运算的数都是有限位数，因此有效数字的概念是非常重要和有用的. 为了表示一个近似值的精确程度，本章介绍了有效数字的概念以及有效数字与误差的关系，并讨论了数值计算的误差估计问题，其中利用函数的泰勒展开式估计误差是误差估计的一种基本方法.

本章最后还着重讨论了选用和设计算方法时应遵循的若干原则，这对防止误差的传播和积累以及确定计算方法的稳定性与判别计算结果的可靠性等很有帮助.

算法与程序设计实例

实例 对 $n=0,1,2,\cdots,20$，计算定积分 $y_n=\int_0^1 \frac{x^n}{x+5}\mathrm{d}x$.

算法 1 (1) 取 $y_0=\int_0^1 \frac{1}{x+5}\mathrm{d}x=\ln 6-\ln 5$；

(2) 对 $n=1,2,\cdots,20$，计算 $y_n=\frac{1}{n}-5y_{n-1}$，并输出.

算法 2 (1) 取 $y_{20}\approx\frac{1}{2}\left(\frac{1}{105}+\frac{1}{126}\right)$；

$$\left(\text{因为 } \frac{1}{126}=\frac{1}{6}\int_0^1 x^{20}\mathrm{d}x\leqslant\int_0^1 \frac{x^{20}}{x+5}\mathrm{d}x\leqslant\frac{1}{5}\int_0^1 x^{20}\mathrm{d}x=\frac{1}{105}\right)$$

(2) 对 $n=20,19,\cdots,1$，计算 $y_{n-1}=\frac{1}{5n}-\frac{1}{5}y_n$，并输出.

算法 1 的程序和输出结果

程序如下：

```
/＊数值不稳定算法＊/
#include<stdio.h>
#include<conio.h>
#include<math.h>
main()
{
    float y_0=log(6.0)-log(5.0), y_1;
    int n=1;
    clrscr();  /＊清屏＊/
    printf("y[0]=%-20f", y_0);
    while(1)
    {
        y_1=1.0/n-5*y_0;
        printf("y[%d]=%-20f", n, y_1);  /＊输出＊/
        if(n>=20)break;
        y_0=y_1;
        n++;
        if(n%3==0)printf("\n");
    }
    getch();  /＊保持用户屏幕＊/
}
```

输出结果如下：

```
y[0]=0.182322          y[1]=0.088392          y[2]=0.058039
y[3]=0.043138          y[4]=0.034310          y[5]=0.028448
y[6]=0.024428          y[7]=0.020719          y[8]=0.021407
y[9]=0.004076          y[10]=0.079618
y[11]=-0.307181        y[12]=1.619237
y[13]=-8.019263        y[14]=40.167744
y[15]=-200.772049      y[16]=1003.922729
y[17]=-5019.554688     y[18]=25097.828125
y[19]=-125489.085938   y[20]=627445.500000
```

算法 2 的程序和输出结果

程序如下：

```
/* 稳定算法 */
#include<stdio.h>
#include<conio.h>
#include<math.h>
main()
{
    float y_0=(1/105.0+1/126.0)/2, y_1;
    int n=20;
    clrscr();
    printf("y[20]=%-20f", y_0);
    while(1)
    {
        y_1=1/(5.0*n)-y_0/5.0;
        printf("y[%d]=%-20f", n-1, y_1);
        if(n<=1)break;
        y_0=y_1;
        n--;
        if(n%3==0)printf("\n");
    }
    getch();
}
```

输出结果如下：

```
y[20]=0.008730    y[19]=0.008254    y[18]=0.008876
y[17]=0.009336    y[16]=0.009898    y[15]=0.010520
y[14]=0.011229    y[13]=0.012040    y[12]=0.012977
y[11]=0.014071    y[10]=0.015368    y[9]=0.016926
y[8]=0.018837     y[7]=0.021233     y[6]=0.024325
y[5]=0.028468     y[4]=0.034306     y[3]=0.043139
y[2]=0.058039     y[1]=0.088392     y[0]=0.182322
```

说明：从计算结果可以看出，算法 1 是不稳定的，而算法 2 是稳定的.

思 考 题

1. 数值计算方法的主要研究对象、任务与特点是什么?

2. 误差为什么是不可避免的? 用什么标准来衡量近似值的准确度? 为了减少计算误差,应当采取哪些措施?

3. 何谓绝对误差、相对误差、准确数字、有效数字? 它们之间的关系如何?

4. 何谓数值稳定的计算公式?

5. 何谓算法? 评判算法优劣的标准有哪些? 选用与设计算法时应注意些什么?

习 题 一

1. 指出如下近似值的绝对误差限、相对误差限和有效数字位数:

$$49\times10^{-2},\quad 0.0490,\quad 490.00.$$

2. 将 22/7 作为 π 的近似值,它有几位有效数字? 绝对误差限和相对误差限各为多少?

3. 要使 $\sqrt{101}$ 的相对误差不超过 $\frac{1}{2}\times10^{-4}$,至少需要保留多少位有效数字?

4. 设 x^* 为 x 的近似数,证明 $\sqrt[n]{x^*}$ 的相对误差约为 x^* 的相对误差的 $\frac{1}{n}$ 倍.

5. 求 $\sqrt{20}$ 的近似值:

(1) 使绝对误差不超过 0.01;

(2) 使相对误差不超过 0.01.

6. 设正方形的边长约为 10 cm,问: 测量边长的误差限多大时才能保证面积的误差不超过 0.1 cm^2?

7. 设 x 的相对误差为 1%,求 x^n 的相对误差.

8. 为了使定积分 $I=\int_0^1 \mathrm{e}^{-x^2}\mathrm{d}x$ 的近似值的相对误差不超过 1%,问: 至少要取几位有效数字?

9. 设 $s=\frac{1}{2}gt^2$,假定 g 是准确的,而对 t 的测量有 ±0.1 s 的误差,试证: 当 t 增加时,s 的绝对误差增加,而相对误差却减少.

10. 已知 $A=(\sqrt{2}-1)^6$,取 $\sqrt{2}\approx1.4$,利用下列各式计算 A,问: 哪一个得到的计算结果最好?

(1) $\dfrac{1}{(\sqrt{2}+1)^6}$; (2) $(3-2\sqrt{2})^3$;

(3) $\dfrac{1}{(3+2\sqrt{2})^3}$；　　　　(4) $99-70\sqrt{2}$.

11. 试改变下列表达式，使计算结果比较精确：

(1) $\dfrac{1}{1+2x}-\dfrac{1-x}{1+x}$, $|x|\ll 1$；

(2) $\sqrt{x+\dfrac{1}{x}}-\sqrt{x-\dfrac{1}{x}}$, $|x|\gg 1$；

(3) $\dfrac{1-\cos x}{x}$, $|x|\ll 1$ 且 $x\neq 0$.

12. 数列$\{x_n\}$满足递推公式 $x_n=10x_{n-1}-1$ $(n=1,2,\cdots)$. 若 $x_0=\sqrt{2}\approx 1.41$(3 位有效数字)，问：按上述递推公式，从 x_0 到 x_{10} 时误差有多大？这个计算公式数值稳定吗？

第二章 线性方程组的数值解法

在自然科学和工程技术中，很多问题的解决都需要求解线性方程组，如电学中的网络问题、船体数学放样中建立三次样条函数问题、机械和建筑结构的设计与计算等. 线性方程组不仅能够以完整的形式作为一些实际问题的模型，而且还是许多其他数值方法处理过程中转化结果的组成部分. 因此，线性方程组的数值求解是解决各类计算问题的基础. 求解线性方程组的数值方法可以归结为直接法和迭代法.

所谓**直接法**(也叫**精确法**)，是指在没有舍入误差的假设下，经过有限步运算即可求得线性方程组的精确解的方法. 但实际计算中由于舍入误差的存在和影响，这种方法也只能求得线性方程组的近似解. 在本章中，主要介绍这类解法中最基本的高斯消去法、平方根法、追赶法等. 这类方法是解低阶稠密系数矩阵方程组及某些大型稀疏系数矩阵方程组(例如大型带状系数矩阵方程组)的有效方法.

迭代法是用某种极限过程去逐步逼近线性方程组精确解的方法，即从一个初始向量 $\boldsymbol{x}^{(0)}$ 出发，按照一定的迭代格式产生一个向量序列 $\{\boldsymbol{x}^{(k)}\}$，使其收敛到线性方程组 $\boldsymbol{Ax}=\boldsymbol{b}$ 的解. 迭代法的优点是：所需计算机存储单元少，程序设计简单，原始系数矩阵在计算过程中始终不变，等等. 但迭代法存在收敛性及收敛速度问题. 迭代法是解大型稀疏系数矩阵方程组(尤其是微分方程离散后得到的大型线性方程组)的重要方法.

本章分别讲述求解线性方程组的各种方法，其中 §1 讲述线性方程组的直接解法，§2 讲述线性方程组的迭代解法，§3 讨论迭代法的收敛性. 本章内容是线性方程组数值解法的基础.

§1 线性方程组的直接解法

一、高斯列主元消去法

高斯(Gauss)列主元消去法是计算机上常用的求解线性方程组的一种直接法，它是在高斯消去法的基础上的改进. 下面先介绍高斯消去法.

1. 高斯消去法

高斯消去法(也称**顺序高斯消去法**)是一种古老的求解线性方程组的方法，其基本思想是：在逐步消元的过程中，把系数矩阵约化成上三角矩阵，从而将原方程组约化为等价的容易求解的上三角方程组，再通过回代过程即可逐一求出各未知数. 下面以三元线性方程组为例来说明高斯消去法的基本思想.

设有线性方程组

$$\begin{cases} a_{11}^{(1)}x_1+a_{12}^{(1)}x_2+a_{13}^{(1)}x_3=b_1^{(1)}, & (2.1.1)\\ a_{21}^{(1)}x_1+a_{22}^{(1)}x_2+a_{23}^{(1)}x_3=b_2^{(1)}, & (2.1.2)\\ a_{31}^{(1)}x_1+a_{32}^{(1)}x_2+a_{33}^{(1)}x_3=b_3^{(1)}. & (2.1.3)\end{cases}$$

若 $a_{11}^{(1)}\neq 0$，则将方程(2.1.1)分别乘以 $-\dfrac{a_{21}^{(1)}}{a_{11}^{(1)}}$ 和 $-\dfrac{a_{31}^{(1)}}{a_{11}^{(1)}}$，然后加到方程(2.1.2)和(2.1.3)中，消去这两个方程中的 x_1，得同解方程组

$$\begin{cases} a_{11}^{(1)}x_1+a_{12}^{(1)}x_2+a_{13}^{(1)}x_3=b_1^{(1)}, & (2.1.1)\\ \qquad\qquad a_{22}^{(2)}x_2+a_{23}^{(2)}x_3=b_2^{(2)}, & (2.1.4)\\ \qquad\qquad a_{32}^{(2)}x_2+a_{33}^{(2)}x_3=b_3^{(2)}, & (2.1.5)\end{cases}$$

其中

$$a_{ij}^{(2)}=a_{ij}^{(1)}-\frac{a_{i1}^{(1)}}{a_{11}^{(1)}}a_{1j}^{(1)}\quad (i,j=2,3),$$

$$b_i^{(2)}=b_i^{(1)}-\frac{a_{i1}^{(1)}}{a_{11}^{(1)}}b_1^{(1)}\quad (i=2,3).$$

若 $a_{22}^{(2)}\neq 0$，再将方程(2.1.4)乘以 $-\dfrac{a_{32}^{(2)}}{a_{22}^{(2)}}$ 并加到方程(2.1.5)中，消去 x_2，得同解方程组

$$\begin{cases} a_{11}^{(1)}x_1+a_{12}^{(1)}x_2+a_{13}^{(1)}x_3=b_1^{(1)}, & (2.1.1)\\ \qquad\qquad a_{22}^{(2)}x_2+a_{23}^{(2)}x_3=b_2^{(2)}, & (2.1.4)\\ \qquad\qquad\qquad\qquad a_{33}^{(3)}x_3=b_3^{(3)}, & (2.1.6)\end{cases}$$

其中

$$a_{33}^{(3)}=a_{33}^{(2)}-\frac{a_{32}^{(2)}}{a_{22}^{(2)}}a_{23}^{(2)},\quad b_3^{(3)}=b_3^{(2)}-\frac{a_{32}^{(2)}}{a_{22}^{(2)}}b_2^{(2)}.$$

这是与原方程组等价的上三角方程组,进而可由方程(2.1.6)求得 x_3,再将 x_3 的值代入方程(2.1.4)求出 x_2,最后将 x_2,x_3 的值代入方程(2.1.1)求出 x_1. 这种通过逐步消元将原方程组化为上三角方程组求解的方法称为**高斯消去法**. 而将原方程组逐步化为同解的上三角方程组的过程称为**消元过程**;按方程相反顺序逐步求解上三角方程组的过程称为**回代过程**.

上述方法可推广到一般情况:

设有 n 元线性方程组

$$\boldsymbol{A}^{(1)}\boldsymbol{X}=\boldsymbol{b}^{(1)},$$

其中

$$\boldsymbol{A}^{(1)}=\begin{bmatrix} a_{11}^{(1)} & a_{12}^{(1)} & \cdots & a_{1n}^{(1)} \\ a_{21}^{(1)} & a_{22}^{(1)} & \cdots & a_{2n}^{(1)} \\ \vdots & \vdots & & \vdots \\ a_{n1}^{(1)} & a_{n2}^{(1)} & \cdots & a_{nn}^{(1)} \end{bmatrix},\quad \boldsymbol{X}=\begin{bmatrix} x_1 \\ x_2 \\ \vdots \\ x_n \end{bmatrix},\quad \boldsymbol{b}=\begin{bmatrix} b_1^{(1)} \\ b_2^{(1)} \\ \vdots \\ b_n^{(1)} \end{bmatrix}.$$

若约化的主元 $a_{kk}^{(k)}\neq 0\ (k=1,2,\cdots,n)$,则可通过高斯消去法(不进行行交换)将方程组 $\boldsymbol{A}^{(1)}\boldsymbol{X}=\boldsymbol{b}^{(1)}$ 约化为同解的上三角方程组

$$\boldsymbol{A}^{(n)}\boldsymbol{X}=\boldsymbol{b}^{(n)},$$

即

$$\begin{bmatrix} a_{11}^{(1)} & a_{12}^{(1)} & \cdots & a_{1n}^{(1)} \\ & a_{22}^{(2)} & \cdots & a_{2n}^{(2)} \\ & & \ddots & \vdots \\ & & & a_{nn}^{(n)} \end{bmatrix}\begin{bmatrix} x_1 \\ x_2 \\ \vdots \\ x_n \end{bmatrix}=\begin{bmatrix} b_1^{(1)} \\ b_2^{(2)} \\ \vdots \\ b_n^{(n)} \end{bmatrix},$$

并由回代公式

$$\begin{cases} x_n=\dfrac{b_n^{(n)}}{a_{nn}^{(n)}}, \\ x_i=\dfrac{b_i^{(i)}-\sum\limits_{j=i+1}^{n}a_{ij}^{(i)}x_j}{a_{ii}^{(k)}} \quad (i=n-1,n-2,\cdots,1) \end{cases}$$

求得方程组的解.

易见,高斯消去法的特点是每次都是按照系数矩阵的主对角线元素的顺序依次消去主对角线下方的元素. 若考虑高斯消去法的一种修正,即消去主对角线下方和上方的元素,则这种方法称为**高斯-若当**(Gauss-Jordan)**消去法**,而主对角线元素 $a_{kk}^{(k)}$ 称为**主元**. 在这种按顺

序消元的过程中,可能会出现两个问题:

(1) 一旦遇到某个主元 $a_{kk}^{(k)}=0$,则消元过程便无法继续进行;

(2) 即使主元素不为零,但与该元素所在列的对角线以下的各元素相比,它的绝对值很小(称为小主元)时,尽管消去运算可以进行下去,而因用其作除数,其小小的舍入误差将会引起计算结果的严重扩散与失真.

例如,方程组

$$\begin{cases}0.00001x_1+2x_2=2,\\ \qquad\qquad x_1+\ x_2=3\end{cases}$$

的准确到小数点后第 9 位的解为 $x_1=2.000010000$,$x_2=0.999898999$,但若依顺序高斯消去法并在计算机编程计算过程中用 4 位十进制浮点数求解(随着计算机的飞速发展,目前一般不使用定点表示法而使用浮点表示法),用第 1 个方程消去第 2 个方程的 x_1,得

$$\begin{cases}10^{-4}\times 0.1000x_1+10\times 0.2000x_2=10\times 0.2000,\\ \qquad\qquad -10^6\times 0.2000x_2=-10^6\times 0.2000.\end{cases}$$

回代后解得 $x_2=1$,$x_1=0$. 与精确解相比,结果严重失真,究其原因是用了"小主元"作除数,致使舍入误差增大,有效数字消失. 因此,顺序高斯消去法并非实用的消元方法. 如果在消元前先交换两个方程的位置,变为

$$\begin{cases}\qquad\qquad x_1+\ x_2=3,\\ 0.00001x_1+2x_2=2,\end{cases}$$

则对此方程消元得上三角方程组

$$\begin{cases}x_1+\qquad x_2=3,\\ \qquad 1.99999x_2=1.99997.\end{cases}$$

回代得解为 $x_2=0.99999$,$x_1=2.00001$,结果与准确解非常接近. 可见,第一种算法是不稳定的,第二种算法是稳定的. 此例说明,在消元过程中,应避免选取绝对值较小的数作为主元,否则可能导致结果错误、计算失败.

根据主元的选取范围不同,通常消元方法又分为按列选主元和全面选主元两种.

2. 高斯列主元消去法

高斯列主元消去法能有效避免高斯消元过程中出现的两个问题,它是直接法中最常用的一种方法. 在按列选主元的消元过程中,每次选主元时,仅依次按列选取绝对值最大的元素作为主元,它只进行行交换,而不产生未知数次序的调换. 下面再通过具体例子加以说明.

例 1 求解线性方程组

$$\begin{cases}2x_1+\ x_2+2x_3=5,\\ 5x_1-\ x_2+\ x_3=8,\\ \ x_1-3x_2-4x_3=-4.\end{cases}$$

解 方程组的增广矩阵为

$$\left[\begin{array}{ccc:c} 2 & 1 & 2 & 5 \\ 5 & -1 & 1 & 8 \\ 1 & -3 & -4 & -4 \end{array}\right].$$

在第 1 列中选取绝对值最大的元素 $a_{21}=5$ 作为主元,将第 2 行与第 1 行交换,得

$$\left[\begin{array}{ccc:c} 5 & -1 & 1 & 8 \\ 2 & 1 & 2 & 5 \\ 1 & -3 & -4 & -4 \end{array}\right].$$

将第 1 行分别乘以 $-\frac{2}{5}$, $-\frac{1}{5}$ 后加到第 2,3 行,得

$$\left[\begin{array}{ccc:c} 5 & -1 & 1 & 8 \\ 0 & 1.4 & 1.6 & 1.8 \\ 0 & -2.8 & -4.2 & -5.6 \end{array}\right].$$

再在第 2 列的元素 $a_{22}=1.4$, $a_{32}=-2.8$ 中选取绝对值最大的元素作为主元,这里主元是 $a_{32}=-2.8$. 又将第 3 行与第 2 行交换,得

$$\left[\begin{array}{ccc:c} 5 & -1 & 1 & 8 \\ 0 & -2.8 & -4.2 & -5.6 \\ 0 & 1.4 & 1.6 & 1.8 \end{array}\right].$$

将第 2 行乘以 0.5 后加到第 3 行,得

$$\left[\begin{array}{ccc:c} 5 & -1 & 1 & 8 \\ 0 & -2.8 & -4.2 & -5.6 \\ 0 & 0 & -0.5 & -1 \end{array}\right].$$

最后,利用回代即可求得方程组的解为 $x_3=2, x_2=-1, x_1=1$.

由上例的求解过程可以看出,**高斯列主元消去法**的特点是:每次在系数矩阵中依次按列在主对角线及以下的元素中,选取绝对值最大的元素作为主元,将它调至主对角线上,然后用它消去主对角线以下的元素,最后变为同解的上三角方程组去求解.

一般地,设有 n 元线性方程组

$$\boldsymbol{A}^{(1)}\boldsymbol{X}=\boldsymbol{b}^{(1)}, \tag{2.1.7}$$

其中

$$\boldsymbol{A}^{(1)}=\begin{bmatrix} a_{11}^{(1)} & a_{12}^{(1)} & \cdots & a_{1n}^{(1)} \\ a_{21}^{(1)} & a_{22}^{(1)} & \cdots & a_{2n}^{(1)} \\ \vdots & \vdots & & \vdots \\ a_{n1}^{(1)} & a_{n2}^{(1)} & \cdots & a_{nn}^{(1)} \end{bmatrix}, \quad \boldsymbol{X}=\begin{bmatrix} x_1 \\ x_2 \\ \vdots \\ x_n \end{bmatrix}, \quad \boldsymbol{b}^{(1)}=\begin{bmatrix} b_1^{(1)} \\ b_2^{(1)} \\ \vdots \\ b_n^{(1)} \end{bmatrix}.$$

由线性代数知,当 $\boldsymbol{A}^{(1)}$ 为非奇异矩阵时,方程组(2.1.7)有唯一解. 为此,我们假定 $\boldsymbol{A}^{(1)}$ 为非奇

异矩阵. 此时,高斯列主元消去法的消元过程如下:

第一步 对方程组(2.1.7)确定 i_1,使得 $|a_{i_1 1}^{(1)}|=\max\limits_{1\leqslant i\leqslant n}|a_{i1}^{(1)}|$,于是选取 $a_{i_1 1}^{(1)}$ 作为第 1 个主元,然后交换第 1 个和第 i_1 个方程,仍记为方程组(2.1.7);再利用第 1 个方程将后 $n-1$ 个方程中的 x_1 消去,仍记为方程组(2.1.7).

第二步 对方程组(2.1.7)确定 i_2,使得 $|a_{i_2 2}^{(2)}|=\max\limits_{2\leqslant i\leqslant n}|a_{i2}^{(2)}|$,则选取 $a_{i_2 2}^{(2)}$ 作为第 2 个主元,然后交换第 2 个和第 i_2 个方程,仍记为方程组(2.1.7);再利用第 2 个方程将后 $n-2$ 个方程中的 x_2 消去. 依此类推,进行 $n-1$ 步后方程组就约化为上三角方程组,最后由回代过程即可求出方程组的解.

综上所述,高斯列主元消去法的具体计算步骤如下:

(1) 消元过程. 对 $k=1,2,\cdots,n-1$,进行如下运算:

① 选主元:找行号 $i_k\in\{k,k+1,\cdots,n\}$,使得 $|a_{i_k k}^{(k)}|=\max\limits_{k\leqslant i\leqslant n}|a_{ik}^{(k)}|$;

② 交换$[\boldsymbol{A}^{(k)},\boldsymbol{b}^{(k)}]$中的第 k,i_k 两行;

③ 消元:对 $i=k+1,\cdots,n$, $l_{ik}=a_{ik}^{(k)}/a_{kk}^{(k)}$;

对 $j=k+1,\cdots,n+1$, $a_{ij}^{(k+1)}=a_{ij}^{(k)}-l_{ik}a_{kj}^{(k)}$.

(2) 回代过程. 按公式

$$x_n=b_n^{(n)}/a_{nn}^{(n)},$$

$$x_i=\left(b_i^{(i)}-\sum_{j=i+1}^{n}a_{ij}^{(i)}x_j\right)\Big/a_{ii}^{(i)}\quad(i=n-1,n-2,\cdots,1)$$

回代求解,即可得到方程组(2.1.7)的解.

二、高斯全主元消去法

高斯全主元消去法选取主元的范围更大:对增广矩阵$[\boldsymbol{A}^{(1)}\,\vdots\,\boldsymbol{b}^{(1)}]$来说,第 1 步是在整个系数矩阵中选主元,即将绝对值最大的元素经过行、列交换使其置于 $a_{11}^{(1)}$ 元素的位置,然后进行消元过程;第 2 步是在$[\boldsymbol{A}^{(2)}\,\vdots\,\boldsymbol{b}^{(2)}]$中划掉第 1 行第 1 列后剩余的 $n-1$ 阶子系数矩阵

$$\begin{bmatrix} a_{22}^{(2)} & a_{23}^{(2)} & \cdots & a_{2n}^{(2)} \\ a_{32}^{(2)} & a_{33}^{(2)} & \cdots & a_{3n}^{(2)} \\ \vdots & \vdots & & \vdots \\ a_{n2}^{(2)} & a_{n3}^{(2)} & \cdots & a_{nn}^{(2)} \end{bmatrix}$$

中选主元,并通过行、列交换置其于 $a_{22}^{(2)}$ 元素的位置,然后进行消元过程;以后各步类似进行,最后得到与原方程组(2.1.7)等价的一个上三角方程组,再由回代过程即可求得原方程组的解.

由于高斯全主元消去法每步所选主元的绝对值不小于高斯列主元消去法同一步所选主元的绝对值,因而高斯全主元消去法的求解结果更加可靠,但由于选取主元的范围扩大,无

疑需花费更多的时间进行比较,又由于对增广矩阵经过了行、列交换后,未知量的次序改变了,这就使得算法的逻辑结构变得更复杂,需要占用的机时较多.而高斯列主元消去法的计算结果已比较理想,而且它既简单,又能满足精确度要求、达到较好的数值稳定性,故在实际计算中经常使用高斯列主元消去法.

三、选主元消去法的应用

1. 求逆矩阵

设矩阵 $\boldsymbol{A}=(a_{ij})_{n\times n}$ 可逆,$\boldsymbol{E}$ 为 n 阶单位矩阵. 对 $[\boldsymbol{A} \vdots \boldsymbol{E}]$,即

$$\left[\begin{array}{cccc:cccc} a_{11} & a_{12} & \cdots & a_{1n} & 1 & & & \\ a_{21} & a_{22} & \cdots & a_{2n} & & 1 & & \\ \vdots & \vdots & & \vdots & & & \ddots & \\ a_{n1} & a_{n2} & \cdots & a_{nn} & & & & 1 \end{array}\right]$$

按列选主元后用高斯-若当消去法将左边的矩阵 $\boldsymbol{A}$ 化为单位矩阵 $\boldsymbol{E}$,可得如下形式的矩阵:

$$\left[\begin{array}{cccc:cccc} 1 & & & & b_{11} & b_{12} & \cdots & b_{1n} \\ & 1 & & & b_{21} & b_{22} & \cdots & b_{2n} \\ & & \ddots & & \vdots & \vdots & & \vdots \\ & & & 1 & b_{n1} & b_{n2} & \cdots & b_{nn} \end{array}\right],$$

从而可得逆矩阵 $\boldsymbol{A}^{-1}=(b_{ij})_{n\times n}$. 这是实用中求逆矩阵的可靠方法.

例 2 求矩阵

$$\boldsymbol{A}=\begin{bmatrix} 11 & -3 & -2 \\ -23 & 11 & 1 \\ 1 & -2 & 2 \end{bmatrix}$$

的逆矩阵,小数点后至少保留 3 位.

解 用按列选主元的高斯-若当消去法. 由于

$$\left[\begin{array}{ccc:ccc} 11 & -3 & -2 & 1 & 0 & 0 \\ \boxed{-23} & 11 & 1 & 0 & 1 & 0 \\ 1 & -2 & 2 & 0 & 0 & 1 \end{array}\right]$$

$$\xrightarrow{r_1 \leftrightarrow r_2} \left[\begin{array}{ccc:ccc} \boxed{-23} & 11 & 1 & 0 & 1 & 0 \\ 11 & -3 & -2 & 1 & 0 & 0 \\ 1 & -2 & 2 & 0 & 0 & 1 \end{array}\right]$$

$$\xrightarrow{\text{第 1 次消元}} \left[\begin{array}{ccc:ccc} 1 & -0.478 & -0.044 & 0 & -0.044 & 0 \\ 0 & \boxed{2.261} & -1.522 & 1 & 0.478 & 0 \\ 0 & -1.522 & 2.044 & 0 & 0.044 & 1 \end{array}\right]$$

$$\xrightarrow{\text{第 2 次消元}}\left[\begin{array}{ccc:ccc}1 & 0 & -0.365 & 0.211 & 0.057 & 0\\ 0 & 1 & -0.673 & 0.442 & 0.211 & 0\\ 0 & 0 & \boxed{1.019} & 0.673 & 0.365 & 1\end{array}\right]$$

$$\xrightarrow{\text{第 3 次消元}}\left[\begin{array}{ccc:ccc}1 & 0 & 0 & 0.452 & 0.188 & 0.358\\ 0 & 1 & 0 & 0.886 & 0.452 & 0.660\\ 0 & 0 & 1 & 0.660 & 0.358 & 0.981\end{array}\right],$$

所以

$$\boldsymbol{A}^{-1}\approx\begin{bmatrix}0.452 & 0.188 & 0.358\\ 0.886 & 0.452 & 0.660\\ 0.660 & 0.358 & 0.981\end{bmatrix}.$$

2. 求行列式

设有矩阵

$$\boldsymbol{A}=\begin{bmatrix}a_{11} & a_{12} & \cdots & a_{1n}\\ a_{21} & a_{22} & \cdots & a_{2n}\\ \vdots & \vdots & & \vdots\\ a_{n1} & a_{n2} & \cdots & a_{nn}\end{bmatrix},$$

用高斯主元消去法将其化为上三角矩阵,并设主对角线元素为 $b_{11},b_{22},\cdots,b_{nn}$,故 $\boldsymbol{A}$ 的行列式为

$$\det(\boldsymbol{A})=(-1)^m b_{11}b_{22}\cdots b_{nn},$$

其中 m 为所施行的行、列交换的次数. 这是实用中求行列式值的可靠方法.

四、矩阵的三角分解

由以上讨论我们看到,高斯消去法的消元过程是将矩阵 $[\boldsymbol{A}^{(1)} \mid \boldsymbol{b}^{(1)}]$ 逐步变换成矩阵 $[\boldsymbol{A}^{(n)} \mid \boldsymbol{b}^{(n)}]$. 用矩阵的观点来看,高斯消去法的每一步相当于用一个初等下三角矩阵去左乘方程的两端. 以下我们将用矩阵的理论来分析高斯消去法,从而建立矩阵的三角分解定理,并可用它对特殊系数矩阵的方程组建立一些特殊解法. 下面仍以三元线性方程组为例加以说明.

设有线性方程组

$$\begin{cases}a_{11}^{(1)}x_1+a_{12}^{(1)}x_2+a_{13}^{(1)}x_3=b_1^{(1)},\\ a_{21}^{(1)}x_1+a_{22}^{(1)}x_2+a_{23}^{(1)}x_3=b_2^{(1)},\\ a_{31}^{(1)}x_1+a_{32}^{(1)}x_2+a_{33}^{(1)}x_3=b_3^{(1)}.\end{cases}$$

记

$$\boldsymbol{A}^{(1)}=\begin{bmatrix}a_{11}^{(1)} & a_{12}^{(1)} & a_{13}^{(1)}\\ a_{21}^{(1)} & a_{22}^{(1)} & a_{23}^{(1)}\\ a_{31}^{(1)} & a_{32}^{(1)} & a_{33}^{(1)}\end{bmatrix},\quad \boldsymbol{x}=\begin{bmatrix}x_1\\ x_2\\ x_3\end{bmatrix},\quad \boldsymbol{b}^{(1)}=\begin{bmatrix}b_1^{(1)}\\ b_2^{(1)}\\ b_3^{(1)}\end{bmatrix},$$

则上述方程组的矩阵形式为

$$\boldsymbol{A}^{(1)}x=\boldsymbol{b}^{(1)},$$

其增广矩阵为

$$[\boldsymbol{A}^{(1)} \vdots \boldsymbol{b}^{(1)}].$$

不难验证,高斯消去法的第 1 步是用下三角矩阵

$$\boldsymbol{L}_1=\begin{bmatrix}1 & & \\ -l_{21} & 1 & \\ -l_{31} & 0 & 1\end{bmatrix}$$

去左乘增广矩阵$[\boldsymbol{A}^{(1)} \vdots \boldsymbol{b}^{(1)}]$,其中 $l_{i1}=a_{i1}^{(1)}/a_{11}^{(1)}(i=2,3)$,即

$$\boldsymbol{L}_1[\boldsymbol{A}^{(1)} \vdots \boldsymbol{b}^{(1)}]=[\boldsymbol{L}_1\boldsymbol{A}^{(1)} \vdots \boldsymbol{L}_1\boldsymbol{b}^{(1)}]=\left[\begin{array}{ccc:c}a_{11}^{(1)} & a_{12}^{(1)} & a_{13}^{(1)} & b_1^{(1)}\\ 0 & a_{22}^{(2)} & a_{23}^{(2)} & b_2^{(2)}\\ 0 & a_{32}^{(2)} & a_{33}^{(2)} & b_3^{(2)}\end{array}\right].$$

记 $\boldsymbol{A}^{(2)}=\boldsymbol{L}_1\boldsymbol{A}^{(1)}$,$\boldsymbol{b}^{(2)}=\boldsymbol{L}_1\boldsymbol{b}^{(1)}$,则

$$[\boldsymbol{L}_1\boldsymbol{A}^{(1)} \vdots \boldsymbol{L}_1\boldsymbol{b}^{(1)}]=[\boldsymbol{A}^{(2)} \vdots \boldsymbol{b}^{(2)}].$$

同理,高斯消去法的第 2 步是用下三角矩阵

$$\boldsymbol{L}_2=\begin{bmatrix}1 & & \\ 0 & 1 & \\ 0 & -l_{32} & 1\end{bmatrix}$$

去左乘增广矩阵$[\boldsymbol{A}^{(2)} \vdots \boldsymbol{b}^{(2)}]$,其中 $l_{32}=a_{32}^{(2)}/a_{22}^{(2)}$,即

$$\boldsymbol{L}_2[\boldsymbol{A}^{(2)} \vdots \boldsymbol{b}^{(2)}]=[\boldsymbol{L}_2\boldsymbol{A}^{(2)} \vdots \boldsymbol{L}_2\boldsymbol{b}^{(2)}]=\left[\begin{array}{ccc:c}a_{11}^{(1)} & a_{12}^{(1)} & a_{13}^{(1)} & b_1^{(1)}\\ & a_{22}^{(2)} & a_{23}^{(2)} & b_2^{(2)}\\ & & a_{33}^{(3)} & b_3^{(3)}\end{array}\right].$$

记 $\boldsymbol{A}^{(3)}=\boldsymbol{L}_2\boldsymbol{A}^{(2)}$,$\boldsymbol{b}^{(3)}=\boldsymbol{L}_2\boldsymbol{b}^{(2)}$. 由上式可以看出,$\boldsymbol{A}^{(3)}$ 为上三角矩阵. 由于矩阵 $\boldsymbol{L}_1$ 与 $\boldsymbol{L}_2$ 的行列式为 $|\boldsymbol{L}_1|=|\boldsymbol{L}_2|=1$,所以 $\boldsymbol{L}_1^{-1}$ 与 $\boldsymbol{L}_2^{-1}$ 存在,且

$$\boldsymbol{L}_1^{-1}=\begin{bmatrix}1 & & \\ l_{21} & 1 & \\ l_{31} & 0 & 1\end{bmatrix},\quad \boldsymbol{L}_2^{-1}=\begin{bmatrix}1 & & \\ 0 & 1 & \\ 0 & l_{32} & 1\end{bmatrix}.$$

于是可得 $\boldsymbol{A}^{(1)}=\boldsymbol{L}_1^{-1}\boldsymbol{A}^{(2)}$,$\boldsymbol{A}^{(2)}=\boldsymbol{L}_2^{-1}\boldsymbol{A}^{(3)}$,从而有 $\boldsymbol{A}^{(1)}=\boldsymbol{L}_1^{-1}\boldsymbol{L}_2^{-1}\boldsymbol{A}^{(3)}$. 因为

$$L_1^{-1}L_2^{-1}=\begin{bmatrix}1 & & \\ l_{21} & 1 & \\ l_{31} & l_{32} & 1\end{bmatrix},$$

记 $\boldsymbol{L}=\boldsymbol{L}_1^{-1}\boldsymbol{L}_2^{-1}$,则 $\boldsymbol{L}$ 是一个主对角线元素为 1 的下三角矩阵,称为**单位下三角矩阵**. 又记 $\boldsymbol{A}=\boldsymbol{A}^{(1)}$,$\boldsymbol{U}=\boldsymbol{A}^{(3)}$,于是有 $\boldsymbol{A}=\boldsymbol{L}\boldsymbol{U}$.

上述分析说明,当 $a_{11}^{(1)}\neq 0, a_{22}^{(2)}\neq 0$ 时,通过高斯消去法,可将方程组的系数矩阵 $\boldsymbol{A}$ 分解为一个单位下三角矩阵 $\boldsymbol{L}$ 与一个上三角矩阵 $\boldsymbol{U}$ 的乘积. 这种分解称为矩阵 $\boldsymbol{A}$ 的 **$\boldsymbol{L}\boldsymbol{U}$ 分解**. 显然,以上分析对 n 元线性方程组也是成立的.

对任意一个 n 阶矩阵 $\boldsymbol{A}$,一般来说不一定都能作 $\boldsymbol{L}\boldsymbol{U}$ 分解,即使能作 $\boldsymbol{L}\boldsymbol{U}$ 分解,其分解式也不一定是唯一的. 为了确保分解的唯一性,我们引入如下定义和 $\boldsymbol{A}$ 的 $\boldsymbol{L}\boldsymbol{U}$ 分解的唯一性定理.

定义 1 如果 $\boldsymbol{L}$ 为单位下三角矩阵,$\boldsymbol{U}$ 为上三角矩阵,则称 $\boldsymbol{A}=\boldsymbol{L}\boldsymbol{U}$ 为**杜里特尔(Doolittle)分解**;如果 $\boldsymbol{L}$ 为下三角矩阵,$\boldsymbol{U}$ 为单位上三角矩阵,则称 $\boldsymbol{A}=\boldsymbol{L}\boldsymbol{U}$ 为**克劳特(Crout)分解**.

定理 1 $n(n\geqslant 2)$阶矩阵 $\boldsymbol{A}$ 有唯一杜里特尔分解(或克劳特分解)的充分必要条件是 $\boldsymbol{A}$ 的前 $n-1$ 个顺序主子式都不为零.

定理证明略.

如果对 n 个方程的 n 元线性方程组 $\boldsymbol{A}\boldsymbol{X}=\boldsymbol{b}$ 的系数矩阵 $\boldsymbol{A}$ 能作 $\boldsymbol{L}\boldsymbol{U}$ 分解,即 $\boldsymbol{A}=\boldsymbol{L}\boldsymbol{U}$,则方程组等价于

$$\boldsymbol{L}\boldsymbol{U}\boldsymbol{X}=\boldsymbol{b}. \tag{2.1.8}$$

若令 $\boldsymbol{U}\boldsymbol{X}=\boldsymbol{Y}$,则 $\boldsymbol{L}\boldsymbol{Y}=\boldsymbol{b}$,从而原方程组的求解就转化为方程组

$$\begin{cases}\boldsymbol{L}\boldsymbol{Y}=\boldsymbol{b}, & (2.1.9)\\ \boldsymbol{U}\boldsymbol{X}=\boldsymbol{Y} & (2.1.10)\end{cases}$$

的求解. 而三角方程组(2.1.9)和(2.1.10)很容易由回代公式求解.

将矩阵 $\boldsymbol{A}$ 作 $\boldsymbol{L}\boldsymbol{U}$ 分解的重要性在于:根据线性方程组系数矩阵 $\boldsymbol{A}$ 的具体性质,可以作不同的 $\boldsymbol{L}\boldsymbol{U}$ 分解,从而可得到解线性方程组的不同的直接法.

以下详细讨论系数矩阵 $\boldsymbol{A}$ 的三角分解. 这里以杜里特尔分解为例(克劳特分解完全类似). 依定理 1,若矩阵 $\boldsymbol{A}$ 的各阶顺序主子式都不为零,则 $\boldsymbol{A}$ 可作唯一的 $\boldsymbol{L}\boldsymbol{U}$ 分解. 设

$$\boldsymbol{A}=\begin{bmatrix}1 & & & \\ l_{21} & 1 & & \\ \vdots & \vdots & \ddots & \\ l_{n1} & l_{n2} & \cdots & 1\end{bmatrix}\begin{bmatrix}u_{11} & u_{12} & \cdots & u_{1n}\\ & u_{22} & \cdots & u_{2n}\\ & & \ddots & \vdots\\ & & & u_{nn}\end{bmatrix},$$

由矩阵乘法运算有

$$a_{ij}=\sum_{k=1}^{n}l_{ik}u_{kj}\quad(i,j=1,2,\cdots,n),$$

并注意到 $l_{ii}=1,l_{ij}=0\ (i<j),u_{ij}=0\ (i>j)$,可得

$$u_{kj}=a_{kj}-\sum_{r=1}^{k-1}l_{kr}u_{rj}\quad(j=k,k+1,\cdots,n),\tag{2.1.11}$$

$$l_{ik}=\left(a_{ik}-\sum_{r=1}^{k-1}l_{ir}u_{rk}\right)\Big/u_{kk}\quad(i=k+1,k+2,\cdots,n).\tag{2.1.12}$$

以上两式有如下计算特点:$\boldsymbol{U}$ 的元素按行求,$\boldsymbol{L}$ 的元素按列求;先求 $\boldsymbol{U}$ 的第 r 行元素,然后求 $\boldsymbol{L}$ 的第 r 列元素,$\boldsymbol{U}$ 和 $\boldsymbol{L}$ 一行一列交叉计算. 矩阵 $\boldsymbol{A}$ 的 $\boldsymbol{LU}$ 分解可按下图逐框计算:

u_{11}	u_{12}	$\cdots$	u_{1n}	第 1 步计算
l_{21}	u_{22}	$\cdots$	u_{2n}	第 2 步计算
$\vdots$	$\vdots$	$\ddots$		$\vdots$
l_{n1}	l_{n2}		u_{nn}	第 n 步计算

由上图可见,计算是按一框一框进行的. 由于以上计算是通过已知数和已经求出的数来求得 u_{kj} 和 l_{ik} 的,计算时不必记录中间结果,故这种算法也称为**紧凑格式**.

当矩阵 $\boldsymbol{A}$ 完成 $\boldsymbol{LU}$ 分解后,则线性方程组 $\boldsymbol{AX}=\boldsymbol{b}$ 的解就等价于以下两个三角方程组的解:

$$\begin{cases}\boldsymbol{LY}=\boldsymbol{b},\\ \boldsymbol{UX}=\boldsymbol{Y}.\end{cases}$$

而求解 $\boldsymbol{LY}=\boldsymbol{b}$ 的递推公式为

$$\begin{cases}y_1=b_1,\\ y_i=b_i-\displaystyle\sum_{k=1}^{i-1}l_{ik}y_k\quad(i=2,3,\cdots,n);\end{cases}$$

求解 $\boldsymbol{UX}=\boldsymbol{Y}$ 的递推公式为

$$x_i=\left(y_i-\sum_{k=i+1}^{n}u_{ik}x_k\right)\Big/u_{ii}\quad(i=n,n-1,\cdots,1).$$

例 3 利用矩阵的 $\boldsymbol{LU}$ 分解求解线性方程组

$$\begin{bmatrix}1&2&3&-4\\-3&-4&-12&13\\2&10&0&-3\\4&14&9&-13\end{bmatrix}\begin{bmatrix}x_1\\x_2\\x_3\\x_4\end{bmatrix}=\begin{bmatrix}-2\\5\\10\\7\end{bmatrix}.$$

解 第一步 计算 $\boldsymbol{U}$ 的第 1 行,$\boldsymbol{L}$ 的第 1 列,得

$$u_{11}=1,\quad u_{12}=2,\quad u_{13}=3,\quad u_{14}=-4,$$
$$l_{21}=a_{21}/u_{11}=-3,\quad l_{31}=a_{31}/u_{11}=2,\quad l_{41}=a_{41}/u_{11}=4.$$

第二步　计算 $\boldsymbol{U}$ 的第 2 行,$\boldsymbol{L}$ 的第 2 列,得

$$u_{22}=a_{22}-l_{21}u_{12}=2,\quad u_{23}=a_{23}-l_{21}u_{13}=-3,\quad u_{24}=a_{24}-l_{21}u_{14}=1,$$
$$l_{32}=(a_{32}-l_{31}u_{12})/u_{22}=3,\quad l_{42}=(a_{42}-l_{41}u_{12})/u_{22}=3.$$

第三步　计算 $\boldsymbol{U}$ 的第 3 行,$\boldsymbol{L}$ 的第 3 列,得

$$u_{33}=a_{33}-l_{31}u_{13}-l_{32}u_{23}=3,\quad u_{34}=a_{34}-l_{31}u_{14}-l_{32}u_{24}=2,$$
$$l_{43}=(a_{43}-l_{41}u_{13}-l_{42}u_{23})/u_{33}=2.$$

第四步　计算 $\boldsymbol{U}$ 的第 4 行,即 u_{44},得

$$u_{44}=a_{44}-l_{41}u_{14}-l_{42}u_{24}-l_{43}u_{34}=-4.$$

于是

$$\begin{bmatrix}1&2&3&-4\\-3&-4&-12&13\\2&10&0&-3\\4&14&9&-13\end{bmatrix}=\begin{bmatrix}1&0&0&0\\-3&1&0&0\\2&3&1&0\\4&3&2&1\end{bmatrix}\begin{bmatrix}1&2&3&-4\\0&2&-3&1\\0&0&3&2\\0&0&0&-4\end{bmatrix}.$$

求解

$$\begin{bmatrix}1&0&0&0\\-3&1&0&0\\2&3&1&0\\4&3&2&1\end{bmatrix}\begin{bmatrix}y_1\\y_2\\y_3\\y_4\end{bmatrix}=\begin{bmatrix}-2\\5\\10\\7\end{bmatrix}$$

得 $\boldsymbol{Y}=(-2,-1,17,-16)^{\mathrm{T}}$. 求解

$$\begin{bmatrix}1&2&3&-4\\0&2&-3&1\\0&0&3&2\\0&0&0&-4\end{bmatrix}\begin{bmatrix}x_1\\x_2\\x_3\\x_4\end{bmatrix}=\begin{bmatrix}-2\\-1\\17\\-16\end{bmatrix}$$

得 $\boldsymbol{X}=(1,2,3,4)^{\mathrm{T}}$.

如果 $\boldsymbol{A}$ 是 n 阶对称矩阵,由定理 1 还可得如下分解定理:

定理 2　若 $\boldsymbol{A}$ 为 n 阶对称矩阵,且 $\boldsymbol{A}$ 的各阶顺序主子式都不为零,则 $\boldsymbol{A}$ 可唯一分解为

$$\boldsymbol{A}=\boldsymbol{L}\boldsymbol{D}\boldsymbol{L}^{\mathrm{T}},\tag{2.1.13}$$

其中 $\boldsymbol{L}$ 为单位下三角矩阵,$\boldsymbol{D}$ 为对角矩阵.

证明　因为 $\boldsymbol{A}$ 的各阶顺序主子式都不为零,由定理 1 知 $\boldsymbol{A}$ 可唯一分解为

$$A=LU=\begin{bmatrix}1 & & & \\ l_{21} & 1 & & \\ \vdots & \vdots & \ddots & \\ l_{n1} & l_{n2} & \cdots & 1\end{bmatrix}\begin{bmatrix}u_{11} & u_{12} & \cdots & u_{1n} \\ & u_{22} & \cdots & u_{2n} \\ & & \ddots & \vdots \\ & & & u_{nn}\end{bmatrix}.$$

因为 $u_{ii}\neq 0\ (i=1,2,\cdots,n)$,所以可将 $\boldsymbol{U}$ 分解为

$$U=\begin{bmatrix}u_{11} & & & \\ & u_{22} & & \\ & & \ddots & \\ & & & u_{nn}\end{bmatrix}\begin{bmatrix}1 & \frac{u_{12}}{u_{11}} & \cdots & \frac{u_{1n}}{u_{11}} \\ & 1 & \cdots & \frac{u_{2n}}{u_{22}} \\ & & \ddots & \vdots \\ & & & 1\end{bmatrix}\xlongequal{\text{记为}} DU_1,$$

其中 $\boldsymbol{D}$ 为对角矩阵,$\boldsymbol{U}_1$ 为单位上三角矩阵. 于是

$$A=LDU_1=L(DU_1).$$

因为 $\boldsymbol{A}$ 为对称矩阵,所以

$$A=A^{\mathrm{T}}=U_1^{\mathrm{T}}D^{\mathrm{T}}L^{\mathrm{T}}=U_1^{\mathrm{T}}(DL^{\mathrm{T}}).$$

由 $\boldsymbol{A}$ 的 $\boldsymbol{LU}$ 分解的唯一性即得

$$L=U_1^{\mathrm{T}},$$

即 $U_1=L^{\mathrm{T}}$,故 $A=LDL^{\mathrm{T}}$.

五、平方根法及改进的平方根法

工程技术中的许多实际问题所归结出的线性方程组,其系数矩阵常常有对称正定性. 对于具有此类特性系数矩阵的方程组,利用矩阵的三角分解法求解是一种较好的有效方法. 这就是解对称正定系数矩阵方程组的平方根法及改进的平方根法. 这种方法目前在计算机上已被广泛应用.

1. 正定矩阵及其性质

定义 2 设 $\boldsymbol{A}$ 是 n 阶实对称矩阵. 若对任何非零向量 $X\in\mathbf{R}^n$,恒有 $X^{\mathrm{T}}AX>0$,则称 $\boldsymbol{A}$ 为**对称正定矩阵**.

由线性代数知,正定矩阵具有如下性质(证明略):

(1) 正定矩阵 $\boldsymbol{A}$ 是非奇异的;

(2) 正定矩阵 $\boldsymbol{A}$ 的任一主子矩阵 $A_r\ (r=1,2,\cdots,n-1)$ 也必为正定矩阵;

(3) 正定矩阵 $\boldsymbol{A}$ 的主对角线元素 $a_{ii}\ (i=1,2,\cdots,n)$ 均为正数;

(4) 正定矩阵 $\boldsymbol{A}$ 的特征值 $\lambda_i>0\ (i=1,2,\cdots,n)$;

(5) 正定矩阵 $\boldsymbol{A}$ 的行列式必为正数.

定理 3 对称矩阵 $\boldsymbol{A}$ 为正定矩阵的充分必要条件是 $\boldsymbol{A}$ 的各阶顺序主子式大于零,即

$$\det(\boldsymbol{A}_i) > 0 \quad (i=1,2,\cdots,n).$$

定理证明略.

2. 对称正定矩阵的三角分解

定理 4(Cholesky 分解) 设 $\boldsymbol{A}$ 为 n 阶对称正定矩阵,则存在唯一的主对角线元素都是正数的下三角矩阵 $\boldsymbol{L}$,使得

$$\boldsymbol{A}=\boldsymbol{L}\boldsymbol{L}^{\mathrm{T}}. \tag{2.1.14}$$

证明 因为 $\boldsymbol{A}$ 为对称正定矩阵,则由以上性质(1),(2)和定理 2 知,必存在唯一的单位下三角矩阵 $\boldsymbol{L}_1$ 和对角矩阵 $\boldsymbol{D}$,使得

$$\boldsymbol{A}=\boldsymbol{L}_1\boldsymbol{D}\boldsymbol{L}_1^{\mathrm{T}}.$$

下面证明 $\boldsymbol{D}$ 的主对角线元素 d_{ii} $(i=1,2,\cdots,n)$都是正数.

因 $\boldsymbol{L}_1^{\mathrm{T}}$ 非奇异,故存在一非零列向量 $\boldsymbol{X}$,使得 $\boldsymbol{L}_1^{\mathrm{T}}\boldsymbol{X}=\boldsymbol{e}_i$,其中 $\boldsymbol{e}_i=(0,\cdots,0,1,0,\cdots,0)^{\mathrm{T}}$.由 $\boldsymbol{A}$ 的正定性得

$$\begin{aligned}0 < \boldsymbol{X}^{\mathrm{T}}\boldsymbol{A}\boldsymbol{X} &= \boldsymbol{X}^{\mathrm{T}}(\boldsymbol{L}_1\boldsymbol{D}\boldsymbol{L}_1^{\mathrm{T}})\boldsymbol{X}=(\boldsymbol{L}_1^{\mathrm{T}}\boldsymbol{X})^{\mathrm{T}}\boldsymbol{D}(\boldsymbol{L}_1^{\mathrm{T}}\boldsymbol{X})\\ &= \boldsymbol{e}_i^{\mathrm{T}}\boldsymbol{D}\boldsymbol{e}_i=d_{ii} \quad (i=1,2,\cdots,n).\end{aligned}$$

用 $\boldsymbol{D}^{1/2}$ 表示主对角线元素为 $\sqrt{d_{ii}}$ $(i=1,2,\cdots,n)$的对角矩阵,则有

$$\boldsymbol{A}=\boldsymbol{L}_1\boldsymbol{D}\boldsymbol{L}_1^{\mathrm{T}}=(\boldsymbol{L}_1\boldsymbol{D}^{1/2})(\boldsymbol{D}^{1/2}\boldsymbol{L}_1^{\mathrm{T}})=(\boldsymbol{L}_1\boldsymbol{D}^{1/2})(\boldsymbol{L}_1\boldsymbol{D}^{1/2})^{\mathrm{T}}.$$

令 $\boldsymbol{L}=\boldsymbol{L}_1\boldsymbol{D}^{1/2}$,则得

$$\boldsymbol{A}=\boldsymbol{L}\boldsymbol{L}^{\mathrm{T}},$$

其中 $\boldsymbol{L}$ 为主对角线元素都是正数的下三角矩阵. 证毕.

分解式 $\boldsymbol{A}=\boldsymbol{L}\boldsymbol{L}^{\mathrm{T}}$ 称为正定矩阵的**乔列斯基**(Cholesky)**分解**. 利用乔列斯基分解来求解对称正定系数矩阵方程组 $\boldsymbol{A}\boldsymbol{X}=\boldsymbol{b}$ 的方法称为**平方根法**.求解步骤具体如下:

设 $\boldsymbol{A}$ 为 n 阶对称正定矩阵,则由定理 4 知 $\boldsymbol{A}=\boldsymbol{L}\boldsymbol{L}^{\mathrm{T}}$,即

$$\begin{bmatrix} a_{11} & a_{12} & \cdots & a_{1n}\\ a_{21} & a_{22} & \cdots & a_{2n}\\ \vdots & \vdots & & \vdots\\ a_{n1} & a_{n2} & \cdots & a_{nn}\end{bmatrix}=\begin{bmatrix} l_{11} & & & \\ l_{21} & l_{22} & & \\ \vdots & \vdots & \ddots & \\ l_{n1} & l_{n2} & \cdots & l_{nn}\end{bmatrix}\begin{bmatrix} l_{11} & l_{21} & \cdots & l_{n1}\\ & l_{22} & \cdots & l_{n2}\\ & & \ddots & \vdots\\ & & & l_{nn}\end{bmatrix}.$$

将右端矩阵相乘,并令两端矩阵的(i,j)元素相等,于是不难得到矩阵 $\boldsymbol{L}$ 的元素的如下计算公式:

对 $j=1,2,\cdots,n$,有

$$l_{jj}=\left(a_{jj}-\sum_{k=1}^{j-1}l_{jk}^2\right)^{1/2}, \tag{2.1.15}$$

$$l_{ij}=\left(a_{ij}-\sum_{k=1}^{j-1}l_{ik}l_{jk}\right)\Big/ l_{jj} \quad (i=j+1,j+2,\cdots,n). \tag{2.1.16}$$

于是,求解线性方程组 $\boldsymbol{AX}=\boldsymbol{b}$ 就等价于求解下面两个三角方程组:

(1) $\boldsymbol{LY}=\boldsymbol{b}$,求 $\boldsymbol{Y}$;

(2) $\boldsymbol{L}^{\mathrm{T}}\boldsymbol{X}=\boldsymbol{Y}$,求 $\boldsymbol{X}$.

其求解公式分别为

$$y_i=\left(b_i-\sum_{k=1}^{i-1}l_{ik}y_k\right)\Big/l_{ii}\quad(i=1,2,\cdots,n),\tag{2.1.17}$$

$$x_i=\left(y_i-\sum_{k=i+1}^{n}l_{ki}x_k\right)\Big/l_{ii}\quad(i=n,n-1,\cdots,2,1).\tag{2.1.18}$$

当 $\boldsymbol{L}$ 的元素求出后,$\boldsymbol{L}^{\mathrm{T}}$ 的元素也就求出了,因此平方根法比用一般 $\boldsymbol{LU}$ 分解求解线性方程组的乘除运算量小得多. 另外,由(2.1.15)式得

$$a_{jj}=\sum_{k=1}^{j}l_{jk}^2\quad(j=1,2,\cdots,n),$$

所以
$$l_{jk}^2\leqslant a_{jj}\leqslant\max_{1\leqslant j\leqslant n}(a_{jj}),\quad |l_{jk}|\leqslant\max_{1\leqslant j\leqslant n}\sqrt{a_{jj}}.$$

上式说明,在矩阵 $\boldsymbol{A}$ 的乔列斯基分解过程中 $|l_{jk}|$ 的平方不会超过 $\boldsymbol{A}$ 的最大主对角线元素,舍入误差的放大受到了控制,从而不选主元的平方根法是数值稳定的. 计算实践也表明了不选主元已有足够的精确度,所以对称正定矩阵的平方根法是目前计算机上解决这类问题的最有效的方法之一.

例 4 用平方根法求解线性方程组

$$\begin{bmatrix}1&2&1\\2&8&4\\1&4&6\end{bmatrix}\begin{bmatrix}x_1\\x_2\\x_3\end{bmatrix}=\begin{bmatrix}0\\-2\\3\end{bmatrix}.$$

解 首先检验系数矩阵的对称正定性,这可以通过计算其各阶顺序主子式是否大于零来判断. 由于

$$a_{11}=1>0,\quad\begin{vmatrix}1&2\\2&8\end{vmatrix}=8-4>0,\quad\begin{vmatrix}1&2&1\\2&8&4\\1&4&6\end{vmatrix}=16>0,$$

所以系数矩阵是对称正定的. 记系数矩阵为 $\boldsymbol{A}$,则平方根法可按如下三步进行:

第一步 分解:$\boldsymbol{A}=\boldsymbol{LL}^{\mathrm{T}}$.

由公式(2.1.15)和(2.1.16)可计算得矩阵 $\boldsymbol{L}$ 的各元素:

$$l_{11}=1,\quad l_{21}=2,\quad l_{22}=2,\quad l_{31}=1,\quad l_{32}=1,\quad l_{33}=2.$$

因此

$$\boldsymbol{L}=\begin{bmatrix}1 & & \\ 2 & 2 & \\ 1 & 1 & 2\end{bmatrix}.$$

第二步 求解三角方程组 $\boldsymbol{LY}=\boldsymbol{b}$.

由公式(2.1.17)可解得

$$\boldsymbol{Y}=(0,-1,2)^{\mathrm{T}}.$$

第三步 求解三角方程组 $\boldsymbol{L}^{\mathrm{T}}\boldsymbol{X}=\boldsymbol{Y}$.

由公式(2.1.18)可求得方程组的解为

$$\boldsymbol{X}=(1,-1,1)^{\mathrm{T}}.$$

利用平方根法解对称正定系数矩阵线性方程组时,计算矩阵 $\boldsymbol{L}$ 的元素 l_{ij} 需要用到开方运算. 另外,当我们解决工程问题时,有时得到的是一个系数矩阵对称但非正定的线性方程组. 为了求解这类方程组和避免开方运算,我们可以改用定理 2 的分解式 $\boldsymbol{A}=\boldsymbol{LDL}^{\mathrm{T}}$ 去计算. 由此可得到下面的**改进的平方根法**:

设

$$\begin{aligned}\boldsymbol{A}&=\boldsymbol{LDL}^{\mathrm{T}}\\&=\begin{bmatrix}1 & & & \\ l_{21} & 1 & & \\ \vdots & & \ddots & \\ l_{n1} & l_{n2} & \cdots & 1\end{bmatrix}\begin{bmatrix}d_1 & & & \\ & d_2 & & \\ & & \ddots & \\ & & & d_n\end{bmatrix}\begin{bmatrix}1 & l_{21} & \cdots & l_{n1}\\ & 1 & \cdots & l_{n2}\\ & & \ddots & \vdots\\ & & & 1\end{bmatrix}.\end{aligned}$$

按行计算 $\boldsymbol{L}$ 的元素 $l_{ij}\ (j=1,2,\cdots,i-1)$. 由矩阵乘法运算,并注意到 $l_{jj}=1, l_{jk}=0\ (j<k)$,得

$$a_{ij}=\sum_{k=1}^{n}(\boldsymbol{LD})_{ik}(\boldsymbol{L}^{\mathrm{T}})_{kj}=\sum_{k=1}^{n}l_{ik}d_kl_{jk}=\sum_{k=1}^{j-1}l_{ik}d_kl_{jk}+l_{ij}d_j,$$

于是得到如下计算 $\boldsymbol{L}$ 的元素及 $\boldsymbol{D}$ 的主对角线元素公式:

对 $i=1,2,\cdots,n$,有

$$l_{ij}=\left(a_{ij}-\sum_{k=1}^{j-1}l_{ik}d_kl_{jk}\right)\Big/d_j\quad(j=1,2,\cdots,i-1),\tag{2.1.19}$$

$$d_i=a_{ii}-\sum_{k=1}^{i-1}l_{ik}^2d_k.\tag{2.1.20}$$

为了避免重复计算,引进

$$t_{ij}=l_{ij}d_j.$$

于是,由(2.1.19)式和(2.2.20)式得到如下按行计算 $\boldsymbol{L},\boldsymbol{T}\ (\boldsymbol{T}=\boldsymbol{LD})$的元素的公式:

对 $i=1,2,\cdots,n$,有

$$\left.\begin{aligned} l_{ij} &= t_{ij}/d_j, \\ t_{ij} &= a_{ij} - \sum_{k=1}^{j-1} t_{ik} l_{jk} \end{aligned} \quad (j=1,2,\cdots,i-1), \right\} \qquad (2.1.21)$$
$$d_i = a_{ii} - \sum_{k=1}^{i-1} t_{ik} l_{ik}.$$

这时求解方程组 $\boldsymbol{AX}=\boldsymbol{b}$ 等价于求解下列两个方程组：

(1) $\boldsymbol{LY}=\boldsymbol{b}$，求 $\boldsymbol{Y}$；

(2) $\boldsymbol{DL}^{\mathrm{T}}\boldsymbol{X}=\boldsymbol{Y}$，求 $\boldsymbol{X}$.

这是两个三角方程组，可用逐步递推方法求其解，具体计算公式分别如下：

$$y_i = b_i - \sum_{k=1}^{i-1} l_{ik} y_k \quad (i=1,2,\cdots,n), \qquad (2.1.22)$$

$$x_i = \frac{y_i}{d_i} - \sum_{k=i+1}^{n} l_{ki} x_k \quad (i=n,n-1,\cdots,2,1). \qquad (2.1.23)$$

下面介绍存放问题. 先将计算出的 $\boldsymbol{T}=\boldsymbol{LD}$ 的第 i 行元素 t_{ij} $(j=1,2,\cdots,i-1)$ 存放在 $\boldsymbol{A}$ 的第 i 行相应位置；然后计算 $\boldsymbol{L}$ 的第 i 行元素并存放在 $\boldsymbol{A}$ 的第 i 行，计算 $\boldsymbol{D}$ 的主对角线元素并存放在 $\boldsymbol{A}$ 的相应位置. 例如：

$$\underset{(\text{对称矩阵})}{\boldsymbol{A}} = \begin{bmatrix} a_{11} & & & \\ a_{21} & a_{22} & & \\ a_{31} & a_{32} & a_{33} & \\ a_{41} & a_{42} & a_{43} & a_{44} \end{bmatrix} \to \begin{bmatrix} d_1 & & & \\ l_{21} & d_2 & & \\ l_{31} & l_{32} & d_3 & \\ t_{41} & t_{42} & t_{43} & a_{44} \end{bmatrix}$$
$$\to \begin{bmatrix} d_1 & & & \\ l_{21} & d_2 & & \\ l_{31} & l_{32} & d_3 & \\ l_{41} & l_{42} & l_{43} & d_4 \end{bmatrix}.$$

例 5 用改进的平方根法解线性方程组

$$\begin{bmatrix} 5 & -4 & 1 & 0 \\ -4 & 6 & -4 & 1 \\ 1 & -4 & 6 & -4 \\ 0 & 1 & -4 & 5 \end{bmatrix} \begin{bmatrix} x_1 \\ x_2 \\ x_3 \\ x_4 \end{bmatrix} = \begin{bmatrix} 2 \\ -1 \\ -1 \\ 2 \end{bmatrix}.$$

解 对 $i=1$，有 $d_1=a_{11}=5$；

对 $i=2$，有

$$t_{21}=a_{21}=-4, \quad l_{21}=t_{21}/d_1=-0.8, \quad d_2=a_{22}-t_{21}l_{21}=2.8.$$

存放后矩阵 $\boldsymbol{A}$ 的形式为

$$\begin{bmatrix} 5 & & & \\ -0.8 & 2.8 & & \\ 1 & -4 & 6 & \\ 0 & 1 & -4 & 5 \end{bmatrix}.$$

对 $i=3$,有

$$t_{3j}=a_{3j}-\sum_{k=1}^{j-1}t_{3k}l_{jk}\quad (j=1,2),$$

$$t_{31}=a_{31}=1,\quad t_{32}=-3.2,\quad l_{31}=t_{31}/d_1=0.2,$$

$$l_{32}=t_{32}/d_2=-1.14286,\quad d_3=2.14285.$$

存放后矩阵 $\boldsymbol{A}$ 的形式为

$$\begin{bmatrix} 5 & & & \\ -0.8 & 2.8 & & \\ 0.2 & -1.14286 & 2.14285 & \\ 0 & 1 & -4 & 5 \end{bmatrix}.$$

对 $i=4$,有

$$t_{4j}=a_{4j}-\sum_{k=1}^{j-1}t_{4k}l_{jk}\quad (j=1,2,3),$$

$$t_{41}=0,\quad t_{42}=1,\quad t_{43}=-2.85714,$$

$$l_{41}=0,\quad l_{42}=0.35714,\quad l_{43}=-1.33334,$$

$$d_4=0.83332.$$

所以矩阵 $\boldsymbol{A}$ 的形式为

$$\begin{bmatrix} 5 & & & \\ -0.8 & 2.8 & & \\ 0.2 & -1.14286 & 2.14285 & \\ 0 & 0.35714 & -1.33334 & 0.83332 \end{bmatrix}.$$

由公式(2.1.22)可求得三角方程组 $\boldsymbol{LY}=\boldsymbol{b}$ 的解为

$$\boldsymbol{Y}=(2,0.6,-0.71428,0.83333)^{\mathrm{T}}.$$

再由公式(2.1.23)可求得方程组 $\boldsymbol{DL}^{\mathrm{T}}\boldsymbol{X}=\boldsymbol{Y}$ 的解为

$$\boldsymbol{X}=(1.00002,1.00003,1.00003,1.00002)^{\mathrm{T}}.$$

该方程组的准确解为 $\boldsymbol{X}=(1,1,1,1)^{\mathrm{T}}$.

六、追赶法

在二阶常微分方程边值问题、热传导方程以及船体数学放样中建立的三次样条函数等工程技术问题的求解中,经常遇到如下形式的特殊线性方程组:

$$\begin{bmatrix} b_1 & c_1 & & & & \\ a_2 & b_2 & c_2 & & & \\ & a_3 & b_3 & c_3 & & \\ & & \ddots & \ddots & \ddots & \\ & & & a_{n-1} & b_{n-1} & c_{n-1} \\ & & & & a_n & b_n \end{bmatrix} \begin{bmatrix} x_1 \\ x_2 \\ x_3 \\ \vdots \\ x_{n-1} \\ x_n \end{bmatrix} = \begin{bmatrix} d_1 \\ d_2 \\ d_3 \\ \vdots \\ d_{n-1} \\ d_n \end{bmatrix}. \tag{2.1.24}$$

方程组(2.1.24)称为**三对角线性方程组**,其系数矩阵 $\boldsymbol{A}$ 为三对角矩阵. 这种方程组常常是按行严格对角占优的,即

$$\left.\begin{array}{l} |b_1| > |c_1| > 0, \\ |b_i| \geqslant |a_i| + |c_i|,\ a_i \neq 0,\ c_i \neq 0 \quad (i=2,3,\cdots,n-1), \\ |b_n| > |a_n| > 0. \end{array}\right\} \tag{2.1.25}$$

这个问题是适合于用 $\boldsymbol{LU}$ 分解法求解的典型问题之一. 由于三对角线性方程组的特殊性,这里并不用现成的 $\boldsymbol{LU}$ 分解公式,而是推导出一套递推关系,既节省存储单元,又减小计算量. 其具体的 $\boldsymbol{LU}$ 分解如下:

若 n $(n\geqslant 2)$ 阶三对角矩阵 $\boldsymbol{A}$ 的元素满足(2.1.25)式,则三对角矩阵 $\boldsymbol{A}$ 有如下三角分解:

$$\boldsymbol{A} = \begin{bmatrix} 1 & & & & \\ l_2 & 1 & & & \\ & l_3 & 1 & & \\ & & \ddots & \ddots & \\ & & & l_n & 1 \end{bmatrix} \begin{bmatrix} u_1 & c_1 & & & \\ & u_2 & c_2 & & \\ & & \ddots & \ddots & \\ & & & u_{n-1} & c_{n-1} \\ & & & & u_n \end{bmatrix}, \tag{2.1.26}$$

其中

$$\begin{cases} u_1 = b_1, \\ l_i = a_i / u_{i-1}, \\ u_i = b_i - l_i c_{i-1} \end{cases} \quad (i=2,3,\cdots,n). \tag{2.1.27}$$

证明略.

设有三对角线性方程组

$$\boldsymbol{AX} = \boldsymbol{d},$$

其中 $\boldsymbol{A}$ 的元素满足(2.1.25)式,则有(2.1.26)式的三角分解 $\boldsymbol{A}=\boldsymbol{LU}$,从而方程组 $\boldsymbol{AX}=\boldsymbol{d}$ 的求解等价于求解下述方程组:

$$\begin{cases} \boldsymbol{LY} = \boldsymbol{d}, \\ \boldsymbol{UX} = \boldsymbol{Y}. \end{cases}$$

由 $\boldsymbol{LY}=\boldsymbol{d}$,即

$$\begin{bmatrix} 1 & & & & \\ l_2 & 1 & & & \\ & l_3 & 1 & & \\ & & \ddots & \ddots & \\ & & & l_n & 1 \end{bmatrix} \begin{bmatrix} y_1 \\ y_2 \\ y_3 \\ \vdots \\ y_n \end{bmatrix} = \begin{bmatrix} d_1 \\ d_2 \\ d_3 \\ \vdots \\ d_n \end{bmatrix},$$

得

$$\begin{cases} y_1 = d_1, \\ y_i = d_i - l_i y_{i-1} \quad (i = 2, 3, \cdots, n). \end{cases} \tag{2.1.28}$$

又由 $\boldsymbol{UX}=\boldsymbol{Y}$,即

$$\begin{bmatrix} u_1 & c_1 & & & \\ & u_2 & c_2 & & \\ & & \ddots & \ddots & \\ & & & u_{n-1} & c_{n-1} \\ & & & & u_n \end{bmatrix} \begin{bmatrix} x_1 \\ x_2 \\ \vdots \\ x_{n-1} \\ x_n \end{bmatrix} = \begin{bmatrix} y_1 \\ y_2 \\ \vdots \\ y_{n-1} \\ y_n \end{bmatrix},$$

得

$$\begin{cases} x_n = y_n / u_n, \\ x_i = (y_i - c_i x_{i+1}) / u_i \quad (i = n-1, n-2, \cdots, 1). \end{cases} \tag{2.1.29}$$

公式(2.1.27),(2.1.28)和(2.1.29)通常称为解三对角线性方程组的**追赶法公式**. 一般地,称计算 $y_1, y_2, \cdots, y_n$ 的过程为“追”,计算 $x_1, x_2, \cdots, x_n$ 的过程为“赶”,故此法叫作**追赶法**. 这是实际计算中求解三对角线性方程组的一种有效方法.

七、列主元三角分解法

列主元三角分解法是对应于高斯列主元消去法的一种矩阵的直接分解法.

我们知道,用三角分解法求解方程组,要求系数矩阵 $\boldsymbol{A}$ 的各阶顺序主子式均不为零. 否则,在分解过程中,将会出现某个主元为零而无法继续进行分解. 此外,即使主元不为零,但当其绝对值很小时,计算结果也将导致舍入误差的严重积累. 然而,如果我们在分解过程中增加选主元的步骤,即建立列主元三角分解法,此时由于高斯列主元消去法仅在消元过程中进行行交换,这就相当于用高斯消去法先进行一系列的行交换后,方程组再进行 $\boldsymbol{LU}$ 分解. 对此,若 $\boldsymbol{A}$ 非奇异,可设原方程组 $\boldsymbol{AX}=\boldsymbol{b}$ 经过行交换后的方程组为

$$\boldsymbol{PAX} = \boldsymbol{Pb},$$

其中 $\boldsymbol{P}$ 为排列矩阵. 若 $\boldsymbol{PA}$ 能进行 $\boldsymbol{LU}$ 分解,则可通过依次求解下列三角方程组得出原方程组 $\boldsymbol{AX}=\boldsymbol{b}$ 的解:

(1) $\boldsymbol{LY}=\boldsymbol{Pb}$, 求 $\boldsymbol{Y}$;

(2) $\boldsymbol{UX}=\boldsymbol{Y}$，求 $\boldsymbol{X}$.

于是有如下定理：

定理 5(列主元的三角分解) 若 $\boldsymbol{A}$ 为非奇异矩阵，则存在排列矩阵 $\boldsymbol{P}$，使得 $\boldsymbol{PA}$ 有唯一的杜里特尔分解

$$\boldsymbol{PA}=\boldsymbol{LU},$$

其中 $\boldsymbol{L}$ 是单位下三角矩阵，$\boldsymbol{U}$ 是上三角矩阵(在同样条件下，也可推出 $\boldsymbol{PA}$ 有唯一的克劳特分解).

定理证明略.

定理 5 表明，对非奇异矩阵 $\boldsymbol{A}$ 施行一系列行交换后，可以进行杜里特尔分解. 不过，在实际中行交换与分解总是交替进行的，具体做法如下：

对矩阵 $\boldsymbol{A}$ 作列主元分解. 设 $\boldsymbol{A}^{(0)}=\boldsymbol{A}$，又设已完成了前 $k-1(1\leqslant k\leqslant n-1)$ 步分解，并将已计算出的 $\boldsymbol{L}$ 和 $\boldsymbol{U}$ 的元素存放在 $\boldsymbol{A}$ 的相应位置，记为

$$\boldsymbol{A}^{(k-1)}=\begin{bmatrix} u_{11} & u_{12} & \cdots & u_{1,k-1} & u_{1k} & \cdots & u_{1n} \\ l_{21} & u_{22} & \cdots & u_{2,k-1} & u_{2k} & \cdots & u_{2n} \\ \vdots & \vdots & & \vdots & \vdots & & \vdots \\ l_{k-1,1} & l_{k-1,2} & \cdots & u_{k-1,k-1} & u_{k-1,k} & \cdots & u_{k-1,n} \\ l_{k1} & l_{k2} & \cdots & l_{k,k-1} & a_{kk}^{(k-1)} & \cdots & a_{kn}^{(k-1)} \\ \vdots & \vdots & & \vdots & \vdots & & \vdots \\ l_{n1} & l_{n2} & \cdots & l_{n,k-1} & a_{nk}^{(k-1)} & \cdots & a_{nn}^{(k-1)} \end{bmatrix}.$$

由于施行行交换，$\boldsymbol{A}^{(k-1)}$ 中方框内的 $a_{ij}^{(k-1)}$ 可能不是原来 $\boldsymbol{A}$ 中的元素 a_{ij}.

第 k 步分解需利用公式(2.1.11)和(2.1.12). 为了避免用零或绝对值小的数作除数，先计算

$$S_i=a_{ik}^{(k-1)}-\sum_{r=1}^{k-1}l_{ir}u_{rk}\quad(i=k,k+1,\cdots,n).$$

于是，S_k 为(2.1.11)式中的 u_{kk}，而 $S_{k+1},S_{k+2},\cdots,S_n$ 即为(2.1.12)式中各式右端的分子部分. 在它们中间选取绝对值最大者为主元，记作 S_{i_k}，即

$$|S_{i_k}|=\max_{k\leqslant i\leqslant n}|S_i|.$$

然后交换 $\boldsymbol{A}^{(k-1)}$ 中的第 k 行与第 i_k 行，每个位置上的元素仍用原来的记号，于是

$$u_{kk}=S_{i_k}.$$

将它存放在 $a_{kk}^{(k-1)}$ 的位置，然后进行第 k 步分解. $u_{kj}\ (j=k+1,k+2,\cdots,n)$ 仍可按公式(2.1.11)计算，并依次存放在 $a_{k,k+1}^{(k-1)},\cdots,a_{kn}^{(k-1)}$ 的位置. 而 l_{ik} 的计算可直接利用 $S_i\ (i=k,k+1,\cdots,n)$，即

$$l_{ik}=\begin{cases}S_i/S_{i_k} & (i=k+1,k+2,\cdots,n;i\neq i_k),\\ S_k/S_{i_k} & (i=i_k).\end{cases}$$

依次将 $l_{(k+1)k},\cdots,l_{nk}$ 存放在 $a_{(k+1)k}^{(k-1)},\cdots,a_{nk}^{(k-1)}$ 的位置.

在列主元三角分解过程中，$\boldsymbol{b}=(b_1,b_2,\cdots,b_n)^{\mathrm{T}}$ 参加 $\boldsymbol{PA}$ 的 $\boldsymbol{LU}$ 分解过程中的行变换.因此,分解过程结束时已在 $\boldsymbol{b}$ 的位置上得到 $\boldsymbol{Pb}$.

综上所述,将列主元三角分解法用于求解方程组 $\boldsymbol{AX}=\boldsymbol{b}$ 时,由于

$$\boldsymbol{PAX}=\boldsymbol{Pb},$$

而 $\boldsymbol{PA}=\boldsymbol{LU}$,所以 $\boldsymbol{LUX}=\boldsymbol{Pb}$. 于是,求解方程组 $\boldsymbol{AX}=\boldsymbol{b}$ 转化为求解如下两个三角方程组：

(1) $\boldsymbol{LY}=\boldsymbol{Pb}$,求 $\boldsymbol{Y}$;

(2) $\boldsymbol{UX}=\boldsymbol{Y}$,求 $\boldsymbol{X}$.

以上即为求解线性方程组的**列主元三角分解法**.

例 6 利用列主元三角分解法求线性方程组

$$\begin{bmatrix}1.00 & 0.333 & 1.50 & -0.333\\ -2.01 & 1.45 & 0.500 & 2.95\\ 4.32 & -1.95 & 0.000 & 2.08\\ 5.11 & -4.00 & 3.33 & -1.11\end{bmatrix}\begin{bmatrix}x_1\\ x_2\\ x_3\\ x_4\end{bmatrix}=\begin{bmatrix}3.00\\ 5.40\\ 0.130\\ 3.77\end{bmatrix}$$

的解.

解 第一步 当 $k=1$ 时,

$$S_i=a_{i1}^{(0)}\quad(i=1,2,3,4),$$

$$S_1=1.00,\quad S_2=-2.01,\quad S_3=4.32,\quad S_4=5.11.$$

显然,主元为 $S_4=5.11,i_1=4$. 交换$[\boldsymbol{A}\,\vdots\,\boldsymbol{b}]$的第 1 行与第 4 行,然后计算 $\boldsymbol{U}$ 的第 1 行与 $\boldsymbol{L}$ 的第 1 列,得

$$[\boldsymbol{A}^{(1)}\,\vdots\,\boldsymbol{b}^{(1)}]=\left[\begin{array}{cccc:c}5.11 & -4.00 & 3.33 & -1.11 & 3.77\\ -0.393 & 1.45 & 0.500 & 2.95 & 5.40\\ 0.845 & -1.95 & 0.000 & 2.08 & 0.130\\ 0.196 & 0.333 & 1.50 & -0.333 & 3.00\end{array}\right].$$

第二步 当 $k=2$ 时,

$$S_i=a_{i2}^{(1)}-l_{i1}u_{12}\quad(i=2,3,4),$$

$$S_2=-0.120,\quad S_3=1.43,\quad S_4=1.12.$$

主元为 $S_3=1.43,i_2=3$. 交换$[\boldsymbol{A}^{(1)}\,\vdots\,\boldsymbol{b}^{(1)}]$的第 2 行与第 3 列,再计算 $\boldsymbol{U}$ 的第 2 行与 $\boldsymbol{L}$ 的第 2 列,得

$$[\boldsymbol{A}^{(2)} \vdots \boldsymbol{b}^{(2)}]=\left[\begin{array}{cccc:c} 5.11 & -4.00 & 3.33 & -1.11 & 3.77 \\ 0.845 & 1.43 & -2.81 & 3.02 & 0.130 \\ -0.393 & 0.0839 & 0.500 & 2.95 & 5.40 \\ 0.196 & 0.783 & 1.50 & -0.333 & 3.00 \end{array}\right].$$

第三步 当 $k=3$ 时,

$$S_3=a_{33}^{(2)}-l_{31}u_{13}-l_{32}u_{23}=1.57,$$

$$S_4=a_{43}^{(2)}-l_{41}u_{13}-l_{42}u_{23}=3.05.$$

主元为 $S_4=3.05, i_3=4$. 交换$[\boldsymbol{A}^{(2)} \vdots \boldsymbol{b}^{(2)}]$的第 3 行与第 4 行,再计算 $\boldsymbol{U}$ 的第 3 行与 $\boldsymbol{L}$ 的第 3 列,得

$$[\boldsymbol{A}^{(3)} \vdots \boldsymbol{b}^{(3)}]=\left[\begin{array}{cccc:c} 5.11 & -4.00 & 3.33 & -1.11 & 3.77 \\ 0.845 & 1.43 & -2.81 & 3.02 & 0.130 \\ 0.196 & 0.783 & 3.05 & -2.47 & 3.00 \\ -0.393 & -0.0839 & 0.515 & 2.95 & 5.40 \end{array}\right].$$

第四步 当 $k=4$ 时,

$$u_{44}=a_{44}^{(3)}-l_{41}u_{14}-l_{42}u_{24}-l_{43}u_{34}=4.04.$$

至此分解完毕,即 $\boldsymbol{PA}=\boldsymbol{LU}$,其中

$$\boldsymbol{L}=\begin{bmatrix} 1 & & & \\ 0.845 & 1 & & \\ 0.196 & 0.783 & 1 & \\ -0.393 & -0.0839 & 0.515 & 1 \end{bmatrix},$$

$$\boldsymbol{U}=\begin{bmatrix} 5.11 & -4.00 & 3.33 & -1.11 \\ & 1.43 & -2.81 & 3.02 \\ & & 3.05 & -2.47 \\ & & & 4.04 \end{bmatrix}.$$

最后,求解 $\boldsymbol{LY}=\boldsymbol{b}^{(3)}$ 得

$$\boldsymbol{Y}=(3.77,-3.06,4.66,4.22)^{\mathrm{T}},$$

再求解 $\boldsymbol{UX}=\boldsymbol{Y}$ 得原方程组的解为

$$\boldsymbol{X}=(-0.329,0.322,2.37,1.04)^{\mathrm{T}}.$$

§2 线性方程组的迭代解法

前面我们介绍了解线性方程组的直接法,这对于变量个数不多的线性方程组是很有效

的. 但由于采用直接法在多次消元、回代的过程中,四则运算的误差积累与传播无法控制,致使计算结果精确度也就无法保证. 对此,本节将继续介绍线性方程组的另一类解法——迭代法. 由于它具有保持迭代矩阵不变的特点,因此这类方法特别适用于求解大型稀疏系数矩阵方程组. 此外,利用迭代法只要断定系数矩阵满足收敛条件,尽管多次迭代计算工作量较大,都能达到预定的精确度,且迭代法在计算机内存和运算两方面通常都可利用系数矩阵中有大量零元素的特点,而计算机能胜任那些程序简单、重复量大的迭代计算.

线性方程组的迭代解法就是根据所给的方程组 $\boldsymbol{AX}=\boldsymbol{b}$,设计出一个迭代公式,然后将任意选取的一初始向量 $\boldsymbol{X}^{(0)}$ 代入迭代公式,求出 $\boldsymbol{X}^{(1)}$,再以 $\boldsymbol{X}^{(1)}$ 代入同一迭代公式,求出 $\boldsymbol{X}^{(2)}$,如此反复进行,得到向量序列 $\{\boldsymbol{X}^{(k)}\}$,当 $\{\boldsymbol{X}^{(k)}\}$ 收敛时,其极限即为原方程组的解. 但由于实际计算都只能计算到某个 $\boldsymbol{X}^{(k)}$ 就停止,因此即使不考虑舍入误差的影响,通常在有限步骤内迭代法也得不到方程组的准确解,只能得到逐步逼近解.

下面介绍雅可比(Jacobi)迭代法、高斯-塞德尔(Gauss-Seidel)迭代法与逐次超松弛迭代法(Successive Over Relaxation Method,SOR 迭代法).

一、雅可比迭代法

设有 n 元线性方程组

$$\boldsymbol{AX}=\boldsymbol{b}, \tag{2.2.1}$$

其中系数矩阵 $\boldsymbol{A}$ 的主对角线元素 $a_{ii}\neq 0\ (i=1,2,\cdots,n)$.

从方程组 $\boldsymbol{AX}=\boldsymbol{b}$ 的第 i 个方程中解出 x_i,可得到与 $\boldsymbol{AX}=\boldsymbol{b}$ 等价的方程组

$$\begin{cases} x_1=\dfrac{1}{a_{11}}(-a_{12}x_2-a_{13}x_3-\cdots-a_{1n}x_n+b_1), \\ x_2=\dfrac{1}{a_{22}}(-a_{21}x_1-a_{23}x_3-\cdots-a_{2n}x_n+b_2), \\ \cdots\cdots\cdots\cdots\cdots\cdots\cdots\cdots\cdots\cdots\cdots\cdots \\ x_n=\dfrac{1}{a_{nn}}(-a_{n1}x_1-a_{n2}x_2-\cdots-a_{n,n-1}x_{n-1}+b_n). \end{cases} \tag{2.2.2}$$

记

$$\boldsymbol{D}=\begin{bmatrix} a_{11} & & & \\ & a_{22} & & \\ & & \ddots & \\ & & & a_{nn} \end{bmatrix}, \quad \boldsymbol{L}=\begin{bmatrix} 0 & & & & \\ a_{21} & 0 & & & \\ a_{31} & a_{32} & 0 & & \\ \vdots & \vdots & \vdots & \ddots & \\ a_{n1} & a_{n2} & a_{n3} & \cdots & 0 \end{bmatrix},$$

$$U=\begin{bmatrix}0 & a_{12} & a_{13} & \cdots & a_{1n}\\ & 0 & a_{23} & \cdots & a_{2n}\\ & & \ddots & & \vdots\\ & & & 0 & a_{n-1,n}\\ & & & & 0\end{bmatrix},$$

则方程组(2.2.2)可用矩阵形式写为

$$\boldsymbol{X}=-\boldsymbol{D}^{-1}(\boldsymbol{L}+\boldsymbol{U})\boldsymbol{X}+\boldsymbol{D}^{-1}\boldsymbol{b}.$$

令

$$\boldsymbol{B}=-\boldsymbol{D}^{-1}(\boldsymbol{L}+\boldsymbol{U}),\quad \boldsymbol{d}=\boldsymbol{D}^{-1}\boldsymbol{b},$$

于是方程组(2.2.2)又可写为

$$\boldsymbol{X}=\boldsymbol{B}\boldsymbol{X}+\boldsymbol{d}. \tag{2.2.3}$$

迭代计算的过程为：首先取 $\boldsymbol{X}^{(0)}=(x_1^{(0)},x_2^{(0)},\cdots,x_n^{(0)})^{\mathrm{T}}$，将其代入方程组(2.2.2)右端，得

$$\begin{cases}x_1^{(1)}=\dfrac{1}{a_{11}}(-a_{12}x_2^{(0)}-a_{13}x_3^{(0)}-\cdots-a_{1n}x_n^{(0)}+b_1),\\ x_2^{(1)}=\dfrac{1}{a_{22}}(-a_{21}x_1^{(0)}-a_{23}x_3^{(0)}-\cdots-a_{2n}x_n^{(0)}+b_2),\\ \cdots\cdots\cdots\cdots\cdots\cdots\cdots\cdots\cdots\cdots\\ x_n^{(1)}=\dfrac{1}{a_{nn}}(-a_{n1}x_1^{(0)}-a_{n2}x_2^{(0)}-\cdots-a_{n,n-1}x_{n-1}^{(0)}+b_n),\end{cases}$$

即

$$\boldsymbol{X}^{(1)}=\boldsymbol{B}\boldsymbol{X}^{(0)}+\boldsymbol{d}.$$

再将 $\boldsymbol{X}^{(1)}$ 代入方程组(2.2.2)右端，求得 $\boldsymbol{X}^{(2)}=\boldsymbol{B}\boldsymbol{X}^{(1)}+\boldsymbol{d}$. 如此反复进行迭代，一般地有

$$\boldsymbol{X}^{(k+1)}=\boldsymbol{B}\boldsymbol{X}^{(k)}+\boldsymbol{d}\quad (k=0,1,2,\cdots),$$

即

$$\begin{cases}x_1^{(k+1)}=\dfrac{1}{a_{11}}(-a_{12}x_2^{(k)}-a_{13}x_3^{(k)}-\cdots-a_{1n}x_n^{(k)}+b_1),\\ x_2^{(k+1)}=\dfrac{1}{a_{22}}(-a_{21}x_1^{(k)}-a_{23}x_3^{(k)}-\cdots-a_{2n}x_n^{(k)}+b_2),\\ \cdots\cdots\cdots\cdots\cdots\cdots\cdots\cdots\cdots\cdots\\ x_n^{(k+1)}=\dfrac{1}{a_{nn}}(-a_{n1}x_1^{(k)}-a_{n2}x_2^{(k)}-\cdots-a_{n,n-1}x_{n-1}^{(k)}+b_n).\end{cases} \tag{2.2.4}$$

由此即得到一个向量序列 $\{\boldsymbol{X}^{(k)}\}$. 若 $\lim\limits_{k\to\infty}\boldsymbol{X}^{(k)}=\boldsymbol{X}^*$，则 $\boldsymbol{X}^*$ 就是方程组 $\boldsymbol{AX}=\boldsymbol{b}$ 的解. 这种求解线性方程组(2.2.1)的方法称为**雅可比迭代法**，其中矩阵 $\boldsymbol{B}$ 称为**迭代矩阵**.

为了便于编制程序，可将(2.2.4)式改写为如下形式：

$$
\begin{aligned}
x_i^{(k+1)} &= \frac{1}{a_{ii}}\Big(-\sum_{j=1}^{i-1} a_{ij}x_j^{(k)} - \sum_{j=i+1}^{n} a_{ij}x_j^{(k)} + b_i\Big) \\
&= x_i^{(k)} + \frac{1}{a_{ii}}\Big(b_i - \sum_{j=1}^{n} a_{ij}x_j^{(k)}\Big) \qquad (2.2.5)\\
&(i=1,2,\cdots,n;\ k=0,1,2,\cdots).
\end{aligned}
$$

二、高斯-塞德尔迭代法

仔细研究雅可比迭代法，我们不难发现，在逐个求 $\boldsymbol{X}^{(k+1)}$ 的分量 $x_i^{(k+1)}$ 时，分量 $x_1^{(k+1)}$，$x_2^{(k+1)}$，$\cdots$，$x_{i-1}^{(k+1)}$ 都已求得，但却未被利用，而是仍用旧分量 $x_1^{(k)}$，$x_2^{(k)}$，$\cdots$，$x_{i-1}^{(k)}$ 进行计算. 事实上，最新计算出来的分量比旧的分量更接近方程组的准确解. 因此，设想当新的分量求得后，马上用它来代替旧的分量，则可能会更快地接近方程组的准确解. 基于这种设想构造的迭代公式就是**高斯-塞德尔迭代法**，其具体迭代过程如下：

任取 $\boldsymbol{X}^{(0)}=(x_1^{(0)},x_2^{(0)},\cdots,x_n^{(0)})^{\mathrm{T}}$，第 1 次迭代为

$$
\begin{cases}
x_1^{(1)} = \dfrac{1}{a_{11}}(-a_{12}x_2^{(0)} - a_{13}x_3^{(0)} - \cdots - a_{1n}x_n^{(0)} + b_1), \\
x_2^{(1)} = \dfrac{1}{a_{22}}(-a_{21}x_1^{(1)} - a_{23}x_3^{(0)} - \cdots - a_{2n}x_n^{(0)} + b_2), \\
\cdots\cdots\cdots\cdots\cdots\cdots\cdots\cdots\cdots\cdots \\
x_n^{(1)} = \dfrac{1}{a_{nn}}(-a_{n1}x_1^{(1)} - a_{n2}x_2^{(1)} - \cdots - a_{n,n-1}x_{n-1}^{(1)} + b_n).
\end{cases}
$$

反复迭代，便得到下面的迭代公式：

$$
\begin{cases}
x_1^{(k+1)} = \dfrac{1}{a_{11}}(-a_{12}x_2^{(k)} - a_{13}x_3^{(k)} - \cdots - a_{1n}x_n^{(k)} + b_1), \\
x_2^{(k+1)} = \dfrac{1}{a_{22}}(-a_{21}x_1^{(k+1)} - a_{23}x_3^{(k)} - \cdots - a_{2n}x_n^{(k)} + b_2), \\
\cdots\cdots\cdots\cdots\cdots\cdots\cdots\cdots\cdots\cdots \\
x_n^{(k+1)} = \dfrac{1}{a_{nn}}(-a_{n1}x_1^{(k+1)} - a_{n2}x_2^{(k+1)} - \cdots - a_{n,n-1}x_{n-1}^{(k+1)} + b_n).
\end{cases}
\qquad (2.2.6)
$$

类似地，(2.2.6)式可用矩阵形式表示为

$$\boldsymbol{X}^{(k+1)} = -\boldsymbol{D}^{-1}(\boldsymbol{L}\boldsymbol{X}^{(k+1)} + \boldsymbol{U}\boldsymbol{X}^{(k)}) + \boldsymbol{D}^{-1}\boldsymbol{b}.$$

上式两端左乘 $\boldsymbol{D}$，得

$$\boldsymbol{D}\boldsymbol{X}^{(k+1)} = -\boldsymbol{L}\boldsymbol{X}^{(k+1)} - \boldsymbol{U}\boldsymbol{X}^{(k)} + \boldsymbol{b},$$

移项得

$$(\boldsymbol{D}+\boldsymbol{L})\boldsymbol{X}^{(k+1)} = -\boldsymbol{U}\boldsymbol{X}^{(k)} + \boldsymbol{b}.$$

因为 $a_{ii}\neq 0\ (i=1,2,\cdots,n)$，所以行列式 $|\boldsymbol{D}+\boldsymbol{L}|\neq 0$. 故将上式两端左乘 $(\boldsymbol{D}+\boldsymbol{L})^{-1}$，得

$$X^{(k+1)}=-(D+L)^{-1}UX^{(k)}+(D+L)^{-1}b.$$

令

$$G=-(D+L)^{-1}U,\quad d_1=(D+L)^{-1}b,$$

则

$$X^{(k+1)}=GX^{(k)}+d_1. \tag{2.2.7}$$

迭代公式(2.2.6)或(2.2.7)称为解线性方程组 $AX=b$ 的**高斯-塞德尔迭代法**,其中矩阵 G 称为**迭代矩阵**.

为了便于编制程序,可将(2.2.6)式改写为如下形式:

$$x_i^{(0)}\ (i=1,2,\cdots,n)\ \text{为任意给定数},$$

$$\begin{aligned}x_i^{(k+1)}&=\frac{1}{a_{ii}}\Big(-\sum_{j=1}^{i-1}a_{ij}x_j^{(k+1)}-\sum_{j=i+1}^{n}a_{ij}x_j^{(k)}+b_i\Big)\\&=x_i^{(k)}+\frac{1}{a_{ii}}\Big(b_i-\sum_{j=1}^{i-1}a_{ij}x_j^{(k+1)}-\sum_{j=i}^{n}a_{ij}x_j^{(k)}\Big)\\&\quad(i=1,2,\cdots,n;\ k=0,1,2,\cdots).\end{aligned} \tag{2.2.8}$$

由于当新的分量求得后,便马上用它来代替旧的分量,因此高斯-塞德尔迭代法与雅可比迭代法相比有一个明显的优点,就是上机计算时已不需要两组工作单元存放 $X^{(k)}$ 和 $X^{(k+1)}$ 的分量,而仅需一组工作单元存放 $X^{(k)}$ 的分量. 当计算出 $x_i^{(k+1)}$ 就冲掉旧分量 $x_i^{(k)}$,其计算量与雅可比迭代法相同,但计算速度加快且存储量又小,故高斯-塞德尔迭代法可看作雅可比迭代法的一种修正.

三、逐次超松弛迭代法

逐次松弛迭代法是高斯-塞德尔迭代法的一种加速方法,其基本思想是将高斯-塞德尔迭代法得到的第 $k+1$ 次近似解向量 $X^{(k+1)}$ 与第 k 次近似解向量 $X^{(k)}$ 作加权平均.当权因子(即松弛因子)ω 选取适当时,加速效果很显著. 因此,这一方法的关键是如何选取最佳松弛因子. 现具体介绍如下:

设有线性方程组

$$AX=b.$$

将矩阵 A 分解为 $A=I-B$,则该方程组等价于

$$X=BX+d\quad(d=b).$$

于是迭代公式为

$$X^{(k+1)}=BX^{(k)}+d. \tag{2.2.9}$$

由于第 k 次近似解 $X^{(k)}$ 并非 $AX=b$ 的解,故 $b-AX^{(k)}\neq 0$. 令

$$r^{(k)}=b-AX^{(k)},$$

其中 $r^{(k)}$ 称为**剩余向量**,于是(2.2.9)式可改写为

$$\begin{aligned}X^{(k+1)}&=(I-A)X^{(k)}+b=X^{(k)}+b-AX^{(k)}\\&=X^{(k)}+r^{(k)}\quad(k=0,1,2,\cdots).\end{aligned}$$

上式说明,应用迭代法实际上是用剩余向量 $\boldsymbol{r}^{(k)}$ 来改进解的第 k 次近似. 也就是说,第 $k+1$ 次近似是由第 k 次近似加上剩余向量 $\boldsymbol{r}^{(k)}$ 而得到的. 为了加速 $\boldsymbol{X}^{(k+1)}$ 的收敛速度,可考虑给 $\boldsymbol{r}^{(k)}$ 乘上一个适当因子 ω,从而得到一个加速迭代公式

$$\boldsymbol{X}^{(k+1)}=\boldsymbol{X}^{(k)}+\omega(\boldsymbol{b}-\boldsymbol{A}\boldsymbol{X}^{(k)}), \tag{2.2.10}$$

其中 ω 称为**松弛因子**. (2.2.10)式的分量形式为

$$x_i^{(k+1)}=x_i^{(k)}+\omega\Big(b_i-\sum_{j=1}^{n}a_{ij}x_j^{(k)}\Big)$$
$$(i=1,2,\cdots,n;\ k=0,1,2,\cdots).$$

只要松弛因子 ω 选择得当,由(2.2.10)式计算出的第 $k+1$ 次近似就会更快地接近方程组 $\boldsymbol{AX}=\boldsymbol{b}$ 的解,从而可以达到加快收敛速度的目的. 然而,以上这种带松弛因子的迭代法技巧要求很高,很难掌握,且没有充分利用已经计算出的分量信息,故并不经常使用.

考虑到高斯-塞德尔迭代法的程序设计简单,且已充分利用了最新计算出来的分量信息,故依上述加速收敛思想,对高斯-塞德尔迭代法加以修正,便得到逐次松弛迭代法,其迭代公式如下:

任给 $x_i^{(0)}\ (i=1,2,\cdots,n)$,

$$x_i^{(k+1)}=x_i^{(k)}+\frac{\omega}{a_{ii}}\Big(b_i-\sum_{j=1}^{i-1}a_{ij}x_j^{(k+1)}-\sum_{j=i}^{n}a_{ij}x_j^{(k)}\Big) \tag{2.2.11}$$
$$(i=1,2,\cdots,n;\ k=0,1,2,\cdots).$$

当 $0<\omega<1$ 时,公式(2.2.11)称为**逐次低松弛迭代法(SUR 迭代法)**;当 $\omega>1$ 时,公式(2.2.11)称为**逐次超松弛迭代法(SOR 迭代法)**;当 $\omega=1$ 时即为高斯-塞德尔迭代法.

逐次超松弛迭代法是解大型线性方程组,特别是大型稀疏系数矩阵方程组的有效方法之一. 它具有计算公式简单,程序设计容易,占用计算机内存单元较少等优点,只要松弛因子 ω 选择得好,其收敛速度就会加快.

对于以上介绍的解线性方程组的三种迭代法,计算时我们都可用

$$\max|\Delta x_i|=\max_{1\leqslant i\leqslant n}|x_i^{(k+1)}-x_i^{(k)}|<\varepsilon \quad (\varepsilon\ 为精确度要求)$$

来控制迭代终止.

例 1 试分别用雅可比迭代法、高斯-塞德尔迭代法和逐次超松弛迭代法(取 $\omega=1.15$)解线性方程组

$$\begin{bmatrix} 5 & 1 & -1 & -2 \\ 2 & 8 & 1 & 3 \\ 1 & -2 & -4 & -1 \\ -1 & 3 & 2 & 7 \end{bmatrix}\begin{bmatrix} x_1 \\ x_2 \\ x_3 \\ x_4 \end{bmatrix}=\begin{bmatrix} -2 \\ -6 \\ 6 \\ 12 \end{bmatrix},$$

当 $\max|\Delta x_i|=\max\limits_{1\leqslant i\leqslant n}|x_i^{(k+1)}-x_i^{(k)}|<10^{-5}$ 时迭代终止(该线性方程组的精确解为 $\boldsymbol{X}^*=(1,-2,-1,3)^{\mathrm{T}}$).

解　取 $\boldsymbol{X}^{(0)}=(0,0,0,0)^{\mathrm{T}}$，雅可比迭代法的公式为

$$\begin{cases} x_1^{(k+1)}=x_1^{(k)}+\dfrac{1}{5}(-2-5x_1^{(k)}-x_2^{(k)}+x_3^{(k)}+2x_4^{(k)}), \\ x_2^{(k+1)}=x_2^{(k)}+\dfrac{1}{8}(-6-2x_1^{(k)}-8x_2^{(k)}-x_3^{(k)}-3x_4^{(k)}), \\ x_3^{(k+1)}=x_3^{(k)}-\dfrac{1}{4}(6-x_1^{(k)}+2x_2^{(k)}+4x_3^{(k)}+x_4^{(k)}), \\ x_4^{(k+1)}=x_4^{(k)}+\dfrac{1}{7}(12+x_1^{(k)}-3x_2^{(k)}-2x_2^{(k)}-7x_4^{(k)}). \end{cases}$$

迭代 24 次后得方程组的近似解为

$$\boldsymbol{X}^{(24)}=(0.9999941,-1.9999950,-1.0000040,2.9999990)^{\mathrm{T}}.$$

高斯-塞德尔迭代法的公式为

$$\begin{cases} x_1^{(k+1)}=x_1^{(k)}+\dfrac{1}{5}(-2-5x_1^{(k)}-x_2^{(k)}+x_3^{(k)}+2x_4^{(k)}), \\ x_2^{(k+1)}=x_2^{(k)}+\dfrac{1}{8}(-6-2x^{(k+1)}-8x_2^{(k)}-x_3^{(k)}-3x_4^{(k)}), \\ x_3^{(k+1)}=x_3^{(k)}-\dfrac{1}{4}(6-x_1^{(k+1)}+2x_2^{(k+1)}+4x_3^{(k)}+x_4^{(k)}), \\ x_4^{(k+1)}=x_4^{(k)}+\dfrac{1}{7}(12+x_1^{(k+1)}-3x_2^{(k+1)}-2x_3^{(k+1)}-7x_4^{(k)}). \end{cases}$$

迭代 14 次后得方程组的近似解为

$$\boldsymbol{X}^{(14)}=(0.9999966,-1.9999970,-1.0000040,2.9999990)^{\mathrm{T}}.$$

逐次超松弛迭代法的公式为

$$\begin{cases} x_1^{(k+1)}=x_1^{(k)}+\dfrac{\omega}{5}(-2-5x_1^{(k)}-x_2^{(k)}+x_3^{(k)}+2x_4^{(k)}), \\ x_2^{(k+1)}=x_2^{(k)}+\dfrac{\omega}{8}(-6-2x_1^{(k+1)}-8x_2^{(k)}-x_3^{(k)}-3x_4^{(k)}), \\ x_3^{(k+1)}=x_3^{(k)}-\dfrac{\omega}{4}(6-x_1^{(k+1)}+2x_2^{(k+1)}+4x_3^{(k)}+x_4^{(k)}), \\ x_4^{(k+1)}=x_4^{(k)}+\dfrac{\omega}{7}(12+x_1^{(k+1)}-3x_2^{(k+1)}-2x_3^{(k+1)}-7x_4^{(k)}). \end{cases}$$

取 $\omega=1.15$，迭代 8 次后得方程组的近似解为

$$\boldsymbol{X}^{(8)}=(0.9999965,-1.9999970,-1.0000010,2.9999990)^{\mathrm{T}}.$$

§3 迭代法的收敛性

迭代法的一个重要问题就是在什么条件下才能保证迭代法产生的向量序列$\{\boldsymbol{X}^{(k)}\}$收敛. 为了研究线性方程组近似解的误差估计和迭代法的收敛性,我们先介绍向量范数和矩阵范数的概念.

一、向量范数与矩阵范数

向量范数和矩阵范数实际上是对n维向量空间中的向量和实数域中的n阶矩阵的"大小"进行某种度量. 例如,$\mathbf{R}^n$中向量的范数是$\mathbf{R}^3$中向量的长度概念的推广.

定义 1 对任意n维向量$\boldsymbol{X}\in\mathbf{R}^n$,若按一定规则对应一非负实数$\|\boldsymbol{X}\|$,满足以下条件:

(1) 正定条件:$\|\boldsymbol{X}\|\geqslant 0$,当且仅当$\boldsymbol{X}=\mathbf{0}$时,$\|\boldsymbol{X}\|=0$;

(2) 齐次性:$\|k\boldsymbol{X}\|=|k|\cdot\|\boldsymbol{X}\|$,$k$为任意实数;

(3) 三角不等式:$\|\boldsymbol{X}+\boldsymbol{Y}\|\leqslant\|\boldsymbol{X}\|+\|\boldsymbol{Y}\|$,对任意$\boldsymbol{X},\boldsymbol{Y}\in\mathbf{R}^n$,

则称$\|\boldsymbol{X}\|$为向量$\boldsymbol{X}$的**范数**或**模**.

设$\boldsymbol{X}=(x_1,x_2,\cdots,x_n)^{\mathrm{T}}$,常用的向量范数有

$$\|\boldsymbol{X}\|_1=|x_1|+|x_2|+\cdots+|x_n|,$$

$$\|\boldsymbol{X}\|_2=\sqrt{|x_1|^2+|x_2|^2+\cdots+|x_n|^2},$$

$$\|\boldsymbol{X}\|_\infty=\max_{1\leqslant i\leqslant n}|x_i|,$$

分别称为向量$\boldsymbol{X}$的**1 范数**,**2 范数**和**无穷范数**. 易证它们都满足定义 1 中的三个条件.

向量的不同范数的数值是不一样的,这不影响度量向量的大小,因为向量的不同范数之间都有一定关系. 可以证明向量$\boldsymbol{X}$的 1 范数,2 范数及无穷范数之间有如下关系:

$$\begin{cases}\|\boldsymbol{X}\|_\infty\leqslant\|\boldsymbol{X}\|_1\leqslant n\|\boldsymbol{X}\|_\infty,\\ \|\boldsymbol{X}\|_\infty\leqslant\|\boldsymbol{X}\|_2\leqslant\sqrt{n}\|\boldsymbol{X}\|_\infty,\\ \dfrac{1}{\sqrt{n}}\|\boldsymbol{X}\|_1\leqslant\|\boldsymbol{X}\|_2\leqslant\|\boldsymbol{X}\|_1.\end{cases}\tag{2.3.1}$$

这一关系称为向量之间的等价关系. 它表明,若一个向量的某种范数是一个小量,则它的任何一种范数也是一个小量. 因此,不同范数在数量上的差别对分析误差并不重要,反而使我们可以根据具体问题选择适当的范数以利于分析和计算.

例 1 设向量$\boldsymbol{X}=(1,0,-5,2)^{\mathrm{T}}$,求$\|\boldsymbol{X}\|_1,\|\boldsymbol{X}\|_2,\|\boldsymbol{X}\|_\infty$.

解 $\|\boldsymbol{X}\|_1=1+5+2=8$,

$\|\boldsymbol{X}\|_2=\sqrt{1^2+0^2+(-5)^2+2^2}=\sqrt{30}$,

$\|\boldsymbol{X}\|_\infty=\max\{1,5,2\}=5$.

设 $\mathbf{R}^{n\times n}$ 为全体 n 阶矩阵的集合，类似向量范数的定义，我们给出矩阵范数的定义.

定义 2 对任何 n 阶矩阵 $\boldsymbol{A}\in\mathbf{R}^{n\times n}$，若按一定规则对应一非负实数 $\|\boldsymbol{A}\|$，满足以下条件：

(1) $\|\boldsymbol{A}\|\geqslant 0$，当且仅当 $\boldsymbol{A}=\boldsymbol{0}$ 时，$\|\boldsymbol{A}\|=0$；

(2) 对任意数 k，有 $\|k\boldsymbol{A}\|=|k|\cdot\|\boldsymbol{A}\|$；

(3) 对任意两个 n 阶矩阵 $\boldsymbol{A},\boldsymbol{B}\in\mathbf{R}^{n\times n}$，有

$$\|\boldsymbol{A}+\boldsymbol{B}\|\leqslant\|\boldsymbol{A}\|+\|\boldsymbol{B}\|;$$

(4) $\|\boldsymbol{AB}\|\leqslant\|\boldsymbol{A}\|\cdot\|\boldsymbol{B}\|$，

则称 $\|\boldsymbol{A}\|$ 为 n 阶矩阵 $\boldsymbol{A}$ 的**范数或模**.

与向量范数的定义相比较，前三条性质只是向量范数定义的推广，而第四条性质则是矩阵乘法性质的要求.

对于 $\boldsymbol{A}=(a_{ij})\in\mathbf{R}^{n\times n}$，常用的矩阵范数有

(1) $\|\boldsymbol{A}\|_1=\max\limits_{1\leqslant j\leqslant n}\sum\limits_{i=1}^{n}|a_{ij}|$ （**1 范数或列范数**）；

(2) $\|\boldsymbol{A}\|_2=\sqrt{\lambda_{\max}(\boldsymbol{A}^{\mathrm{T}}\boldsymbol{A})}$ （**2 范数或谱范数**），

其中 $\lambda_{\max}(\boldsymbol{A}^{\mathrm{T}}\boldsymbol{A})$ 表示矩阵 $\boldsymbol{A}^{\mathrm{T}}\boldsymbol{A}$ 的最大特征值；

(3) $\|\boldsymbol{A}\|_\infty=\max\limits_{1\leqslant i\leqslant n}\sum\limits_{j=1}^{n}|a_{ij}|$ （**无穷范数或行范数**）；

(4) $\|\boldsymbol{A}\|_{\mathrm{F}}=\sqrt{\sum\limits_{i=1}^{n}\sum\limits_{j=1}^{n}a_{ij}^2}$ （**Frobenius 范数，简称 F 范数**）.

由于很多误差估计问题需将矩阵范数与向量范数混合在一起使用，例如线性方程组 $\boldsymbol{AX}=\boldsymbol{b}$ 左端就是一个矩阵与一个向量的乘积，因此在分析其误差估计时，必须同时涉及矩阵范数和向量范数. 所以，当我们考虑矩阵范数时，应该使它和向量范数联系起来. 为此，引进范数相容的概念.

定义 3 对任意 n 阶矩阵 $\boldsymbol{A}\in\mathbf{R}^{n\times n}$ 和 n 维向量 $\boldsymbol{X}\in\mathbf{R}^n$，若不等式

$$\|\boldsymbol{AX}\|\leqslant\|\boldsymbol{A}\|\cdot\|\boldsymbol{X}\| \tag{2.3.2}$$

成立，则称上式对应的矩阵范数与向量范数是**相容**的.

不等式(2.3.2)也称为矩阵范数与向量范数的**相容性条件**. 在同一个问题中要同时使用矩阵范数与向量范数时，这两种范数应当是相容的.

例 2 设矩阵 $\boldsymbol{A}=\begin{bmatrix}2 & -1\\ 3 & 0\end{bmatrix}$，试计算 $\|\boldsymbol{A}\|_\infty$，$\|\boldsymbol{A}\|_1$，$\|\boldsymbol{A}\|_{\mathrm{F}}$ 和 $\|\boldsymbol{A}\|_2$.

解 $\|\boldsymbol{A}\|_\infty=3$，$\|\boldsymbol{A}\|_1=5$，$\|\boldsymbol{A}\|_{\mathrm{F}}=\sqrt{14}$. 因为

$$\boldsymbol{A}^{\mathrm{T}}\boldsymbol{A}=\begin{bmatrix}2 & 3\\ -1 & 0\end{bmatrix}\begin{bmatrix}2 & -1\\ 3 & 0\end{bmatrix}=\begin{bmatrix}13 & -2\\ -2 & 1\end{bmatrix},$$

$$|\boldsymbol{A}^{\mathrm{T}}\boldsymbol{A}-\lambda\boldsymbol{I}|=\begin{vmatrix}13-\lambda & -2\\ -2 & 1-\lambda\end{vmatrix}=\lambda^2-14\lambda+9=0,$$

所以
$$\|\boldsymbol{A}\|_2=\sqrt{7+2\sqrt{10}}.$$

二、迭代法的收敛性

为了讨论线性方程组迭代解法的收敛性，首先介绍向量序列收敛的概念.

定义 4 设 n 维向量 $\boldsymbol{X}^{(k)}=(x_1^{(k)},x_2^{(k)},\cdots,x_n^{(k)})^{\mathrm{T}}$ 及 $\boldsymbol{X}^*=(x_1^*,x_2^*,\cdots,x_n^*)^{\mathrm{T}}$. 若对于 $i=1,2,\cdots,n$，均有

$$\lim_{k\to\infty}x_i^{(k)}=x_i^*,$$

则称向量序列 $\{\boldsymbol{X}^{(k)}\}$ **收敛于** $\boldsymbol{X}^*$，记为

$$\lim_{k\to\infty}\boldsymbol{X}^{(k)}=\boldsymbol{X}^* \quad 或 \quad \boldsymbol{X}^{(k)}\xrightarrow{k\to\infty}\boldsymbol{X}^*.$$

显然，向量序列 $\{\boldsymbol{X}^{(k)}\}$ 收敛于 $\boldsymbol{X}^*$ 的充分必要条件是

$$\max_{1\leqslant i\leqslant n}|x_i^*-x_i^{(k)}|\xrightarrow{k\to\infty}0, \quad 即 \quad \lim_{k\to\infty}\|\boldsymbol{X}^*-\boldsymbol{X}^{(k)}\|_\infty=0.$$

由范数的等价性，即(2.3.1)式，可知

$$\lim_{k\to\infty}\|\boldsymbol{X}^*-\boldsymbol{X}^{(k)}\|_2=0 \quad 和 \quad \lim_{k\to\infty}\|\boldsymbol{X}^*-\boldsymbol{X}^{(k)}\|_1=0$$

同样是 $\{\boldsymbol{X}^{(k)}\}$ 收敛于 $\boldsymbol{X}^*$ 的充分必要条件. 因此，对某种迭代法的收敛性，常常用按某种范数的收敛来加以证明.

在讨论线性方程组迭代解法的收敛条件时，常常用到谱半径.下面我们给出谱半径的定义.

定义 5 设 n 阶矩阵 $\boldsymbol{A}\in\mathbf{R}^{n\times n}$ 的特征值为 $\lambda_i(i=1,2,\cdots,n)$，称

$$\rho(\boldsymbol{A})=\max_{1\leqslant i\leqslant n}|\lambda_i| \tag{2.3.3}$$

为矩阵 $\boldsymbol{A}$ 的**谱半径**.

下面继续讨论谱半径与范数之间的关系.

设 λ 为矩阵 $\boldsymbol{A}$ 的任意特征值，$\boldsymbol{X}$ 为 $\boldsymbol{A}$ 的对应于 λ 的特征向量，则由

$$\lambda\boldsymbol{X}=\boldsymbol{A}\boldsymbol{X}$$

得 $\|\lambda\boldsymbol{X}\|=\|\boldsymbol{A}\boldsymbol{X}\|$. 再依相容性条件有

$$|\lambda|\cdot\|\boldsymbol{X}\|=\|\boldsymbol{A}\boldsymbol{X}\|\leqslant\|\boldsymbol{A}\|\cdot\|\boldsymbol{X}\|.$$

因为 $\boldsymbol{X}$ 为非零向量，$\|\boldsymbol{X}\|\neq0$，故有

$$|\lambda|\leqslant\|\boldsymbol{A}\|.$$

由于 λ 是 $\boldsymbol{A}$ 的任何特征值，因此有

$$\rho(\boldsymbol{A})\leqslant\|\boldsymbol{A}\|, \tag{2.3.4}$$

即矩阵 $\boldsymbol{A}$ 的谱半径不超过 $\boldsymbol{A}$ 的任何一种范数. 在讨论线性方程组迭代解法的收敛性时，若

变元个数较多,$\rho(\boldsymbol{A})$不容易求,而$\|\boldsymbol{A}\|$较容易求,可将条件适当放宽,改用$\|\boldsymbol{A}\|$去判别.

下面介绍一般线性方程组迭代解法收敛的一些基本定理.

设有线性方程组 $\boldsymbol{AX}=\boldsymbol{b}$,其中 $\boldsymbol{A}$ 为非奇异矩阵,将其转化为与之等价的方程组

$$\boldsymbol{X}=\boldsymbol{MX}+\boldsymbol{d};$$

又设$\{\boldsymbol{X}^{(k)}\}$为由迭代法

$$\boldsymbol{X}^{(k+1)}=\boldsymbol{MX}^{(k)}+\boldsymbol{d} \tag{2.3.5}$$

(其中 $\boldsymbol{X}^{(0)}$ 为任意选取的初始向量)产生的向量序列,其中 $\boldsymbol{M}$ 称为**迭代矩阵**,$\boldsymbol{d}$ 称为**右端向量**.

定理 1 对任意初始向量 $\boldsymbol{X}^{(0)}$ 及任意右端向量 $\boldsymbol{d}$,迭代法(2.3.5)收敛的充分必要条件是谱半径 $\rho(\boldsymbol{M})<1$.

定理证明略.

一般来说,计算矩阵的谱半径比较困难,故用定理 1 判断迭代法是否收敛往往不太容易. 以下介绍用矩阵范数或其他方法判别迭代法收敛的充分条件.

定理 2 若$\|\boldsymbol{M}\|<1$,则迭代法(2.3.5)收敛,且有误差估计式

$$\|\boldsymbol{X}^{*}-\boldsymbol{X}^{(k)}\|\leqslant\frac{1}{1-\|\boldsymbol{M}\|}\|\boldsymbol{X}^{(k+1)}-\boldsymbol{X}^{(k)}\|, \tag{2.3.6}$$

$$\|\boldsymbol{X}^{*}-\boldsymbol{X}^{(k)}\|\leqslant\frac{\|\boldsymbol{M}\|^{k}}{1-\|\boldsymbol{M}\|}\|\boldsymbol{X}^{(1)}-\boldsymbol{X}^{(0)}\|. \tag{2.3.7}$$

证明 由于 $\rho(\boldsymbol{M})\leqslant\|\boldsymbol{M}\|$,迭代法(2.3.5)收敛是显然的,且有 $\lim\limits_{k\to\infty}\boldsymbol{X}^{(k)}=\boldsymbol{X}^{*}$. 下证(2.3.6)式与(2.3.7)式成立.

由于 $\boldsymbol{X}^{*}$ 满足方程组

$$\boldsymbol{X}^{*}=\boldsymbol{MX}^{*}+\boldsymbol{d}, \tag{2.3.8}$$

由迭代公式(2.3.5)与(2.3.8)可得

$$\boldsymbol{X}^{(k+1)}-\boldsymbol{X}^{(k)}=\boldsymbol{M}(\boldsymbol{X}^{(k)}-\boldsymbol{X}^{(k-1)}),\quad \boldsymbol{X}^{*}-\boldsymbol{X}^{(k+1)}=\boldsymbol{M}(\boldsymbol{X}^{*}-\boldsymbol{X}^{(k)}),$$

于是

$$\begin{aligned}\|\boldsymbol{X}^{(k+1)}-\boldsymbol{X}^{(k)}\|&\leqslant\|\boldsymbol{M}\|\cdot\|\boldsymbol{X}^{(k)}-\boldsymbol{X}^{(k-1)}\|,\\ \|\boldsymbol{X}^{*}-\boldsymbol{X}^{(k+1)}\|&\leqslant\|\boldsymbol{M}\|\cdot\|\boldsymbol{X}^{*}-\boldsymbol{X}^{(k)}\|.\end{aligned} \tag{2.3.9}$$

而

$$\begin{aligned}\|\boldsymbol{X}^{(k+1)}-\boldsymbol{X}^{(k)}\|&=\|\boldsymbol{X}^{*}-\boldsymbol{X}^{(k)}-(\boldsymbol{X}^{*}-\boldsymbol{X}^{(k+1)})\|\\ &\geqslant\|\boldsymbol{X}^{*}-\boldsymbol{X}^{(k)}\|-\|\boldsymbol{X}^{*}-\boldsymbol{X}^{(k+1)}\|\\ &\geqslant(1-\|\boldsymbol{M}\|)\|\boldsymbol{X}^{*}-\boldsymbol{X}^{(k)}\|,\end{aligned}$$

即有

$$\|\boldsymbol{X}^{*}-\boldsymbol{X}^{(k)}\|\leqslant\frac{1}{1-\|\boldsymbol{M}\|}\|\boldsymbol{X}^{(k+1)}-\boldsymbol{X}^{(k)}\|.$$

于是(2.3.6)式得证. 进而反复用(2.3.9)式即可得到(2.3.7)式:

$$\|\boldsymbol{X}^{*}-\boldsymbol{X}^{(k)}\|\leqslant\frac{\|\boldsymbol{M}\|^{k}}{1-\|\boldsymbol{M}\|}\|\boldsymbol{X}^{(1)}-\boldsymbol{X}^{(0)}\|.$$

用迭代矩阵范数$\|\boldsymbol{M}\| \leqslant 1$作为收敛性的判别是方便的,但要注意这只是收敛的充分条件. 例如,考虑方程组

$$\boldsymbol{X}=\boldsymbol{M}\boldsymbol{X}+\boldsymbol{d},$$

其中

$$\boldsymbol{M}=\begin{bmatrix}0.8 & 0\\ 0.5 & 0.7\end{bmatrix},\quad \boldsymbol{d}=\begin{bmatrix}1\\ 1\end{bmatrix},$$

计算矩阵 $\boldsymbol{M}$ 的范数得

$$\|\boldsymbol{M}\|_1=1.3,\quad \|\boldsymbol{M}\|_2=1.09,\quad \|\boldsymbol{M}\|_\infty=1.2.$$

虽然 $\boldsymbol{M}$ 的这些范数都大于 1,但 $\boldsymbol{M}$ 的特征值为 $\lambda_1=0.8,\lambda_2=0.7$,即 $\rho(\boldsymbol{M})=0.8$,由定理 1 知此方程组的迭代法是适用的.

下面我们再给出雅可比迭代法与高斯-塞德尔迭代法收敛的充分条件.

定义 6 如果矩阵 $\boldsymbol{A}=(a_{ij})_{n\times n}$满足条件

$$|a_{ii}|>\sum_{\substack{j=1\\ j\neq i}}^{n}|a_{ij}| \quad (i=1,2,\cdots,n),$$

即矩阵 $\boldsymbol{A}$ 的每一个主对角线元素的绝对值都严格大于同行的其他元素的绝对值之和,则称 $\boldsymbol{A}$ 为**严格对角占优矩阵**.

定理 3 若 $\boldsymbol{A}=(a_{ij})_{n\times n}$为严格对角占优矩阵,则 $\boldsymbol{A}$ 为非奇异矩阵.

证明 用反证法. 若$|\boldsymbol{A}|=0$,则齐次线性方程组 $\boldsymbol{AX}=\boldsymbol{0}$ 有非零解. 记其非零解为 $\boldsymbol{X}=(x_1,x_2,\cdots,x_n)^{\mathrm{T}}$,且记$|x_k|=\max\limits_{1\leqslant i\leqslant n}|x_i|\neq 0$. 于是,由 $\boldsymbol{AX}=\boldsymbol{0}$ 的第 k 个方程 $\sum\limits_{j=1}^{n}a_{kj}x_j=0$ 得

$$|a_{kk}x_k|=\Big|\sum_{\substack{j=1\\ j\neq k}}^{n}a_{kj}x_j\Big|\leqslant \sum_{\substack{j=1\\ j\neq k}}^{n}|a_{kj}|\cdot|x_j|\leqslant|x_k|\sum_{\substack{j=1\\ j\neq k}}^{n}|a_{kj}|,$$

即

$$|a_{kk}|\leqslant \sum_{\substack{j=1\\ j\neq k}}^{n}|a_{kj}|.$$

这与假设矛盾,故$|\boldsymbol{A}|\neq 0$,即 $\boldsymbol{A}$ 为非奇异矩阵.

定理 4 若线性方程组 $\boldsymbol{AX}=\boldsymbol{b}$ 的系数矩阵$\boldsymbol{A}\in\mathbf{R}^{n\times n}$为严格对角占优矩阵,则解此线性方程组的雅可比迭代法和高斯-塞德尔迭代法都收敛.

证明 (1) 证明解 $\boldsymbol{AX}=\boldsymbol{b}$ 的雅可比迭代法收敛.

因为 $\boldsymbol{A}$ 为严格对角占优矩阵,所以

$$|a_{ii}|>\sum_{\substack{j=1\\ j\neq i}}^{n}|a_{ij}| \quad (i=1,2,\cdots,n),$$

即

$$\sum_{\substack{j=1\\ j\neq i}}^{n}\left|\frac{a_{ij}}{a_{ii}}\right|<1 \quad (i=1,2,\cdots,n).$$

雅可比迭代法的迭代矩阵为 $\boldsymbol{B}=-\boldsymbol{D}^{-1}(\boldsymbol{L}+\boldsymbol{U})$,由此有

$$\|\boldsymbol{B}\|_\infty = \max_{1\leqslant i\leqslant n}\sum_{\substack{j=1\\j\neq i}}^{n}\left|\frac{a_{ij}}{a_{ii}}\right| < 1.$$

由定理 2 知解 $\boldsymbol{AX}=\boldsymbol{b}$ 的雅可比迭代法收敛.

(2) 证明高斯-塞德尔迭代法收敛.

由假设可知 $a_{ii}\neq 0\ (i=1,2,\cdots,n)$,而解方程组 $\boldsymbol{AX}=\boldsymbol{b}$ 的高斯-塞德尔方法的迭代矩阵为(2.2.7)式中的 $\boldsymbol{G}$,且 $\boldsymbol{G}=-(\boldsymbol{D}+\boldsymbol{L})^{-1}\boldsymbol{U}$. 考虑 $\boldsymbol{G}$ 的特征值. 令

$$|\lambda \boldsymbol{I}-\boldsymbol{G}| = |\lambda \boldsymbol{I}+(\boldsymbol{D}+\boldsymbol{L})^{-1}U| = |(\boldsymbol{D}+\boldsymbol{L})^{-1}|\cdot|\lambda(\boldsymbol{D}+\boldsymbol{L})+\boldsymbol{U}| = 0.$$

由于 $|(\boldsymbol{D}+\boldsymbol{L})^{-1}|\neq 0$, 所以

$$|\lambda(\boldsymbol{D}+\boldsymbol{L})+\boldsymbol{U}| = 0. \tag{2.3.10}$$

今记

$$\boldsymbol{C}=\lambda(\boldsymbol{D}+\boldsymbol{L})+\boldsymbol{U}=\begin{bmatrix}\lambda a_{11} & a_{12} & \cdots & a_{1n}\\ \lambda a_{21} & \lambda a_{22} & \cdots & a_{2n}\\ \vdots & \vdots & & \vdots\\ \lambda a_{n1} & \lambda a_{n2} & \cdots & \lambda a_{nn}\end{bmatrix}.$$

以下证明当 $|\lambda|\geqslant 1$ 时, $|\boldsymbol{C}|\neq 0$. 若该结论成立,则 $|\boldsymbol{C}|=0$ 的根均满足 $|\lambda|<1$,亦即 $\rho(\boldsymbol{G})<1$. 于是,由定理 1 知高斯-塞德尔迭代法收敛.

事实上,由于 $\boldsymbol{A}$ 为严格对角占优矩阵,故有

$$|\lambda|\cdot|a_{ii}| > \sum_{\substack{j=1\\j\neq i}}^{n}|\lambda|\cdot|a_{ij}| \quad (i=1,2,\cdots,n).$$

当 $|\lambda|\geqslant 1$ 时,有

$$|\lambda|\cdot|a_{ii}| > \sum_{j=1}^{i-1}|\lambda|\cdot|a_{ij}| + \sum_{j=i+1}^{n}|\lambda|\cdot|a_{ij}| \quad (i=1,2,\cdots,n).$$

这说明矩阵 $\boldsymbol{C}$ 为严格对角占优矩阵,故由定理 3 知 $|\lambda(\boldsymbol{D}+\boldsymbol{L})+\boldsymbol{U}|\neq 0$,从而 $\rho(\boldsymbol{G})<1$. 再由定理 1 知,高斯-塞德尔迭代法收敛.

用某种迭代法求解线性方程组是否收敛,取决于方程组的系数矩阵 $\boldsymbol{A}$. 对此,再给出迭代法收敛的如下定理:

定理 5 若线性方程组 $\boldsymbol{AX}=\boldsymbol{b}$ 的系数矩阵 $\boldsymbol{A}$ 为对称正定矩阵,则解此线性方程组的高斯-塞德尔迭代法收敛.

定理证明略.

关于逐次松弛迭代法有下述定理:

定理 6 若解线性方程组 $\boldsymbol{AX}=\boldsymbol{b}$ $(a_{ii}\neq 0, i=1,2,\cdots,n)$的逐次松弛迭代法收敛,则

$$0<\omega<2.$$

这个定理给出了逐次松弛迭代法收敛的必要条件，即只有松弛因子 ω 在(0,2)内选取时，逐次松弛迭代法才可能收敛. 而当系数矩阵 $\boldsymbol{A}$ 为对称矩阵，且 ω 满足 $0<\omega<2$ 时，我们还可证明逐步松弛迭代法一定收敛.

定理 7 若线性方程组 $\boldsymbol{AX}=\boldsymbol{b}$ 的系数矩阵 $\boldsymbol{A}$ 为对称正定矩阵，且 $0<\omega<2$，则解此线性方程组的逐步松弛迭代法收敛.

最后，关于线性方程组的迭代解法还需指出两点：

(1) 从理论上讲，迭代法可以得到任意精确度要求的近似解，但是由于受到机器字长的限制，不可能达到任意的精确度，最多只能达到机器的精确度. 因此，使用误差估计式 $\max\limits_{1\leqslant i\leqslant n}|x_i^{(k+1)}-x_i^{(k)}|<\varepsilon$ 来控制迭代终止时，精确度 ε 要选得恰当，小于或接近机器的精确度都可能造成死循环.

(2) 当所给的线性方程组不满足迭代法的收敛条件时，适当调整方程组中方程的次序或做一定的线性组合，即可得到满足迭代法收敛条件的同解方程组.

例如，对于线性方程组

$$\begin{cases}2x_1+9x_2=-5,\\8x_1+3x_2=13,\end{cases}$$

容易验证用雅可比迭代法和高斯-塞德尔迭代法求解都不收敛. 但只需将该方程组的两个方程次序调换，变为

$$\begin{cases}8x_1+3x_2=13,\\2x_1+9x_2=-5,\end{cases}$$

显然该方程组的系数矩阵 $\boldsymbol{A}=\begin{bmatrix}8&3\\2&9\end{bmatrix}$ 是严格对角占优的，故用两种迭代法求解都收敛.

又如，对于线性方程组

$$\begin{cases}5x_1+x_2+2x_3=0,\\-11x_1+8x_2+x_3=21,\\-4x_1-2x_2+3x_3=8,\end{cases}$$

将第 1 个方程 2 倍加到第 2 个方程上，得

$$-x_1+10x_2+5x_3=21,$$

又将第 1 个方程加到第 3 个方程，得

$$x_1-x_2+5x_3=8,$$

从而得到与原方程组同解的方程组

$$\begin{cases}5x_1+x_2+2x_3=0,\\-x_1+10x_2+5x_3=21,\\x_1-x_2+5x_3=8.\end{cases}$$

此方程组的系数矩阵显然是严格对角占优的，故无论用雅可比迭代法或高斯-塞德尔迭代法求解都收敛.

本章小结

本章主要讨论了线性方程组的直接解法和迭代解法.

直接解法的重点是高斯列主元消去法及列主元三角分解法. 引进选列主元的技巧是为了控制计算过程中舍入误差的增加，减少舍入误差的影响. 一般说来，高斯列主元消去法及列主元三角分解法是数值稳定的算法，它具有精确度较高、计算量不大和算法组织容易等优点，是目前计算机上解中、小型稠密系数矩阵方程组的可靠而有效的常用方法.

在实际应用中，对于一些特殊类型的方程组可用特殊方法求解. 例如，三对角系数矩阵方程组($\boldsymbol{A}$ 的主对角线元素占优)可用追赶法求解，对称正定系数矩阵方程组可用平方根法求解. 这时这两种方法都是数值稳定的方法，且不选主元也具有较高的精确度.

关于迭代解法，本章主要介绍了雅可比迭代法、高斯-塞德尔迭代法和逐步超松弛迭代法. 迭代法是利用计算机求解方程组时常用的方法，它具有计算公式简单、程序设计容易、占用计算机内存较少、容易上机实现等优点，适用于解大型、稀疏系数矩阵方程组. 超松弛迭代法在实用中比较重要，但要选择好松弛因子，才能加快收敛速度.

在使用迭代法时，还要特别注意检验所用方法的收敛性及其收敛速度问题. 为了讨论迭代法的收敛性，本章还介绍了向量范数及矩阵范数的概念，并给出了迭代法收敛的一些基本定理.

算法与程序设计实例

一、用高斯列主元消去法求解线性方程组

算法 将线性方程组用增广矩阵$[\boldsymbol{A} \vdots \boldsymbol{b}]=(a_{ij})_{n\times(n+1)}$表示.

(1) 消元过程：

对 $k=1,2,\cdots,n-1$，

① 选主元：找 $i_k\in\{k,k+1,\cdots,n\}$，使得

$$|a_{i_k,k}|=\max_{k\leqslant i\leqslant n}|a_{ik}|.$$

② 如果 $a_{i_k,k}=0$，则矩阵 $\boldsymbol{A}$ 奇异，程序结束；否则，执行③.

③ 如果 $i_k\neq k$，则交换第 k 行与第 i_k 行对应元素的位置：

$$a_{kj}\longleftrightarrow a_{i_k,j}\quad(j=k,k+1,\cdots,n+1).$$

④ 消元：对 $i=k+1,k+2,\cdots,n$，计算

$$l_{ik}=a_{ik}/a_{kk};$$

对 $j=l+1,l+2,\cdots,n+1$,计算

$$a_{ij}=a_{ij}-l_{ik}a_{kj}.$$

(2) 回代过程:

① 若 $a_{nn}=0$,则矩阵 $\boldsymbol{A}$ 奇异,程序结束;否则,执行②.

② $x_n=a_{n,n+1}/a_{nn}$;对 $i=n-1,\cdots,2,1$,计算

$$x_i=\left(a_{i,n+1}-\sum_{j=i+1}^{n}a_{ij}x_j\right)\Big/a_{ii}.$$

实例 用高斯列主元消去法解线性方程组

$$\begin{cases} 0.101x_1+2.304x_2+3.555x_3=1.183, \\ -1.347x_1+3.712x_2+4.623x_3=2.137, \\ -2.835x_1+1.072x_2+5.643x_3=3.035. \end{cases}$$

程序和输出结果

程序如下:

```
/* 列主元 Gauss 消去法 */
#include<stdio.h>
#include<conio.h>
#include<alloc.h>
#include<math.h>
main()
{
    int i;
    float *x;
    float c[3][4]={0.101,2.304,3.555,1.183,-1.347,3.712,4.623,2.137,
                   -2.835,1.072,5.643,3.035};
    float *ColPivot(float *, int);
    x=ColPivot(c[0],3);
    clrscr();   /* clear screen */
    for(i=0;i<=2,i++) printf("x[%d]=%f\n",i,x[i]);
    getch();
}

float *ColPivot(float *c, int n)
{
    int i,j,t,k;
    float *x,,p;
```

```
    x=(float *)malloc(n*sizeof(float));  /*分配内存*/
    for(i=0;i<=n-2;i++)
    {
    k=i;
    for(j=i+1;j<=n-1;j++)
    if(fabs(*(c+j*(n+1)+i))>(fabs(*(c+k*(n+1)+i))))  k=j;
    if(k!=i)
    for(j=i;j<=n;j++)
    {
        p=*(c+i*(n+1)+j);
        *(c+i*(n+1)+j)=*(c+k*(n+1)+j);
        *(c+k*(n+1)+j)=p;
    }
    for(j=i+1;j<=n-1;j++)
    {
        p=(*(c+j*(n+1)+i))/(*(c+i*(n+1)+i));
        for(t=i;t<=n;t++)
            *(c+j*(n+1)+t)-=p*(*(c+i*(n+1)+t));
    }
    }
    for(i=n-1;i>=0;i--)
    {
        for(j=n-1;j>=i+1;j--)
         *(c+i*(n+1)+n))-=x[j]*(*(c+i*(n+1)+j);
        x[i]=*(c+i*(n+1)+n)/(*(c+i*(n+1)+i));
    }
    return x;
}
```

输出结果如下：

```
x[0]=-0.398234
x[1]=  0.013795
x[2]=  0.335144
```

二、用雅可比迭代法解线性方程组

算法 设线性方程组 $\boldsymbol{A}\boldsymbol{x}=\boldsymbol{b}$ 的系数矩阵的主对角线元素 $a_{ii}\neq 0\ (i=1,2,\cdots,n)$，$M$ 为迭代次数容许的最大值，ε 为容许误差.

(1) 取初始向量 $\boldsymbol{x}=(x_1^{(0)},x_2^{(0)},\cdots,x_n^{(0)})^{\mathrm{T}}$，令 $k=0$.

(2) 对 $i=1,2,\cdots,n$，计算

$$x_i^{(k+1)}=\frac{1}{a_{ii}}\Big(b_i-\sum_{\substack{j=1\\ j\neq i}}^{n}a_{ij}x_j^{(k)}\Big).$$

(3) 如果 $\sum\limits_{i=1}^{n}|x_i^{(k+1)}-x_i^{(k)}|<\varepsilon$，则输出 $\boldsymbol{x}^{(k+1)}$，程序结束；否则，执行(4).

(4) 如果 $k\geqslant M$，则不收敛，终止程序；否则，$k\leftarrow k+1$，转(2).

实例 用雅可比迭代法解线性方程组

$$\begin{cases}5x_1+2x_2+\ \ x_3=8,\\ 2x_1+8x_2-3x_3=21,\\ \ \ x_1-3x_2-6x_3=1.\end{cases}$$

程序和输出结果

程序如下：

```
#include<stdio.h>
#include<conio.h>
#include<alloc.h>
#include<math.h>
#define EPS 1e-6
#define MAX 100
float *Jacobi(float a[3][4], int n)
{
float *x, *y, epsilon, s;
int i,j,k=0;
x=(float *)malloc(n*sizeof(float));
y=(float *)malloc(n*sizeof(float));
for(i=0;i<n;i++)  x[i]=0;
while(1)
{
  epsilon=0;
  k++;
```

```
        for(i=0;i<n;i++)
        {
          s=0;
          for(j=0;j<n;j++)
          {
            if(j==i)   continue;
            s+=a[i][j] * x[j];
          }
          y[i]=(a[i][n]-s)/a[i][i];
          epsilon+=fabs(y[i]-x[i]);
        }
        if(epsilon<EPS){printf("迭代次数为: %d\n",k);return
        if(k>=MAX)
      {printf("The Method is disconvergent");
      return y;}
        for(i=0;i<n;i++)   x[i]=y[i];
      }
      }
      main()
      {
      int i;
      float a[3][4]={5,2,1,8,2,8,-3,21,1,-3,-6,1};
      float *x;
      x=(float *)malloc(3*sizeof(float));
      x=Jacobi(a,3);
      clrscr();
      for(i=0;i<3;i++)printf("x[%d]=%f\n",i,x[i]);
      getch();
      }
```

输出结果如下:

```
迭代次数为 20
x[0]=   1.000000
x[1]=   2.000000
x[2]=-1.000000
```

思 考 题

1. 何谓高斯消去法？它与一般消去法有何不同？怎样利用高斯消去法计算系数矩阵的行列式？

2. 在计算机上为什么不用克莱姆法则与约当消去法？

3. 为何要采用列主元消去法？它是怎样从高斯消去法演变过来的？

4. 追赶法适用于何种类型的方程组？它是怎样从高斯消去法演变过来的？

5. 何谓三角分解法？主要有哪几种？计算公式有何异同？主要用于哪些情形？

6. 改进的平方根法适用于何种类型的方程组？怎样用紧凑格式的方法来记忆改进的平方根法？

7. 写出雅可比迭代法和高斯-塞德尔迭代法的公式.它们各有什么特点？

8. 雅可比迭代法和高斯-塞德尔迭代法的矩阵表示形式是什么？为何要研究它们的矩阵表示形式？

9. 判别迭代法收敛的充分必要条件及充分条件是什么？

10. 雅可比迭代法和高斯-塞德尔迭代法收敛性的各种判别条件是什么？

习 题 二

1. 分别用高斯消去法和高斯列主元素消去法求解下列线性方程组(计算取 4 位小数)：

(1) $\begin{cases} 2x_1 - x_2 - x_3 = 4, \\ 3x_1 + 4x_2 - 2x_3 = 11, \\ 3x_1 - 2x_2 + 4x_3 = 11; \end{cases}$　　(2) $\begin{cases} 3x_1 - x_2 + 4x_3 = 7, \\ -x_1 + 2x_2 - 2x_3 = -1, \\ 2x_1 - 3x_2 - 2x_3 = 0; \end{cases}$

(3) $\begin{cases} 1.1161x_1 + 0.1254x_2 + 0.1397x_3 + 0.1490x_4 = 1.5471, \\ 0.1582x_1 + 1.1675x_2 + 0.1768x_3 + 0.1871x_4 = 1.6471, \\ 0.1968x_1 + 0.2071x_2 + 1.2168x_3 + 0.2271x_4 = 1.7471, \\ 0.2368x_1 + 0.2471x_2 + 0.2568x_3 + 1.2671x_4 = 1.8471. \end{cases}$

2. 用 $\boldsymbol{LU}$ 分解法求解线性方程组

$$\begin{bmatrix} 6 & 2 & 1 & -1 \\ 2 & 4 & 1 & 0 \\ 1 & 1 & 4 & -1 \\ -1 & 0 & -1 & 3 \end{bmatrix} \begin{bmatrix} x_1 \\ x_2 \\ x_3 \\ x_4 \end{bmatrix} = \begin{bmatrix} 6 \\ -1 \\ 5 \\ -5 \end{bmatrix}.$$

3. 用平方根法解下列线性方程组：

(1) $\begin{bmatrix}3&2&1\\2&2&0\\1&0&3\end{bmatrix}\begin{bmatrix}x_1\\x_2\\x_3\end{bmatrix}=\begin{bmatrix}5\\4\\3\end{bmatrix}$； (2) $\begin{bmatrix}3&2&3\\2&2&0\\3&0&12\end{bmatrix}\begin{bmatrix}x_1\\x_2\\x_3\end{bmatrix}=\begin{bmatrix}5\\3\\7\end{bmatrix}$.

4. 用改进的平方根法解线性方程组

$$\begin{bmatrix}2&-1&1\\-1&-2&3\\1&3&1\end{bmatrix}\begin{bmatrix}x_1\\x_2\\x_3\end{bmatrix}=\begin{bmatrix}4\\5\\6\end{bmatrix}.$$

5. 用追赶法解下列线性方程组：

(1) $\begin{bmatrix}5&6&&&\\1&5&6&&\\&1&5&6&\\&&1&5&6\\&&&1&5\end{bmatrix}\begin{bmatrix}x_1\\x_2\\x_3\\x_4\\x_5\end{bmatrix}=\begin{bmatrix}1\\0\\0\\0\\1\end{bmatrix}$； (2) $\begin{bmatrix}5&1&\\1&5&1\\&1&5\end{bmatrix}\begin{bmatrix}x_1\\x_2\\x_3\end{bmatrix}=\begin{bmatrix}17\\14\\7\end{bmatrix}$.

6. 证明下列线性方程组的雅可比迭代法和高斯-塞德尔迭代法收敛，并写出迭代公式：

(1) $\begin{bmatrix}7&1&2\\2&8&2\\2&2&9\end{bmatrix}\begin{bmatrix}x_1\\x_2\\x_3\end{bmatrix}=\begin{bmatrix}10\\8\\6\end{bmatrix}$； (2) $\begin{bmatrix}5&-2&1\\1&5&-3\\2&1&-5\end{bmatrix}\begin{bmatrix}x_1\\x_2\\x_3\end{bmatrix}=\begin{bmatrix}4\\2\\-11\end{bmatrix}$.

7. 设有线性方程组

$$\begin{cases}5x_1+2x_2+x_3=-12,\\-x_1+4x_2+2x_3=20,\\2x_1-3x_2+10x_3=3.\end{cases}$$

(1) 证明用雅可比迭代法和高斯-塞德尔迭代法解此方程组均收敛；

(2) 取初始向量 $\boldsymbol{X}^{(0)}=(-3,1,1)^{\mathrm{T}}$，分别用雅可比迭代法和高斯-塞德尔迭代法求解，要求 $\max\limits_{1\leqslant i\leqslant 3}|x_i^{(k+1)}-x_i^{(k)}|\leqslant 10^{-3}$ 时迭代终止.

8. 取 $\omega=0.8$，初始向量 $\boldsymbol{X}^{(0)}=(0,0,0)^{\mathrm{T}}$，用逐步超松弛迭代法解线性方程组

$$\begin{bmatrix}4&-1&0\\-1&4&-1\\0&-1&4\end{bmatrix}\begin{bmatrix}x_1\\x_2\\x_3\end{bmatrix}=\begin{bmatrix}1\\4\\-3\end{bmatrix},$$

并且要求 $\max\limits_{1\leqslant i\leqslant 3}|x_i^{(k+1)}-x_i^{(k)}|\leqslant 10^{-4}$ 时终止迭代. 试与精确解 $\boldsymbol{X}=(1/2,1,-1/2)^{\mathrm{T}}$ 作比较.

9. 设线性方程组 $\boldsymbol{AX}=\boldsymbol{b}$ 的系数矩阵为

$$A=\begin{bmatrix}-1 & 0 & -1\\ -1 & 1 & 0\\ 1 & 2 & -3\end{bmatrix},$$

证明：解此方程组时用雅可比迭代法收敛，而用高斯-塞德尔迭代法不收敛.

10. 设线性方程组 $\boldsymbol{AX}=\boldsymbol{b}$ 的系数矩阵为

$$A=\begin{bmatrix}2 & -1 & 1\\ 1 & 1 & 1\\ 1 & 1 & -2\end{bmatrix},$$

证明：解此方程组时用雅可比迭代法不收敛，而用高斯-塞德尔迭代法收敛.

11. 设矩阵 $\boldsymbol{A}=\begin{bmatrix}1 & a & a\\ a & 1 & a\\ a & a & 1\end{bmatrix}$，求证：当 $-0.5<a<1$ 时，$\boldsymbol{A}$ 正定；当 $-0.5<a<0$ 时，用雅可比迭代法解线性方程组 $\boldsymbol{AX}=\boldsymbol{b}$ 收敛.

12. 设矩阵 $\boldsymbol{A}=\begin{bmatrix}0.6 & 0.5\\ 0.1 & 0.3\end{bmatrix}$，计算 $\boldsymbol{A}$ 的行范数，列范数，2 范数及 F 范数.

13. 设 $\boldsymbol{X}\in\mathbf{R}^n$，$\boldsymbol{A}\in\mathbf{R}^{n\times n}$，证明：

(1) $\|\boldsymbol{X}\|_\infty\leqslant\|\boldsymbol{X}\|_1\leqslant n\|\boldsymbol{X}\|_\infty$；

(2) $\frac{1}{\sqrt{n}}\|\boldsymbol{A}\|_F\leqslant\|\boldsymbol{A}\|_2\leqslant\|\boldsymbol{A}\|_F$.

第三章 非线性方程的数值解法

在科学研究和工程技术中大量的实际问题是非线性的，求非线性方程 $f(x)=0$ 满足一定精确度的近似根是工程计算与科学研究中诸多领域经常需要解决的问题．而方程按 $f(x)$ 是多项式或超越函数又分别称为**代数方程**或**超越方程**，例如代数方程

$$x^4-10x^3+35x^2-50x+24=0,$$

超越方程

$$\mathrm{e}^{-x}-\sin\frac{n\pi}{2}=0.$$

对于不高于四次的代数方程已有求根公式，而高于四次的代数方程则无精确的求根公式，至于超越方程就更无法求出其精确根了．因此，如何求得满足一定精确度要求的方程的近似根也就成为了广大科技工作者迫切需要解决的问题．

为了得到更符合实际的数值解，本章将讨论求解非线性方程的一些数值计算方法，包括二分法、迭代法、牛顿法和弦截法．而在非线性方程求根的各种方法中，迭代法和牛顿法是重点，要求学生掌握用迭代法求方程根的基本思想、几何意义并理解收敛定理的前提和结论，会构造求方程根的迭代公式并能进行收敛性判断．牛顿法是特殊的迭代法，具有收敛速度和应用广泛的特点，学生应该掌握．

§1 根的搜索与二分法

一、根的搜索

在求方程的近似根时，需要知道方程的根所在的区间．如果在区间 $[a,b]$ 内只有方程 $f(x)=0$ 的一个根，则称区间 $[a,b]$ 为**隔根区间**．

寻找方程 $f(x)=0$ 的隔根区间，通常有如下两种方法：

1. 描图法

画出曲线 $y=f(x)$的简图,由曲线与 x 轴交点的位置确定出隔根区间,或者将方程等价变形为 $g_1(x)=g_2(x)$,画出曲线 $y=g_1(x)$和曲线 $y=g_2(x)$的简图,从这两条曲线交点的横坐标的位置确定隔根区间.

2. 逐步搜索法

先确定方程 $f(x)=0$ 所有实根所在的区间$[a,b]$,再按选定的步长 $h=\dfrac{b-a}{n}$(n 为正整数),逐点计算 $x_k=a+kh$ $(k=0,1,2,\cdots,n)$处的函数值 $f(x_k)$. 若 $f(x_k)$与 $f(x_{k+1})$的值异号,则$[x_k,x_{k+1}]$即为方程 $f(x)=0$ 的一个隔根区间.

对于 m 次代数方程

$$f(x)=x^m+a_1x^{m-1}+a_2x^{m-2}+\cdots+a_{m-1}x+a_m=0, \tag{3.1.1}$$

如果能事先确定实根的上、下界,那么在找方程的隔根区间时,就可以减少一些不必要的计算量. 关于方程(3.1.1)的根的绝对值(即根的模)的上、下界,有如下结论:

(1) 若 $\mu=\max\{|a_1|,|a_2|,\cdots,|a_m|\}$,则方程(3.1.1)的根的绝对值小于 $\mu+1$;

(2) 若 $\nu=\dfrac{1}{|a_m|}\max\{1,|a_1|,|a_2|,\cdots,|a_{m-1}|\}$,则方程(3.1.1)的根的绝对值大于 $\dfrac{1}{1+\nu}$.

利用以上结论可以求得方程实根的范围.

例 1 求方程 $3x-1-\cos x=0$ 的隔根区间.

解 用描图法. 将方程等价变形为

$$3x-1=\cos x.$$

令 $y=3x-1$, $y=\cos x$. 作这两个函数的图形,如图 3-1 所示. 由图 3-1 知,方程仅有一实根,隔根区间为$[0.5,1]$.

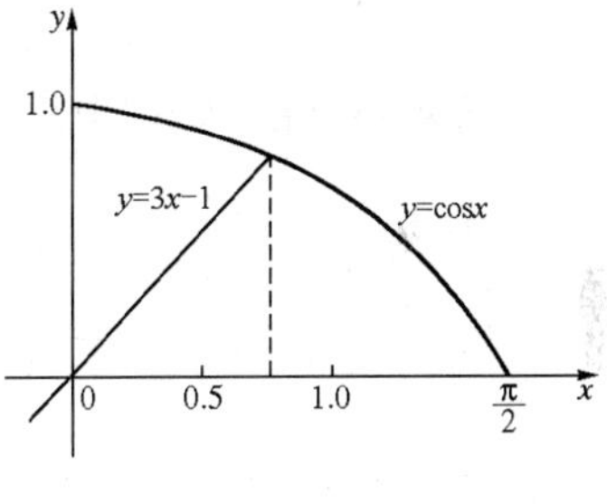

图 3-1

例 2 求方程 $x^3-3.2x^2+1.9x+0.8=0$ 的隔根区间.

解 用逐步搜索法. 设方程的根为 α. 因为

$$\mu=\max\{|-3.2|,|1.9|,|0.81|\}=3.2,$$

$$\nu=\frac{1}{0.8}\max\{1,|-3.2|,|1.91|\}=4,$$

所以

$$0.2=\frac{1}{1+\nu}<|\alpha|<\mu+1=4.2,$$

即根所在的区间为

$$-4.2<\alpha<-0.2 \quad 和 \quad 0.2<\alpha<4.2.$$

计算 $f(x_k)$,取 $n=8,h=0.5$. 由表 3-1 可以看出,隔根区间为

$$[-0.7,-0.2],\quad [1.2,1.7],\quad [1.7,2.2].$$

表 3-1

x_k	-4.2	…	-0.7	-0.2	0.2	0.7	1.2	1.7	2.2	…	4.2
$f(x_k)$	-137.72	…	-2.44	0.28	1.06	0.91	0.20	-0.31	0.14	…	26.42

这种逐步搜索寻找隔根区间的方法,在计算机上实现十分方便. 只需将函数 $f(x)$编排一个程序,然后由键盘输入起点 x_0 及步长 h,根据计算的结果,调整步长 h 的大小,总可以把隔根区间全部找出来. 步长 h 越小,找出的隔根区间越小,这时以区间内的某个值作为根的近似值就越精确. 但 h 越小,计算量就越大. 因此,应考虑如何在此基础上找出更精确的近似根. 对此,下面我们继续介绍二分法.

二、二分法

二分法的基本思想是:通过计算隔根区间的中点,逐步将隔根区间缩小,从而可得方程的近似根序列$\{x_n\}$.

设 $f(x)$为连续函数,又设方程 $f(x)=0$ 的隔根区间为$[a,b]$. 为了确定起见,不妨设 $f(a)<0,f(b)>0$. **二分法**的做法是:

首先取区间$[a,b]$的中点$(a+b)/2$,它将$[a,b]$二分为两个长度相等的区间. 计算 $f(x)$ 在中点的函数值 $f\left(\frac{a+b}{2}\right)$. 若 $f\left(\frac{a+b}{2}\right)=0$,则 $x^*=\frac{a+b}{2}$ 就是方程 $f(x)=0$ 的根.否则,若 $f\left(\frac{a+b}{2}\right)<0$,由于 $f(x)$在左半区间 $\left[a,\frac{a+b}{2}\right]$内不变号,所以方程的隔根区间变为 $\left[\frac{a+b}{2},b\right]$. 同理,若 $f\left(\frac{a+b}{2}\right)>0$,则方程的隔根区间变为$\left[a,\frac{a+b}{2}\right]$. 将新的隔根区间记为$[a_1,b_1]$.

其次,将$[a_1,b_1]$二分,重复上述过程,又得到新的隔根区间$[a_2,b_2]$. 这样不断做下去,就得到一系列隔根区间:

$$[a,b]\supset[a_1,b_1]\supset\cdots\supset[a_k,b_k]\supset\cdots,$$

并有 $f(a_k)f(b_k)<0,x^*\in(a_k,b_k)$,且后一区间的长度都是前一区间长度的一半. 所以$[a_k,b_k]$的长度为

$$b_k-a_k=\frac{b-a}{2^k}.$$

当 $k\to\infty$ 时,区间$[a_k,b_k]$的长度必趋于零,即这些区间最终收缩于一点 x^*. 显然,x^* 就是方

程 $f(x)=0$ 的根.

实际计算时,只要二分的次数 n 足够大,就可取最后区间的中点 $x_k=\dfrac{a_k+b_k}{2}$ 作为方程 $f(x)=0$ 的根的近似值,即

$$x^* \approx \frac{a_k+b_k}{2},$$

此时所产生的误差为

$$|x^*-x_k| \leqslant \frac{b_k-a_k}{2}=\frac{b-a}{2^{k+1}}.$$

若事先给定的精确度要求为 ε,则只需

$$|x^*-x_k| \leqslant \frac{b-a}{2^{k+1}}<\varepsilon$$

便可停止计算.

例 3 用二分法求方程 $x^3+4x^2-10=0$ 在区间$[1,2]$内的根的近似值,要求绝对误差不超过 $\dfrac{1}{2}\times 10^{-2}$.

解 记 $f(x)=x^3+4x^2-10$. 在$[1,2]$上,有

$$f'(x)=3x^2+4x>0,$$

故 $f(x)$在$[1,2]$上严格单调增加,且 $f(1)<0, f(2)>0$. 所以方程在$[1,2]$内有唯一实根.

令

$$\frac{b-a}{2^{k+1}} \leqslant \frac{1}{2}\times 10^{-2},$$

则得

$$k+1 \geqslant \ln 200(b-a)/\ln 2 \approx 7.6439.$$

所以至少二分 7 次.

取 $x_1=\dfrac{1+2}{2}=1.5$ 开始计算,列表 3-2 如下所示,所以有

$$x^* \approx \frac{1}{2}(1.359375+1.3671875) \approx 1.363.$$

二分法又称**对分法**,其优点是运算简单,方法可靠,对函数 $y=f(x)$的要求不高,只要求函数 $y=f(x)$在区间$[a,b]$上连续,易于在计算机上实现;但缺点是不能用其来求复根及偶数重根,且由于每步误差是以 1/2 因子下降,故收敛速度也较慢. 因此,常常用该方法为其他求根方法提供较好的近似初始值,再用其他的求根方法精确化.

用二分法求方程近似根的流程图如图 3-2 所示.

表　3-2

k	x_k	$f(x_k)$的符号	隔根区间
1	$x_1=1.5$	+	[1,1.5]
2	$x_2=1.25$	−	[1.25,1.5]
3	$x_3=1.375$	+	[1.25,1.375]
4	$x_4=1.3125$	−	[1.3125,1.375]
5	$x_5=1.34375$	−	[1.34375,1.375]
6	$x_6=1.359375$	−	[1.359375,1.375]
7	$x_7=1.3671875$	+	[1.359375,1.3671875]

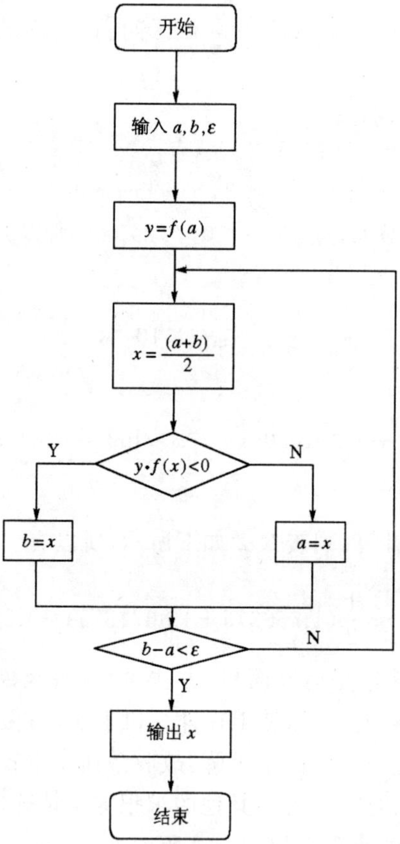

图　3-2

§2 迭代法及其迭代收敛的加速方法

迭代法是方程求根最常用的方法，尤其是计算机的普遍应用，使迭代法的应用更为广泛.

一、迭代法

迭代法是一种逐次逼近的方法，其基本思想是利用某种递推算式，使某个预知的近似根(称为初值)逐次精确化，直到满足精确度要求的近似根为止. 具体做法如下：

给定方程

$$f(x)=0, \tag{3.2.1}$$

其中 $f(x)$ 在隔根区间 $[a,b]$ 上连续，并设 x_0 是方程的一个近似根. 将方程 $f(x)=0$ 改写等价形式

$$x=\varphi(x). \tag{3.2.2}$$

为了求出方程(3.2.1)在 $[a,b]$ 上的根，由(3.2.2)式构造迭代序列

$$\begin{cases} x_1=\varphi(x_0), \\ x_2=\varphi(x_1), \\ \cdots\cdots\cdots\cdots \\ x_{k+1}=\varphi(x_k), \\ \cdots\cdots\cdots\cdots \end{cases} \tag{3.2.3}$$

这种求方程近似根的方法称为**简单迭代法**(简称**迭代法**)，其中 $\varphi(x)$ 称为**迭代函数**. 若由迭代法产生的序列 $\{x_k\}$ 的极限存在，即 $\lim\limits_{k\to\infty}x_k=x^*$，则称 $\{x_k\}$ 收敛或**迭代法**(或**公式**)(3.2.3)**收敛**；否则，称 $\{x_k\}$ 发散或**迭代法**(3.2.3)**发散**.

迭代法的几何意义可解释为：求方程 $x=\varphi(x)$ 的根 x^*，在几何上就是求直线 $y=x$ 与曲线 $y=\varphi(x)$ 交点 P^* 的横坐标，见图 3-3.

对于 x^* 的某个初始近似值 x_0，对应于曲线 $y=\varphi(x)$ 上一点 $P_0(x_0,\varphi(x_0))$，过点 P_0 引平行于 x 轴的直线，交直线 $y=x$ 于点 $Q_1(x_1,x_1)$；过 Q_1 再作平行于 y 轴的直线，它与曲线 $y=\varphi(x)$ 的交点记作 $P_1(x_1,\varphi(x_1))$；过 P_1 再作平行于 x 轴的直线，又交直线 $y=x$ 于点 $Q_2(x_2,x_2)$. 继续如此做下去，就在曲线 $y=\varphi(x)$ 上得点列 $P_0,P_1,P_2,\cdots$，逐渐逼近于交点 P^*，点列的横坐标 $x_0,x_1,x_2,\cdots$，逐渐趋于根 x^*. 可见，此时迭代法收敛，如图 3-3 中的(a)，(b)；否则，迭代法发散，如图 3-3 中的(c)，(d).

从图 3-3 可知，当迭代函数 $\varphi(x)$ 的导数 $\varphi'(x)$ 在根 x^* 处满足不同条件时，迭代法的收敛情况也有所不同. 由此可见，迭代过程的收敛性依赖于迭代函数 $\varphi(x)$ 的构造. 为了使迭代法有效，必须保证它的收敛性，一个产生发散序列的迭代函数是没有任何使用价值的.

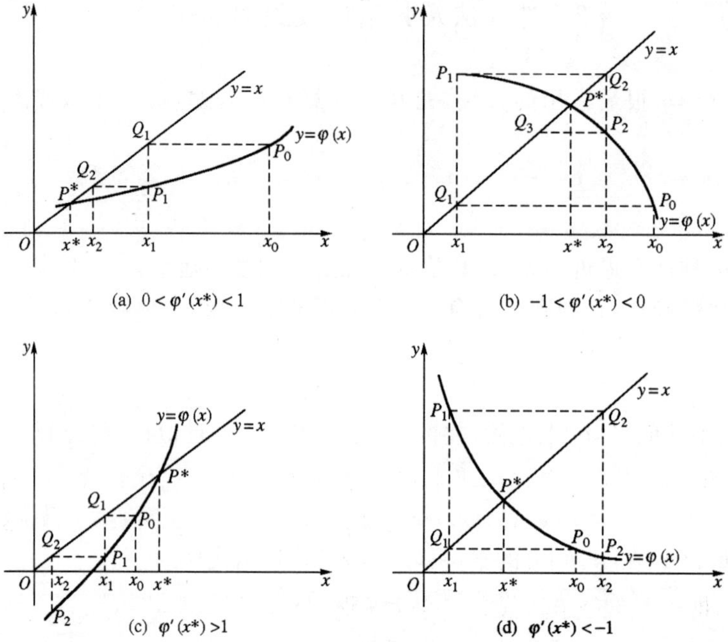

图 3-3

设 $\varphi(x)$ 为连续函数,且 $\lim\limits_{k\to\infty}x_k=x^*$,则有 $x^*=\varphi(x^*)$. 故 x^* 是方程 $x=\varphi(x)$ 的解. 通常称 x^* 为迭代函数 $\varphi(x)$ 的**不动点**,故简单迭代法又称为**不动点迭代法**.

显然,将 $f(x)=0$ 转化为等价方程 $x=\varphi(x)$ 的方法有多种,并不是唯一的. 例如,方程 $f(x)=x-\sin x-0.5=0$ 可改写为如下两种等价方程:

(1) $x=\sin x+0.5=\varphi_1(x)$;

(2) $x=\arcsin(x-0.5)=\varphi_2(x)$.

而由方程 $f(x)=0$ 转化为等价方程 $x=\varphi(x)$ 时,选择迭代函数 $\varphi(x)$ 是很重要的. 选择不同的迭代函数 $\varphi(x)$,就会产生不同的序列 $\{x_k\}$,且这些序列的收敛情况也不一定相同,即使初始值选择相同但收敛情况也不一定相同.

例 1 已知方程 $10^x-x-2=0$ 在区间[0.3,0.4]内有一个根,用如下两种不同的迭代公式进行迭代,观察所得序列的收敛性:

(1) $x_{k+1}=10^{x_k}-2$;

(2) $x_{k+1}=\lg(x_k+2)$.

计算结果见表 3-3.

表 3-3

k	(1)	(2)
0	$x_0=0.3$	$x_0=0.3$
1	$x_1=-0.0047$	$x_1=0.3617$
2	$x_2=-1.0108$	$x_2=0.3732$
3		$x_3=0.3753$
4		$x_4=0.3757$

由计算结果知,该例中的迭代公式(1)产生的序列$\{x_k\}$是发散的,迭代公式(2)产生的序列$\{x_k\}$是收敛的.

由此看来,必须讨论迭代法收敛的条件.

由迭代法的几何意义可知,为了保证迭代法收敛,就要求迭代函数$\varphi(x)$在区间$[a,b]$上变化不要太快,即$\varphi'(x)$的绝对值应较小. 当$|\varphi'(x)|<1$时,迭代法收敛,这种情况可见图3-3(a),(b);否则,迭代法发散,如图3-3(c),(d)所示.

综上所述,即可给出如下迭代法收敛性定理:

定理 1 设有方程$x=\varphi(x)$. 若迭代函数$\varphi(x)$在有根区间$[a,b]$上满足下列条件:

(1) 当$x\in[a,b]$时,$\varphi(x)\in[a,b]$;

(2) $\varphi(x)$在$[a,b]$上可导,且有$|\varphi'(x)|\leqslant L<1, x\in[a,b]$,

则有

(1) 方程$x=\varphi(x)$在$[a,b]$上有唯一的根x^*;

(2) 对任意初值$x_0\in[a,b]$,迭代公式

$$x_{k+1}=\varphi(x_k)\quad(k=0,1,2,\cdots)$$

产生的序列$\{x_k\}$收敛于方程$x=\varphi(x)$的唯一根x^*,即$\lim\limits_{k\to\infty}x_k=x^*$;

(3) 误差估计

$$|x^*-x_k|\leqslant\frac{L^k}{1-L}|x_1-x_0|. \tag{3.2.4}$$

证明 (1) 先证方程根的存在性. 作函数$g(x)=x-\varphi(x)$. 由$\varphi(x)$在$[a,b]$上可导知$g(x)$亦在(a,b)内可导,故$g(x)$在$[a,b]$上连续. 由定理条件(1)有

$$g(a)=a-\varphi(a)\leqslant 0,\quad g(b)=b-\varphi(b)\geqslant 0,$$

于是由连续函数的介值定理知,必存在$x^*\in[a,b]$,使得$g(x^*)=0$,即$x^*=\varphi(x^*)$. 因此,x^*是方程$x=\varphi(x)$的根.

再证唯一性. 假设存在两个根$x_1^*, x_2^*\in[a,b]$,$x_1^*\neq x_2^*$,使得

$$x_1^*=\varphi(x_1^*),\quad x_2^*=\varphi(x_2^*).$$

两式相减并利用微分中值定理,有

$$|x_1^*-x_2^*|=|\varphi(x_1^*)-\varphi(x_2^*)|=|\varphi'(\xi)|\cdot|x_1^*-x_2^*|,$$

其中 ξ 在 x_1^* 与 x_2^* 之间,因而 $\xi\in[a,b]$. 由定理条件(2)得

$$|x_1^*-x_2^*|\leqslant L|x_1^*-x_2^*|<|x_1^*-x_2^*|.$$

上式是不可能成立的,故必有 $x_1^*=x_2^*=x^*$.

(2) 由迭代公式(3.2.3)及定理条件(1),当取 $x_0\in[a,b]$时,有

$$x_k\in[a,b]\quad(k=1,2,\cdots),$$
$$x^*-x_k=\varphi(x^*)-\varphi(x_{k-1}).$$

于是,由微分中值定理和定理条件(2)可得

$$\begin{aligned}|x^*-x_k|&=|\varphi(x^*)-\varphi(x_{k-1})|=|\varphi'(\xi_{k-1})|\cdot|x^*-x_{k-1}|\\&\leqslant L|x^*-x_{k-1}|\leqslant L^2|x^*-x_{k-2}|\\&\leqslant\cdots\leqslant L^k|x^*-x_0|,\end{aligned}$$

其中 ξ_{k-1} 在 x^* 与 x_{k-1} 之间. 因为 $L<1$,所以

$$\lim_{k\to\infty}L^k|x^*-x_0|=0.$$

故

$$\lim_{k\to\infty}x_k=x^*.$$

(3) 由迭代公式 $x_{k+1}=\varphi(x_k)$,显然对任意正整数 k,有

$$\begin{aligned}|x^*-x_{k+1}|&=|\varphi(x^*)-\varphi(x_k)|=|\varphi'(\xi_k)|\cdot|x^*-x_k|\\&\leqslant L|x^*-x_k|,\end{aligned}$$

其中 ξ_k 在 x^* 与 x_k 之间.

同理

$$|x_{k+1}-x_k|\leqslant L|x_k-x_{k-1}|,\tag{3.2.5}$$

但是

$$\begin{aligned}|x_{k+1}-x_k|&=|(x^*-x_k)-(x^*-x_{k+1})|\\&\geqslant|x^*-x_k|-|x^*-x_{k+1}|\\&\geqslant|x^*-x_k|-L|x^*-x_k|\\&=(1-L)|x^*-x_k|,\end{aligned}$$

从而有

$$|x^*-x_k|\leqslant\frac{1}{1-L}|x_{k+1}-x_k|\leqslant\frac{L}{1-L}|x_k-x_{k-1}|.\tag{3.2.6}$$

反复应用(3.2.5)式可得

$$|x^*-x_k|\leqslant\frac{L^k}{1-L}|x_1-x_0|\quad(k=1,2,\cdots).$$

定理得证.

容易推得例1中的迭代公式(2)满足定理1的条件.

在实际计算中,(3.2.4)式不仅可以用来估计迭代 k 次时的误差,还可以用来估计达到给定的精确度 ε 时,所需迭代的次数 k.

若欲使 $|x^*-x_k|\leqslant\varepsilon$,只要

$$\frac{L^k}{1-L}|x_1-x_0|\leqslant\varepsilon,$$

从而迭代次数满足

$$k>\ln\frac{\varepsilon(1-L)}{|x_1-x_0|}\Big/\ln L. \tag{3.2.7}$$

注意到估计式(3.2.6),$0<L<1$ 越小,序列 $\{x_k\}$ 收敛越快,且只要相邻两次迭代的偏差 $|x_k-x_{k-1}|$ 足够小,就可以保证近似根 x_k 有足够的精确度. 因此,上机计算时,常常采用条件 $|x_k-x_{k-1}|\leqslant\varepsilon$ 来控制迭代终止. 但要注意的是,当 $L\approx1$ 时,即使 $|x_k-x_{k-1}|$ 很小,误差 $|x^*-x_k|$ 还是可能较大.

定理1中的条件(1)一般不易验证,且对于较大范围的隔根区间此条件也不一定成立,而在方程根的邻近定理的条件是成立的. 为此,再给出下述迭代法局部收敛性定理:

定理2(迭代法局部收敛性定理) 设 x^* 是方程 $x=\varphi(x)$ 的根,$\varphi'(x)$ 在 x^* 的某一邻域内连续,且 $|\varphi'(x^*)|<1$,则必存在 x^* 的一个邻域 $S=\{x\mid |x-x^*|\leqslant\delta\}$,对任意选取的初值 $x_0\in S$,迭代公式 $x_{k+1}=\varphi(x_k)$ $(k=1,2,\cdots)$ 产生的序列 $\{x_k\}$ 收敛于方程的根 x^*(这时称迭代法在 x^* 的 S 邻域具有**局部收敛性**).

证明 取 $[a,b]=[x^*-\delta,x^*+\delta]$,于是只要验证定理1中的条件(1)成立即可.

设 $x\in S$,当 $|x-x^*|\leqslant\delta$ 时,由微分中值定理及 $|\varphi'(x)|<1$ 有

$$\begin{aligned}|\varphi(x)-x^*|&=|\varphi(x)-\varphi(x^*)|=|\varphi'(\xi)(x-x^*)|\\&\leqslant L|x-x^*|<|x-x^*|\leqslant\delta,\end{aligned}$$

其中 $\xi\in S$,故 $\varphi(x)\in S$.

由于在实际应用中 x^* 事先不知道,故条件 $|\varphi'(x^*)|<1$ 无法验证. 但如果已知近似根的初始值 x_0 在根 x^* 的附近,又根据 $\varphi'(x)$ 的连续性,则可采用条件

$$|\varphi'(x)|<1$$

来代替 $|\varphi'(x^*)|<1$.

例2 求方程 $f(x)=2x-\lg x-7=0$ 的最大根,要求精确度为 10^{-4}.

解 (1) 求隔根区间.

方程的等价形式为

$$2x-7=\lg x.$$

作函数 $y=2x-7$ 和 $y=\lg x$ 的图形,如图3-4所示. 由图3-4知,方程的最大根在区间 $[3.5,4]$ 内.

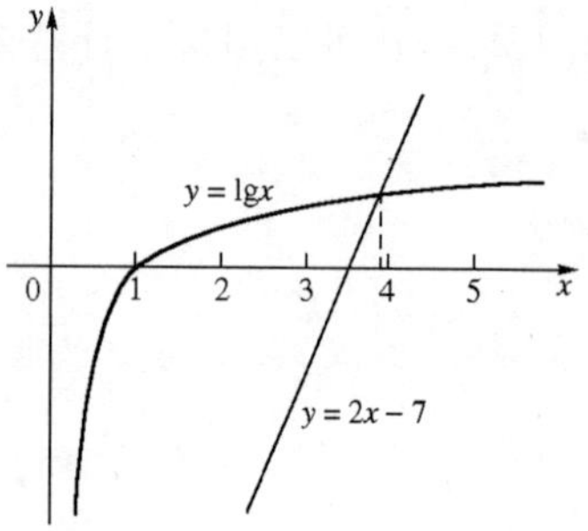

图 3-4

(2) 建立迭代公式,判别收敛性.

将方程等价变形为

$$x=\frac{1}{2}(\lg x+7),$$

得迭代公式为

$$x_{k+1}=\frac{1}{2}(\lg x_k+7).$$

这里 $\varphi(x)=\frac{1}{2}(\lg x+7)$. 因为 $\varphi'(x)=\frac{1}{2\ln 10}\frac{1}{x}$,所以 $\varphi(x)$在区间[3.5,4]上可导.

因为 $\varphi(x)$在区间[3.5,4]上是严格单调增加函数,且

$$\varphi(3.5)\approx 3.77,\quad \varphi(4)\approx 3.80,$$

所以当 $x\in[3.5,4]$时, $\varphi(x)\in[3.5,4]$.

因为

$$L=\max_{3.5\leqslant x\leqslant 4}|\varphi'(x)|\approx\varphi'(3.5)\approx 0.06,$$

所以对于区间[3.5,4]上的一切 x,有

$$|\varphi'(x)|\leqslant 0.06<1.$$

由定理 1 知迭代法收敛.

(3) 计算.

取 $x_0=3.5$,有

$$x_1=\frac{1}{2}(\lg x_0+7)\approx 3.220,$$

$$x_2=\frac{1}{2}(\lg x_1+7)\approx 3.7883,$$

$$x_3=\frac{1}{2}(\lg x_2+7)\approx 3.7892.$$

因为 $|x_3-x_2|\leqslant 10^{-4}$,所以方程的最大根为

$$x^*\approx x_3=3.789.$$

例 3 用迭代法求方程 $x^3-x^2-1=0$ 在隔根区间[1.4,1.5]内的根,要求精确到小数点后第 4 位.

解 (1) 构造迭代公式.

方程的等价形式为

$$x=\sqrt[3]{x^2+1},$$

得迭代公式

$$x_{k+1}=\sqrt[3]{x_k^2+1}.$$

(2) 判断迭代法的收敛性.

用定理 2 判定. 这里 $\varphi(x)=\sqrt[3]{x^2+1}$. 因为

$$\varphi'(x)=\frac{2x}{3\sqrt[3]{(x^2+1)^2}},$$

所以 $\varphi(x)$在区间(1.4,1.5)内可导,且

$$|\varphi'(x)|\leqslant 0.5<1,$$

故迭代法收敛.

(3) 列表计算,见表 3-4.

表 3-4

k	x_k	$\|x_{k+1}-x_k\|\leqslant\frac{1}{2}\times10^{-4}$
0	$x_0=1.5$	
1	$x_1=1.4812480$	$\|x_1-x_0\|\approx0.02$
2	$x_2=1.4727057$	$\|x_2-x_1\|\approx0.009$
3	$x_3=1.4688173$	$\|x_3-x_2\|\approx0.004$
4	$x_4=1.4670480$	$\|x_4-x_3\|\approx0.002$
5	$x_5=1.4662430$	$\|x_5-x_4\|\approx0.0009$
6	$x_6=1.4658786$	$\|x_6-x_5\|\approx0.0004$
7	$x_7=1.4657020$	$\|x_7-x_6\|\approx0.0002$
8	$x_8=1.4656344$	$\|x_8-x_7\|\approx0.00007$
9	$x_9=1.4656000$	$\|x_9-x_8\|\leqslant\frac{1}{2}\times10^{-4}$

由表 3-4 可见,第 9 次迭代结果满足精确度要求,故取 $x^*\approx1.4656$.

综上所述,用迭代法求方程 $f(x)=0$ 的根的近似值的计算步骤如下:

(1) 准备:选定初始值 x_0 和确定方程 $f(x)=0$ 的等价方程 $x=\varphi(x)$.

(2) 迭代:按迭代公式 $x_{k+1}=\varphi(x_k)$计算出 $x_k(k=1,2,\cdots)$.

(3) 判别:若$|x_{k+1}-x_k|<\varepsilon$ (ε 为事先给定的精确度),则终止迭代,取 x_{k+1}作为根 x^*的近似值;否则,转(2)继续迭代.

迭代法的优点是计算程序简单,且可计算复根.

对于收敛的迭代法，只要迭代足够次数，就可以使结果达到要求的精确度. 从(3.2.4)式知，L 越接近零，迭代法收敛得越快. 而有些迭代法，虽然收敛但比较缓慢，计算起来需花费很多时间，故如何使迭代法收敛加速是数值计算的一个重要课题. 对此，下面继续介绍迭代法收敛的加速方法.

二、迭代法收敛的加速方法

1. 迭代-加速公式

记 $\tilde{x}_{k+1}=\varphi(x_k)$，则由微分中值定理有

$$\tilde{x}_{k+1}-x^*=\varphi'(\xi)(x_k-x^*), \tag{3.2.8}$$

其中 ξ 在 x_k 与 x^* 之间.

设 $\varphi'(x)$ 在根 x^* 附近变化不大，又设 $\varphi'(x)\approx q$，由迭代收敛条件有 $|\varphi'(x)|\approx|q|<1$，故(3.2.8)式为

$$\tilde{x}_{k+1}-x^*\approx q(x_k-x^*),$$

整理为

$$\tilde{x}_{k+1}-x^*\approx\frac{q}{1-q}(x_k-\tilde{x}_{k+1}).$$

上式说明，把 $\tilde{x}_{k+1}$ 作为根 x^* 的近似值时，其绝对误差大致为 $\frac{q}{1-q}(x_k-\tilde{x}_{k+1})$. 如果把该误差值作为对 $\tilde{x}_{k+1}$ 的一种补偿，便得到更好的近似值：

$$x^*\approx\tilde{x}_{k+1}+\frac{q}{1-q}(\tilde{x}_{k+1}-x_k).$$

记

$$x_{k+1}=\tilde{x}_{k+1}+\frac{q}{1-q}(\tilde{x}_{k+1}-x_k),$$

得**迭代-加速公式**

$$\begin{cases}\tilde{x}_{k+1}=\varphi(x_k),\\ x_{k+1}=\dfrac{1}{1-q}\tilde{x}_{k+1}-\dfrac{q}{1-q}x_k\end{cases}\quad(k=0,1,2,\cdots). \tag{3.2.9}$$

由该公式可得近似根序列 $\{x_k\}$.

例 4 对例 3 用迭代-加速公式(3.2.9)求方程的根.

解 $\varphi'(x)$ 在根 x^* 附近变化不大，$\varphi'(x)\approx0.45=q$，迭代-加速公式为

$$\begin{cases}\tilde{x}_{k+1}=\sqrt[3]{x_k^2+1},\\ x_{k+1}=\dfrac{20}{11}\tilde{x}_{k+1}-\dfrac{9}{11}x_k\end{cases}\quad(k=0,1,2,\cdots).$$

列表计算，见表 3-5.

表 3-5

k	$\tilde{x}_k$	x_k	$\lvert x_{k+1}-x_k\rvert\leqslant 10^{-4}$
0		$x_0=1.5$	
1	$\tilde{x}_1=1.481248$	$x_1=1.465905$	
2	$\tilde{x}_2=1.465746$	$x_2=1.465575$	$\lvert x_2-x_1\rvert\approx 0.0003$
3	$\tilde{x}_3=1.465573$	$x_3=1.465572$	$\lvert x_3-x_2\rvert<10^{-4}/2$

由表 3-5 知,第 3 次迭代结果满足精确度要求,故取 $x^*\approx 1.4656$.

上例说明,达到同样的精确度,用迭代-加速公式仅迭代了 3 次.

2. 埃特金加速公式

记

$$\tilde{x}_{k+1}=\varphi(x_k),\quad \bar{x}_{k+2}=\varphi(\tilde{x}_{k+1}).$$

用平均变化率

$$\frac{\varphi(\tilde{x}_{k+1})-\varphi(x_k)}{\tilde{x}_{k+1}-x_k}=\frac{\bar{x}_{k+2}-\tilde{x}_{k+1}}{\tilde{x}_{k+1}-x_k}$$

代替(3.2.8)式中的 $\varphi'(\xi)$,则有

$$\tilde{x}_{k+1}-x^*\approx\frac{\bar{x}_{k+2}-\tilde{x}_{k+1}}{\tilde{x}_{k+1}-x_k}(x_k-x^*),$$

进而有

$$x^*\approx\frac{\bar{x}_{k+2}x_k-\tilde{x}_{k+1}^2}{\bar{x}_{k+2}-2\tilde{x}_{k+1}+x_k}=\bar{x}_{k+2}-\frac{(\bar{x}_{k+2}-\tilde{x}_{k+1})^2}{\bar{x}_{k+2}-2\tilde{x}_{k+1}+x_k}.$$

从上式可看出,第二项是对 $\bar{x}_{k+2}$ 的一种补偿. 记

$$x_{k+1}=\frac{\bar{x}_{k+2}x_k-\tilde{x}_{k+1}^2}{\bar{x}_{k+2}-2\tilde{x}_{k+1}+x_k},$$

得**埃特金**(Aitken)**加速公式**

$$\begin{cases}\tilde{x}_{k+1}=\varphi(x_k),\\ \bar{x}_{k+2}=\varphi(\tilde{x}_{k+1}),\\ x_{k+1}=\dfrac{\bar{x}_{k+2}x_k-\tilde{x}_{k+1}^2}{\bar{x}_{k+2}-2\tilde{x}_{k+1}+x_k}\end{cases}\quad (k=0,1,2,\cdots).\tag{3.2.10}$$

由此得近似根序列 $\{x_k\}$.

因为迭代过程 $x_{k+1}=\varphi(x_k)$ 总是在根 x^* 附近进行,所以用平均变化率代替(3.2.8)式中的 $\varphi'(\xi)$ 是有意义的.

下面给出关于埃特金加速公式收敛速度的一个定理.

定理 3 若由迭代公式 $x_{k+1}=\varphi(x_k)$ 产生的序列 $\{x_k\}$ 满足下列条件：

(1) 收敛于根 x^*；

(2) $\lim\limits_{k\to\infty}\dfrac{e_{k+1}}{e_k}=C\ (0<C<1)$，$e_k=|x_k-x^*|\neq 0\ (k=0,1,2,\cdots)$，

则由埃特金加速公式(3.2.10)产生的序列 $\{x_k\}$ 比序列 $\{\bar{x}_k\}$ 较快地收敛于根 x^*，即

$$\lim_{k\to\infty}\frac{x_k-x^*}{\bar{x}_k-x^*}=0.$$

定理证明略.

例 5 对例 3 用埃特金加速公式求方程的根.

解 埃特金加速公式为

$$\begin{cases}\tilde{x}_{k+1}=\sqrt[3]{x_k^2+1},\\ \bar{x}_{k+2}=\sqrt[3]{\tilde{x}_{k+1}^2+1},\\ x_{k+1}=\dfrac{\bar{x}_{k+2}x_k-\tilde{x}_{k+1}^2}{\bar{x}_{k+2}-2\tilde{x}_{k+1}+x_k}\end{cases}\quad(k=0,1,2,\cdots).$$

列表计算，见表 3-6.

表 3-6

k	$\tilde{x}_k$	$\bar{x}_{k+1}$	x_k	$\|x_{k+1}-x_k\|\leqslant 10^{-4}$
0			$x_0=1.5$	
1	$\tilde{x}_1=1.481248$	$\bar{x}_2=1.472706$	$x_1=1.465559$	
2	$\tilde{x}_2=1.465565$	$\bar{x}_3=1.465569$	$x_2=1.465570$	$\|x_2-x_1\|<10^{-4}/2$

由表 3-6 知，第 2 次迭代结果满足精确度要求，故取 $x^*\approx 1.4656$.

§3 牛顿迭代法

一、牛顿迭代法

牛顿(Newton)迭代法的应用范围较广，可用于解代数方程和超越方程，既可求方程的实根，也可求方程的复根，既能求单根，也能求重根. 牛顿迭代法的基本思想是将非线性方程 $f(x)=0$ 逐步转化为线性方程来求解. 牛顿迭代法的最大优点是在方程单根附近具有较高的收敛速度，因此牛顿迭代法是将近似根精确化的一种相当有效的迭代法.

下面介绍牛顿迭代法的具体做法.

设 x^* 是非线性方程 $f(x)=0$ 在隔根区间$[a,b]$内的根，$f(x)$在区间$[a,b]$上可导，且对于 $x\in[a,b]$，有 $f'(x)\neq 0$.

任取初始值 $x_0\in[a,b]$，过曲线 $y=f(x)$上的点$(x_0,f(x_0))$作切线，如图 3-5 所示. 切线方程为

$$y=f(x_0)+f'(x_0)(x-x_0),$$

以它作为 $y=f(x)$的近似表达式，它与 x 轴交点的横坐标 x_1 为

$$x_1=x_0-\frac{f(x_0)}{f'(x_0)}.$$

以 x_1 作为根 x^* 的第 1 次近似值，然后又过曲线 $y=f(x)$上的点$(x_1,f(x_1))$作切线. 切线方程为

$$y=f(x_1)+f'(x_1)(x-x_1),$$

它与 x 轴交点的横坐标 x_2 为

$$x_2=x_1-\frac{f(x_1)}{f'(x_1)}.$$

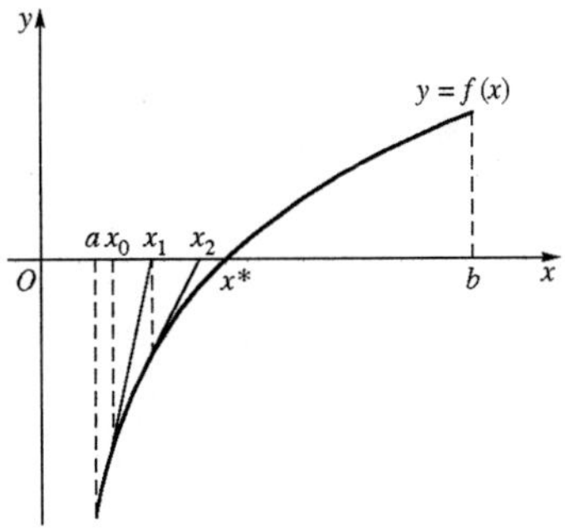

图 3-5

以 x_2 作为根 x^* 的第 2 次近似值. 仿此不断做下去，第 $n+1$ 条切线方程为

$$y=f(x_n)+f'(x_n)(x-x_n),$$

它与 x 轴交点的横坐标 x_{n+1} 为

$$x_{n+1}=x_n-\frac{f(x_n)}{f'(x_n)}\quad(n=0,1,2,\cdots).\tag{3.3.1}$$

由此得方程的近似根序列$\{x_n\}$. 上述这种求方程 $f(x)=0$ 近似根的迭代方法称为**牛顿迭代法**，(3.3.1)式为**牛顿迭代公式**.

牛顿迭代法的几何意义是：依次用切线代替曲线，用线性函数的零点作为函数 $f(x)$零点的近似值. 由于这种方法的每一步都是用切线来逼近方程，所以牛顿迭代法又称为**切线法**.

因为方程 $f(x)=0$ 与方程 $x=x-\dfrac{f(x)}{f'(x)}$ $(f'(x)\neq 0)$等价，所以牛顿迭代公式也可由等价方程写出，迭代函数为

$$\varphi(x)=x-\frac{f(x)}{f'(x)}.$$

因此，牛顿迭代法也是简单迭代法，可用下面的定理来判别其收敛性.

定理 1(牛顿迭代法局部收敛性定理)　设 x^* 是方程 $f(x)=0$ 的根. 若满足下列条件：

(1) 函数 $f(x)$在 x^* 的某一邻域内具有连续的二阶导数；

(2) 在该 x^* 的邻域内 $f'(x)\neq 0$，

则存在 x^* 的一个邻域 $S=\{x\,|\,|x-x^*|\leqslant\delta\}$，对于任意初始值 $x_0\in S$，由牛顿迭代公式

(3.3.1)产生的序列$\{x_n\}$收敛于方程的根x^*.

证明 只要证得§2中定理2的条件成立即可.

由迭代函数的导数

$$\varphi'(x)=\frac{f(x)f''(x)}{[f'(x)]^2}$$

及条件(1),(2)知,$\varphi(x)$在x^*的某一邻域内可导.

由$\varphi'(x^*)=0$及连续函数的性质知,一定存在x^*的一个邻域$S=\{x \mid |x-x^*|\leqslant\delta\}$,对于任意$x\in S$,有

$$|\varphi'(x)|\leqslant L<1.$$

证毕.

牛顿迭代法的局部收敛性对初始值x_0要求较高,即要求初始值必须选取得充分接近方程的根x^*才能保证迭代序列$\{x_n\}$收敛于x^*. 实际上,若初始值x_0不是选取得充分接近根x^*时,牛顿迭代法则收敛得很慢,甚至会发散. 为了保证牛顿迭代法的非局部收敛性,必须再增加一些条件.

定理2(牛顿迭代法收敛性定理) 设x^*是方程$f(x)=0$在隔根区间$[a,b]$内的根. 若满足下列条件:

(1) 对于$x\in[a,b]$,$f'(x)$,$f''(x)$连续且不变号;

(2) 选取初始值$x_0\in[a,b]$,使得$f(x_0)f''(x_0)>0$,

则由牛顿迭代公式(3.3.1)产生的序列$\{x_n\}$收敛于根x^*.

定理的几何解释如图3-6所示,可见满足定理条件的情况只有四种.

由图3-6不难看出,用牛顿迭代法求得的序列$\{x_n\}$都是单调地趋于$f(x)=0$的根x^*的,所以牛顿迭代法是收敛的;还可看出,凡是满足关系式

$$f(x_0)f''(x_0)>0$$

的x_0都可作为初始值,如图3-6中(a)和(d)的情形取$x_0=b$,(b)和(c)的情形取$x_0=a$.

证明 仅以图3-6(a)的情形进行证明,其他三种情形类似.

此时设对于$x\in[a,b]$,$f'(x)>0$,$f''(x)>0$,满足条件(2)的x_0应满足$x^*<x_0$.

要证$\lim\limits_{n\to\infty}x_{n+1}=x^*$,依情形(a),应证序列$\{x_n\}$是单调递减有下界的序列.

(1) 用数学归纳法证明序列$\{x_n\}$有下界,即证$x^*<x_n(n=0,1,2,\cdots,n)$.

当$n=0$时,不等式$x^*<x_0$成立.

设当$n=k$时,不等式$x^*<x_k$成立.

下证当$n=k+1$时,不等式$x^*<x_{k+1}$亦成立. 为此,将函数$f(x)$在x_k处作一阶泰勒展开:

$$f(x)=f(x_k)+f'(x_k)(x-x_k)+\frac{f''(\xi_k)}{2!}(x-x_k)^2,$$

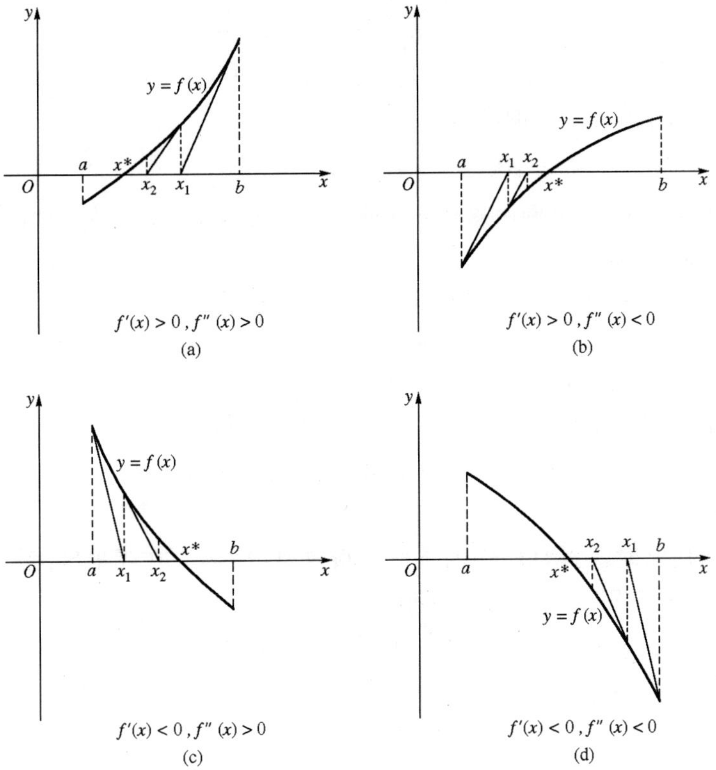

图 3-6

其中 ξ_k 在 x 与 x_k 之间. 因为 $x,x_k\in[a,b]$,所以 $\xi_k\in(a,b)$. 将 $x=x^*$ 代入上式,得

$$f(x^*)=f(x_k)+f'(x_k)(x^*-x_k)+\frac{f''(\xi_k)}{2!}(x^*-x_k)^2=0,$$

于是

$$x^*=x_k-\frac{f(x_k)}{f'(x_k)}-\frac{f''(\xi_k)}{2!\ f'(x_k)}(x^*-x_k)^2,$$

$$x^*=x_{k+1}-\frac{f''(\xi_k)}{2!f'(x_k)}(x^*-x_k)^2. \tag{3.3.2}$$

由条件知(3.2.2)式右端的第二项大于零,所以 $x^*<x_{k+1}$.

综上所述,有

$$x^*<x_n \quad (n=0,1,2,\cdots).$$

(2) 证序列$\{x_n\}$单调递减.

因为 $f'(x)>0,x^*<x_n$,所以 $f(x_n)>0,f'(x_n)>0$. 于是,牛顿迭代公式(3.3.1)右端

第二项大于零. 故

$$x_{n+1} < x_n \quad (n=0,1,2,\cdots).$$

因此
$$x^* < \cdots < x_{n+1} < x_n < \cdots < x_0,$$

即序列$\{x_n\}$是单调递减有下界的序列,且下界为x^*.

(3) 证明$\lim\limits_{n\to\infty} x_n = x^*$.

由高等数学知识可知,单调递减有下界的序列必有极限. 现设该序列的极限为$\bar{x}$,于是对(3.3.1)式两边取极限,有

$$\bar{x} = \bar{x} - \frac{f(\bar{x})}{f'(\bar{x})} \quad (\text{其中 } f'(\bar{x}) > 0),$$

得
$$f(\bar{x}) = 0.$$

由于方程$f(x)=0$在隔根区间$[a,b]$只有一个根,所以$\bar{x}=x^*$. 故

$$\lim_{n\to\infty} x_n = x^*.$$

定理证毕.

使用牛顿迭代法时,初始值x_0的选取是很重要的. 如果在隔根区间$[a,b]$上$f'(x)$,$f''(x)$的符号不容易判别,如何选取初始值x_0呢?

由公式

$$x_1 = x_0 - \frac{f(x_0)}{f'(x_0)}$$

可得
$$x_1 - x^* = (x_0 - x^*) - \frac{f(x_0)}{f'(x_0)}.$$

用$e_1 = x_1 - x^*$和$e_0 = x_0 - x^*$分别表示x_1, x_0与x^*的误差,上式除以e_0得

$$\frac{e_1}{e_0} = 1 - \frac{f(x_0)}{f'(x_0)(x_0 - x^*)}.$$

利用一阶泰勒公式

$$0 = f(x^*) = f(x_0) + f'(x_0)(x^* - x_0) + \frac{1}{2} f''(\xi)(x^* - x_0)^2$$

和零阶泰勒公式

$$0 = f(x^*) = f(x_0) + f'(\eta)(x^* - x_0),$$

其中ξ, η在x^*与x_0之间,则有

$$\frac{e_1}{e_0} = \frac{\frac{1}{2} f''(\xi)(x^* - x_0)^2}{-f'(x_0)(x^* - x_0)} = -\frac{1}{2} \frac{f''(\xi)(x^* - x_0)}{f'(x_0)} = \frac{f''(\xi) f(x_0)}{2 f'(x_0) f'(\eta)}.$$

在x_0处我们可以计算$f(x_0)$,$f'(x_0)$,$f''(x_0)$的值,但无法计算$f'(\eta)$和$f''(\xi)$的值. 假如

$f'(x)$,$f''(x)$在 x_0 附近相对变化不大,只要 $f''(x_0)\neq 0$,则有近似公式

$$\frac{e_1}{e_0}\approx\frac{f''(x_0)f(x_0)}{2[f'(x_0)]^2}.$$

因此,要使牛顿迭代法收敛,则误差必须减少,即要求 $|e_1|<|e_0|$,亦即要求

$$[f'(x_0)]^2>\left|\frac{f''(x_0)}{2}\right|\cdot|f(x_0)|. \tag{3.3.3}$$

如果在 x_0 处 $f(x)$满足(3.3.3)式且 $f''(x_0)\neq 0$,我们就用 x_0 作为牛顿迭代法的初始值;否则,另选初始值. 这样做在大多数情况下可以保证牛顿迭代法是收敛的.

牛顿迭代法的计算步骤可归纳如下:

(1) 准备:按(3.3.3)式选定初始值 x_0,计算 $f(x_0)$,$f'(x_0)$.

(2) 迭代:依公式

$$x_1=x_0-\frac{f(x_0)}{f'(x_0)}$$

迭代一次得新近似值 x_1,并计算 $f(x_1)$,$f'(x_1)$.

(3) 控制:如果 $|f(x_1)|<\varepsilon$ (ε 是允许误差),则终止迭代,x_1 即为所求的根;否则,转(4).

(4) 准备迭代:如果迭代次数超过预先指定的次数 N,或者 $f'(x_1)=0$,则方法失败;否则,以 x_1,$f(x_1)$,$f'(x_1)$代替 x_0,$f(x_0)$,$f'(x_0)$,转(2)继续迭代.

例 1 用牛顿迭代法求§2 例 3 中方程的根.

解 令 $f(x)=x^3-x^2-1$.

(1) 写出牛顿迭代公式

$$x_{n+1}=\frac{2x_n^3-x_n^2+1}{3x_n^2-2x_n}\quad(n=0,1,2,\cdots).$$

(2) 判断牛顿迭代法的收敛性. 因为

$$f(1.4)\approx-0.2,\quad f(1.5)\approx 0.2,$$
$$f'(x)=3x^2-2x>0\quad(x\in[1.4,1.5]),$$
$$f''(x)=6x>0\quad(x\in[1.4,1.5]),$$

从而 $f(1.5)f''(1.5)>0$,所以取 $x_0=1.5$. 这时牛顿迭代法收敛.

(3) 列表计算,见表 3-7.

由表 3-7 知,第 3 次迭代结果满足精确度要求,故取 $x^*\approx 1.4656$.

例 2 用牛顿迭代法求方程

$$f(x)=x^{41}+x^3+1=0$$

在 $x_0=-1$ 附近的实根,精确到小数点后第 4 位.

表 3-7

n	x_n	$\lvert x_{n+1}-x_n\rvert\leqslant\frac{1}{2}\times10^{-4}$
0	$x_0=1.5$	
1	$x_1=1.466667$	$\lvert x_2-x_1\rvert\approx0.04$
2	$x_2=1.465572$	$\lvert x_3-x_2\rvert\approx0.002$
3	$x_3=1.465571$	$\lvert x_4-x_3\rvert\leqslant\frac{1}{2}\times10^{-4}$

解 因为

$$f'(x)=41x^{40}+3x^2,\quad \frac{1}{2}f''(x)=820x^{39}+3x,$$

所以

$$f(-1)=-1,\quad f'(-1)=44,\quad \frac{1}{2}f''(-1)=-823.$$

而

$$[f'(-1)]^2=(44)^2=1936>\left|\frac{1}{2}f''(-1)\right|\cdot|f(-1)|=823,$$

即(3.3.3)式成立,故可取 $x_0=-1$ 为初始值.

用牛顿迭代法计算出的序列为

$$x_0=-1,\quad x_1=-0.9773,\quad x_2=-0.9605,\quad x_3=-0.9525,\quad x_4=-0.9525,$$

故可取-0.9525作为所求根的近似值.

例 3 用牛顿迭代法建立计算 $\sqrt{C}$ $(C>0)$的近似值的迭代公式.

解 令 $x=\sqrt{C}$,则可将问题化为求方程

$$f(x)=x^2-C=0$$

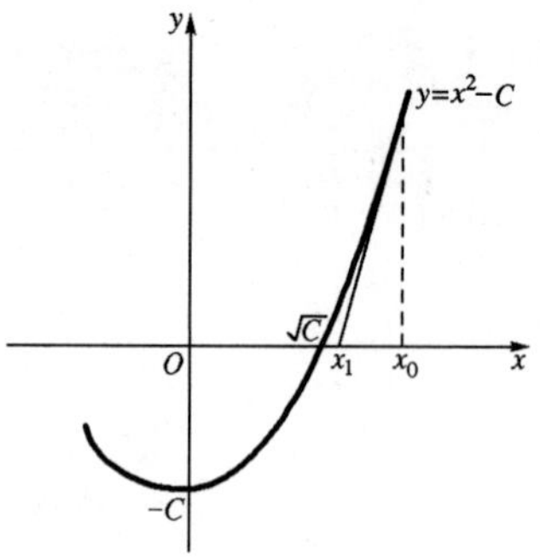

图 3-7

的正根,如图 3-7 所示. 牛顿迭代公式为

$$x_{n+1}=x_n-\frac{x_n^2-C}{2x_n}=\frac{1}{2}\left(x_n+\frac{C}{x_n}\right).\qquad(3.3.4)$$

因为 $x>0$ 时, $f'(x)>0$, $f''(x)=2>0$,所以取任意 $x_0>\sqrt{C}$ 作初始值,迭代序列$\{x_n\}$必收敛于$\sqrt{C}$. 故这时迭代公式是收敛的.

以上就是求平方根的准确、有效而又简单的方法. 如果 x_n 已有 m 位有效数字,则 x_{n+1}大致有 $2m$ 位有效数字. 现在计算机上多数用牛顿迭代法求平方根,适当选取初始近似

值,只需很少几次迭代就可得出相当精确的结果.

二、迭代法的收敛阶

在迭代法中,为了刻画由迭代法产生的序列的收敛速度,下面引进迭代法收敛阶的概念.

定义 1 设序列$\{x_n\}$收敛于x^*,令误差$e_n=x_n-x^*$. 如果存在某个实数$p\geqslant 1$及正常数C,使得

$$\lim_{n\to\infty}\frac{|e_{n+1}|}{|e_n|^p}=C, \tag{3.3.5}$$

则称序列$\{x_n\}$为p **阶收敛序列**,也称相应的迭代法是p **阶方法**. 当$p=1$且$0<C<1$时,称序列$\{x_n\}$或相应的迭代法**线性收敛**;当$p=2$时,称序列$\{x_n\}$或相应的迭代法**平方收敛**(或**二阶收敛**);当$p>1$时,称序列$\{x_n\}$或相应的迭代法**超线性收敛**.

显然,p越大,序列$\{x_n\}$收敛得越快. 所以,迭代法的收敛阶是对迭代法收敛速度的一种度量.

定理 3 (1) 在§2 中定理 2 的条件下,若在根x^*的某一邻域内有$\varphi'(x)\neq 0$,则迭代法线性收敛;

(2) 在定理 2 的条件下,牛顿迭代法平方收敛.

证明 因为迭代函数$\varphi(x)$在根x^*的某一邻域可导,所以由拉格朗日中值定理有

$$e_{n+1}=x_{n+1}-x^*=\varphi'(\xi)(x_n-x^*)=\varphi'(\xi)e_n,$$

其中ξ在x_n与x^*之间,进而有

$$\lim_{n\to\infty}\frac{|e_{n+1}|}{|e_n|}=\lim_{n\to\infty}\frac{|\varphi'(\xi)e_n|}{|e_n|}=\lim_{\xi\to x^*}|\varphi'(\xi)|=|\varphi'(x^*)|.$$

又由于在x^*的某一邻域内$|\varphi'(x)|<1$及$\varphi'(x)\neq 0$,故有

$$0<|\varphi'(x^*)|<1.$$

所以迭代法线性收敛.

(2) 由(3.3.2)式有

$$\frac{e_{n+1}}{e_n^2}=\frac{f''(\xi_n)}{2!f'(x_n)}.$$

因为$f'(x)$与$f''(x)$在区间$[a,b]$不变号,所以

$$\lim_{n\to\infty}\frac{|e_{n+1}|}{|e_n^2|}=\frac{|f''(x^*)|}{2!|f'(x^*)|}\neq 0.$$

故牛顿迭代法平方收敛. 证毕.

§4 弦截法

用牛顿迭代法解方程 $f(x)=0$ 的优点是收敛速度快，但牛顿迭代法有个明显的缺点就是每迭代一次，除需计算 $f(x_k)$ 外，还要计算 $f'(x_k)$ 的值，如果 $f(x)$ 比较复杂，计算 $f'(x_k)$ 就可能十分麻烦，尤其当 $|f'(x_k)|$ 很小时，计算必须很精确，否则会产生很大的误差. 若用下面介绍的弦截法，则不需计算导数，虽然它的收敛速度低于牛顿迭代法，但又高于简单迭代法. 因此，弦截法在非线性方程的求解中得到广泛的应用，也是工程计算中的常用方法之一.

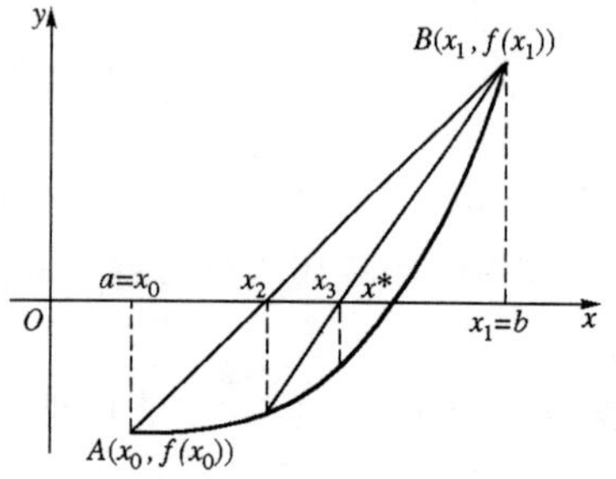

图 3-8

设方程 $f(x)=0$ 的一个隔根区间为 $[a,b]$，如图 3-8 所示. 连接曲线 $y=f(x)$ 上的两点 $A(a,f(a))$ 和 $B(b,f(b))$ 得弦 AB. 令 $x_0=a$，$x_1=b$，则弦 AB 的方程为

$$y=f(x_1)+\frac{f(x_1)-f(x_0)}{x_1-x_0}(x-x_1).$$

令 $y=0$，得弦 AB 与 x 轴的交点的横坐标 x_2 为

$$x_2=\frac{x_0f(x_1)-x_1f(x_0)}{f(x_1)-f(x_0)}=x_1-\frac{f(x_1)}{f(x_1)-f(x_0)}(x_1-x_0).$$

以 x_2 作为根 x^* 的一个近似值，又过曲线 $y=f(x)$ 上的两点 $(x_1,f(x_1))$ 和 $(x_2,f(x_2))$ 作弦，得它与 x 轴交点的横坐标 x_3 为

$$x_3=\frac{x_1f(x_2)-x_2f(x_1)}{f(x_2)-f(x_1)}=x_2-\frac{f(x_2)}{f(x_2)-f(x_1)}(x_2-x_1),$$

则又可以 x_3 作为根 x^* 的一个新的近似值. 继续这样做下去，即可得到一般的迭代公式

$$x_{n+1}=x_n-\frac{f(x_n)}{f(x_n)-f(x_{n-1})}(x_n-x_{n-1})\quad(n=1,2,\cdots).\tag{3.4.1}$$

利用上述公式求方程 $f(x)=0$ 的根的近似值的方法就叫作**弦截法**，公式(3.4.1)则称为**弦截法迭代公式**.

弦截法的几何意义是：依次用弦线代替曲线，用线性函数的零点作为函数 $f(x)$ 的零点的近似值.

下面继续介绍弦截法的收敛性定理.

定理 1 若 $f(x)$ 在根 x^* 的某一邻域 $S=\{x\,|\,|x-x^*|\leqslant\delta\}$ 内有二阶连续导数，且对任意 $x\in S$，有 $f'(x)\neq 0$，则当邻域 S 充分小时，对邻域 S 内任意的 x_0，x_1，由弦截法的迭代公式(3.4.1)得到的近似值序列 $\{x_n\}$ 收敛到方程 $f(x)=0$ 的根 x^*，并且弦截法是 $p=$

$(1+\sqrt{5})/2\approx 1.618$ 阶方法.

定理证明略.

综上所述,弦切法的计算步骤可归纳如下:

(1) 准备:选定初始近似值 x_0,x_1,并计算 $f(x_0),f(x_1)$.

(2) 迭代:依公式

$$x_2=x_1-\frac{f(x_1)}{f(x_1)-f(x_0)}(x_1-x_0)$$

迭代一次得到新近似值 x_2,并计算 $f(x_2)$.

(3) 控制:若 $|f(x_2)|<\varepsilon_1$ 或 $|x_2-x_1|<\varepsilon_2$ ($\varepsilon_1,\varepsilon_2$ 为事先指定的误差范围),则终止迭代,x_2 就是方程的近似根;否则,执行(4).

(4) 迭代准备:若迭代次数超过预先指定的次数 N,则方法失败;否则,以 $(x_1,f(x_1))$,$(x_2,f(x_2))$ 分别代替 $(x_0,f(x_0))$ 和 $(x_1,f(x_1))$,转(2)继续迭代.

例 1 用弦截法求方程 $e^{2x}+x-4=0$ 在区间[0.5,1]内的根的近似值.

解 令 $f(x)=e^{2x}+x-4$,取 $x_0=0.5$,$x_1=1$,计算结果如表 3-8 所示,故可取方程的近似根为 0.61036.

表 3-8

n	0	1	2	3	4	5	6
x_n	0.5	1	0.57559	0.59954	0.61069	0.61036	0.61036

牛顿迭代法和弦截法都是先将 $f(x)$ 线性化,再求根,但线性化的方式不同:牛顿迭代法是作切线的方程,而弦截法是作弦线的方程;牛顿迭代法只需一个初始值 x_0,而弦截法需要两个初始值 x_0 和 x_1.

本 章 小 结

本章介绍了方程 $f(x)=0$ 求根的一些数值解法. 在这些求根方法中,首先要对函数 $f(x)$ 的形态及根的近似位置有一个粗略的了解,使用较小的隔根区间把方程的根分离出来. 在考查一种解法的有效性时,一般都要讨论其收敛速度.

在本章所介绍的各种求方程近似根的方法中,除二分法仅限于求实根外,其他均无此限制.

二分法简单易行,且对函数 $f(x)$ 的性质要求不高,但收敛较慢,仅有线性收敛速度. 该方法不能用于求偶数重根或复根,但可以用来确定迭代法的初始值.

简单迭代法是一种逐次逼近的方法,它是数值计算中方程求根的一种主要方法. 使用各种迭代公式关键是要判断它的收敛性以及了解收敛速度. 简单迭代法具有线性收敛速度,可采用埃特金加速公式,使收敛速度加快. 要特别注意,只具有局部收敛性的简单迭代方法,往往对初始值 x_0 的选取要求特别高.

牛顿迭代法是方程求根中常用的一种迭代方法,它除了具有简单迭代法的优点外,还具有二阶收敛速度(在单根邻近处)的特点. 但牛顿迭代法对初值选取比较苛刻(必须充分靠近方程的根),否则牛顿迭代法可能不收敛.

弦截法是牛顿迭代法的一种修改,虽然比牛顿迭代法收敛慢,但因它不需要计算函数 $f(x)$ 的导数,故有时宁可用弦截法而不用牛顿迭代法. 弦截法也要求初始值必须选取得充分靠近方程的根,否则也可能不收敛.

在各种迭代法中,迭代函数的构造直接影响收敛速度的快慢. 在实际计算中,可以根据方程特点,灵活选择其中一种迭代公式. 关于方程求根问题,现在已有各种专用程序供实际计算时参阅使用.

算法与程序设计实例

用牛顿迭代法求方程的根.

算法 给定初始值 x_0,ε 为根的容许误差,η 为 $|f(x)|$ 的容许误差,N 为迭代次数的容许值.

(1) 如果 $f'(x_0)=0$ 或迭代次数大于 N,则算法失败,程序结束; 否则,执行(2).

(2) 计算 $x_1=x_0-\dfrac{f(x_0)}{f'(x_0)}$.

(3) 若 $|x_1-x_0|<\varepsilon$ 或 $|f(x_1)|<\eta$,则输出 x_1,程序结束;否则,执行(4).

(4) 令 $x_0=x_1$,转向(1).

实例 求方程 $f(x)=x^3+x^2-3x-3=0$ 在 1.5 附近的根.

程序和输出结果

程序如下:

```
#include<stdio.h>
#include<conio.h>
#include<math.h>
#define N 100
#define EPS 1e-6
#define ETA 1e-8
void main()
```

```
{
    float f(float);
    float f1(float);
    float x0,y0;
    float Newton(float (*)(float),float (*)(float),float);
    clrscr();
    printf("Please input x0\n");
    scanf("%f", &x0);
    printf("x(0)=%f\n",x0);
    y0=Newton(f,f1,x0);
    printf("\nThe root of the equation is x=%f\n",y0);
    getch();
}
float Newton(float (*f)(float), float (*f1)(float), float x0)
{
float x1, d;
int k=0;
do
{
    x1=x0-f(x0)/f1(x0);
        if((k++>N)||(fabs(f1(x1))<EPS))
    {
        printf("\nNewton method failed");
        getch();
        exit();
    }
    d=(fabs(x1)<1? x1-x0:(x1-x0)/x1);
    x0=x1;
    printf("x(%d)=%f\t",k,x0);  /*可省略*/
}
    while(fabs(d))>EPS&&fabs(f(x1))>ETA);
    return x1;
}
    float f(float x)
```

```
{
    return x*x*x+x*x-3*x-3;
}
float f1(float x)
{
    return 3.0*x*x+2*x-3;
}
```

若取初值 x(0)=1.000000,则输出结果如下:

x(1)=3.000000　x(2)=2.200000　x(3)=1.830151
x(4)=1.737795　x(5)=1.732072　x(6)=1.732051
x(7)=1.732051

若取初值 x(0)=1.500000,则输出结果如下:

x(1)=1.777778　x(2)=1.733361　x(3)=1.732052
x(4)=1.732051

若取初值 x(0)=2.500000,则输出结果如下:

x(1)=1.951807　x(2)=1.758036　x(3)=1.732482
x(4)=1.732051　x(5)=1.732051

说明:上面程序取三个不同初值,得到同样的结果 $x\approx 1.732051$,但迭代次数不同.初值越接近所求的根,迭代次数越少.

思 考 题

1. 何谓二分法?二分法的优点是什么?如何估计误差?
2. 何谓迭代法?它的收敛条件、几何意义、误差估计式是什么?
3. 如何加速迭代序列的收敛速度?埃特金加速方法的处理思想是什么?它具有什么优点?
4. 怎样比较迭代法收敛的快慢?何谓收敛阶数?
5. 牛顿迭代公式是什么?它是怎样得出的?叙述牛顿迭代法的收敛条件与收敛阶数.
6. 如何导出弦截法迭代公式?叙述其收敛条件与收敛阶数并比较弦截法与牛顿迭代法的优劣.

习 题 三

1. 用二分法求方程 $x^4-3x+1=0$ 在区间[0.3,0.4]内的根,要求误差不超过 $\frac{1}{2}\times 10^{-2}$.

2. 已知方程 $x^3+x-4=0$ 在区间[1,2]内有一根,试问:用二分法求根,使其具有 5 位有效数字至少应二分多少次?

3. 判断下列方程有几个根,求出隔根区间,并写出收敛的迭代公式:

(1) $\cos x+\sin x-4x=0$; (2) $x+2^x-4=0$.

4. 方程 $x^3-x^2-1=0$ 在 1.5 附近有根,把方程写成如下四种不同的等价形式,并建立相应的迭代公式:

(1) $x^3=1+x^2$, $x_{n+1}=\sqrt[3]{1+x_n^2}$; (2) $x=1+\dfrac{1}{x^2}$, $x_{n+1}=1+\dfrac{1}{x_n^2}$;

(3) $x^2=\dfrac{1}{x-1}$, $x_{n+1}=\dfrac{1}{\sqrt{x_n-1}}$; (4) $x^2=x^3-1$, $x_{n+1}=\sqrt{x_n^3-1}$.

判断每种迭代公式产生的序列在 1.5 附近的收敛性,并用迭代公式(1)求方程的根,要求误差不超过 $\dfrac{1}{2}\times10^{-3}$.

5. 用迭代法求方程 $x^5-x-0.2=0$ 的正根,要求准确到小数点后第 5 位.

6. 用迭代法求方程 $e^x+10x-2=0$ 的根,要求准确到小数点后第 4 位.

7. 用迭代-加速公式求方程 $x=e^{-x}$ 在 $x=0.5$ 附近的根,要求准确到小数点后第 4 位.

8. 用埃特金加速公式求方程 $x=x^3-1$ 在区间[1,1.5]内的根,要求准确到小数点后第 4 位.

9. 应用牛顿迭代法于方程 $f(x)=x^n-a=0$ 和 $f(x)=1-\dfrac{a}{x^n}=0$,分别导出求 $\sqrt[n]{a}$ 的迭代公式,并求

$$\lim_{k\to\infty}(\sqrt[n]{a}-x_{k+1})/(\sqrt[n]{a}-x_k)^2.$$

10. 用牛顿迭代法求方程 $x^3-3x-1=0$ 在 $x_0=2$ 附近的根,要求准确到小数点后第 3 位.

11. 证明:计算 $\sqrt[3]{C}$ 的牛顿迭代公式为

$$x_{n+1}=\frac{1}{3}\left(2x_n+\frac{C}{x_n^2}\right).$$

取 $x_0=1$,计算 $\sqrt[3]{3}$,要求 $|x_{n+1}-x_n|\leqslant\dfrac{1}{2}\times10^{-6}$.

12. 用弦截法求方程 $1-x-\sin x=0$ 的根,取 $x_0=0$,$x_1=1$,计算直到 $|1-x-\sin x|\leqslant\dfrac{1}{2}\times10^{-2}$ 为止.

*第四章 矩阵的特征值及特征向量的计算

特征值和特征向量是纯数学和应用数学中非常重要的基本概念,常常用来研究微分方程、离散和连续的动力系统,在物理、化学和众多工程领域中都有着广泛的应用.自然科学和工程技术中的许多问题,如振动问题(桥梁或建筑物的振动、机械振动、电磁振动等),物理学中某些临界值的确定等,常常要归结为求矩阵的特征值和特征向量,即求满足

$$\boldsymbol{AX}=\lambda\boldsymbol{X}\quad(\boldsymbol{X}\neq\boldsymbol{0})$$

的数 λ 和非零列向量 $\boldsymbol{X}$,其中数 λ 称为 $\boldsymbol{A}$ 的**特征值**,非零列向量 $\boldsymbol{X}$ 称为 $\boldsymbol{A}$ 的与特征值 λ 对应的**特征向量**.

而计算 n 阶矩阵 $\boldsymbol{A}$ 的特征值就是求特征方程

$$|\boldsymbol{A}-\lambda\boldsymbol{I}|=0$$

的非零解 $\lambda_i(i=1,2,\cdots,n)$,这时齐次线性方程组

$$(\boldsymbol{A}-\lambda_i\boldsymbol{I})\boldsymbol{X}=\boldsymbol{0}$$

的非零解 $\boldsymbol{X}_i$ 就是与 λ_i 对应的特征向量.一般来说,用求特征方程的根的方法去求矩阵 $\boldsymbol{A}$ 的特征值,只适用于低阶矩阵.当矩阵 $\boldsymbol{A}$ 的阶数较高时,其特征方程就是一个 λ 的高次代数方程,而高次代数方程求根的数值计算稳定性较差.因此,必须寻求一些在计算机上计算矩阵的特征值和特征向量的较为稳定的数值算法.

本章介绍最常用的幂法、反幂法和雅可比方法.幂法用来求按模最大的特征值及相应的特征向量;当零不是特征值时,反幂法用来求按模最小的特征值及相应的特征向量;雅可比方法用来求实对称矩阵的全部特征值及其特征向量.

§1 幂法与反幂法

幂法与反幂法都是迭代法.幂法是求实矩阵 $\boldsymbol{A}$ 的主特征值(即矩阵 $\boldsymbol{A}$ 的按模最大的特征值,其模称为**谱半径**)及其对应的特征向量的一种迭

代方法;而当零不是特征值时,反幂法则可用来计算非奇异矩阵按模最小的特征值及对应的特征向量.下面分别介绍幂法及反幂法.

一、幂法

设有 n 阶实矩阵 $\boldsymbol{A}$,其 n 个特征向量 $\boldsymbol{X}_1,\boldsymbol{X}_2,\cdots,\boldsymbol{X}_n$ 线性无关(即 $\boldsymbol{X}_1,\boldsymbol{X}_2,\cdots,\boldsymbol{X}_n$ 为 $\boldsymbol{A}$ 的一个完全特征向量组),其对应的特征值 $\lambda_1,\lambda_2,\cdots,\lambda_n$ 满足

$$|\lambda_1|>|\lambda_2|\geqslant\cdots\geqslant|\lambda_n|. \tag{4.1.1}$$

由特征值定义有

$$\boldsymbol{A}\boldsymbol{X}_i=\lambda_i\boldsymbol{X}_i\quad(i=1,2,\cdots,n). \tag{4.1.2}$$

现来讨论计算主特征值 λ_1 及对应的特征向量的方法.

幂法(又称**乘幂法**)的基本思想是:任取一个非零初始向量 $\boldsymbol{u}_0$,由矩阵 $\boldsymbol{A}$ 构造向量序列

$$\begin{cases}\boldsymbol{u}_1=\boldsymbol{A}\boldsymbol{u}_0,\\ \boldsymbol{u}_2=\boldsymbol{A}\boldsymbol{u}_1=\boldsymbol{A}^2\boldsymbol{u}_0,\\ \cdots\cdots\cdots\cdots\cdots\cdots\\ \boldsymbol{u}_k=\boldsymbol{A}\boldsymbol{u}_{k-1}=\boldsymbol{A}^k\boldsymbol{u}_0,\end{cases} \tag{4.1.3}$$

再由此求得主特征值 λ_1 及其对应的特征向量. 上述向量称为**迭代向量**.

因为 $\boldsymbol{X}_1,\boldsymbol{X}_2,\cdots,\boldsymbol{X}_n$ 线性无关,所以初始向量 $\boldsymbol{u}_0$ 可表示为矩阵 $\boldsymbol{A}$ 的特征向量组的一个线性组合,即

$$\boldsymbol{u}_0=\sum_{i=1}^{n}\alpha_i\boldsymbol{X}_i.$$

假定 $\alpha_1\neq0$,于是

$$\begin{aligned}\boldsymbol{u}_k&=\boldsymbol{A}\boldsymbol{u}_{k-1}=\boldsymbol{A}^k\boldsymbol{u}_0=\sum_{i=1}^{n}\alpha_i\boldsymbol{A}^k\boldsymbol{X}_i=\sum_{i=1}^{n}\alpha_i\lambda_i^k\boldsymbol{X}_i\\ &=\lambda_1^k\left[\alpha_1\boldsymbol{X}_1+\sum_{i=2}^{n}\alpha_i\left(\frac{\lambda_i}{\lambda_1}\right)^k\boldsymbol{X}_i\right].\end{aligned} \tag{4.1.4}$$

记

$$\boldsymbol{\varepsilon}_k=\sum_{i=2}^{n}\alpha_i\left(\frac{\lambda_i}{\lambda_1}\right)^k\boldsymbol{X}_i,$$

则

$$\boldsymbol{u}_k=\lambda_1^k(\alpha_1\boldsymbol{X}_1+\boldsymbol{\varepsilon}_k). \tag{4.1.5}$$

由(4.1.1)式知

$$|\lambda_i/\lambda_1|<1\quad(i=2,3,\cdots,n),$$

所以当 $k\to\infty$ 时,$\boldsymbol{\varepsilon}_k\to\boldsymbol{0}$,从而

$$\lim_{k\to\infty}\frac{\boldsymbol{u}_k}{\lambda_1^k}=\alpha_1\boldsymbol{X}_1.$$

上式说明,序列$\{\boldsymbol{u}_k/\lambda_1^k\}$越来越接近$\boldsymbol{A}$的与$\lambda_1$对应的特征向量(因为特征向量可以相差一个常数因子). 因此,当k充分大时,有

$$\boldsymbol{u}_k/\lambda_1^k \approx \alpha_1 \boldsymbol{X}_1, \quad 即 \quad \boldsymbol{A}^k\boldsymbol{u}_0 \approx \lambda_1^k \alpha_1 \boldsymbol{X}_1.$$

故当k充分大时,$\boldsymbol{A}^k\boldsymbol{u}_0$可近似表示矩阵$\boldsymbol{A}$的与$\lambda_1$对应的特征向量.

以下我们通过特征向量来计算特征值λ_1. 用$(\boldsymbol{u}_k)_i$表示$\boldsymbol{u}_k$的第i个分量,由于

$$\frac{(\boldsymbol{u}_{k+1})_i}{(\boldsymbol{u}_k)_i} = \lambda_1 \frac{\alpha_1(\boldsymbol{X}_1)_i + (\boldsymbol{\varepsilon}_{k+1})_i}{\alpha_1(\boldsymbol{X}_1)_i + (\boldsymbol{\varepsilon}_k)_i},$$

所以

$$\lim_{k\to\infty} \frac{(\boldsymbol{u}_{k+1})_i}{(\boldsymbol{u}_k)_i} = \lambda_1.$$

上述极限说明,两个相邻迭代向量的分量之比值收敛到主特征值λ_1. 但要注意的是,实际计算时,k不可能趋于无穷大,只能是某个相当大的k值,从而相邻迭代向量的不同分量之比就不相同,λ_1也不相同,此时可用$(\boldsymbol{u}_{k+1})_i/(\boldsymbol{u}_k)_i$的平均值作为$\lambda_1$的近似值.

以上这种由已知非零向量$\boldsymbol{u}_0$及矩阵$\boldsymbol{A}$的乘幂$\boldsymbol{A}^k$构造向量序列$\{\boldsymbol{u}_k\}$用来计算$\boldsymbol{A}$的主特征值λ_1及相应特征向量的方法称为**幂法**.

综上所述,用幂法求主特征值λ_1及相应特征向量的计算步骤如下:

(1) 任给n维初始向量$\boldsymbol{u}_0 \neq \boldsymbol{0}$;

(2) 按$\boldsymbol{u}_{k+1} = \boldsymbol{A}\boldsymbol{u}_k\ (k=0,1,2,\cdots)$计算$\boldsymbol{u}_{k+1}$;

(3) 若$k+1$从某个数以后分量之比

$$\frac{(\boldsymbol{u}_{k+1})_i}{(\boldsymbol{u}_k)_i} \approx C\ (常数) \quad (i=1,2,\cdots,n),$$

则$\lambda_1 \approx C$,而$\boldsymbol{u}_k$即是与λ_1对应的一个近似特征向量.

例 1 设有矩阵

$$\boldsymbol{A} = \begin{bmatrix} 2 & -1 & 0 \\ -1 & 2 & -1 \\ 0 & -1 & 2 \end{bmatrix},$$

试用幂法计算$\boldsymbol{A}$的主特征值及其对应的特征向量.

解 取$\boldsymbol{u}_0 = (1,1,1)^{\mathrm{T}}$,由迭代向量$\boldsymbol{u}_k = \boldsymbol{A}^k\boldsymbol{u}_0$进行计算,计算结果见表 4-1.

表 4-1

k	1	2	3	4	5	6	7
$(\boldsymbol{A}^k\boldsymbol{u}_0)_1$	1	2	6	20	68	232	792
$(\boldsymbol{A}^k\boldsymbol{u}_0)_2$	1	−2	−8	−28	−96	−328	−1120
$(\boldsymbol{A}^k\boldsymbol{u}_0)_3$	0	2	6	20	68	232	792

由表 4-1 可计算得

$$\frac{(\boldsymbol{A}^6\boldsymbol{u}_0)_1}{(\boldsymbol{A}^5\boldsymbol{u}_0)_1}\approx 3.41,\quad \frac{(\boldsymbol{A}^7\boldsymbol{u}_0)_1}{(\boldsymbol{A}^6\boldsymbol{u}_0)_1}\approx 3.41.$$

可见,第 1 个分量已趋于稳定,而对第 2,3 个分量,有

$$\frac{(\boldsymbol{A}^7\boldsymbol{u}_0)_2}{(\boldsymbol{A}^6\boldsymbol{u}_0)_2}\approx 3.41,\quad \frac{(\boldsymbol{A}^7\boldsymbol{u}_0)_3}{(\boldsymbol{A}^6\boldsymbol{u}_0)_3}\approx 3.41.$$

由此可得 $\lambda_1\approx 3.41$. 因为

$$\boldsymbol{A}^7\boldsymbol{u}_0=(792,-1120,792)^{\mathrm{T}},$$

而特征向量可相差一个常数因子,所以取与主特征值 λ_1 相对应的特征向量为

$$\boldsymbol{X}_1=\frac{\boldsymbol{A}^7\boldsymbol{u}_0}{792}=(1,-1.41,1)^{\mathrm{T}}.$$

由(4.1.4)式可看出,当 $|\lambda_1|>1$ 时,$\boldsymbol{A}^k\boldsymbol{u}_0$ 的分量会趋于无穷大;当 $|\lambda_1|<1$ 时,$\boldsymbol{A}^k\boldsymbol{u}_0$ 的分量又会趋于零. 因此,在实际计算时,需要作适当的规范化,以免发生计算机的上溢和下溢现象.

设有一向量 $\boldsymbol{u}=(u_1,u_2,\cdots,u_n)^{\mathrm{T}}$,用 $\max(\boldsymbol{u})$ 表示向量 $\boldsymbol{u}$ 中绝对值最大的分量,即

$$\max(\boldsymbol{u})=\max_{1\leqslant i\leqslant n}|u_i|,$$

则称

$$\boldsymbol{v}=\frac{\boldsymbol{u}}{\max(\boldsymbol{u})}$$

为 $\boldsymbol{u}$ 的**规范化(即归一化)向量**,或者说将向量 $\boldsymbol{u}$ 规范化.

这样,实际计算中幂法的迭代公式为

$$\begin{cases}\boldsymbol{u}_0=\boldsymbol{v}_0\neq\boldsymbol{0},\\ \boldsymbol{u}_k=\boldsymbol{A}\boldsymbol{v}_{k-1},\\ \boldsymbol{v}_k=\dfrac{\boldsymbol{u}_k}{\max(\boldsymbol{u}_k)}\end{cases}\quad(k=1,2,\cdots).\tag{4.1.6}$$

可以证明:当 $k\to\infty$ 时,有

$$\boldsymbol{v}_k\to\frac{\boldsymbol{X}_1}{\max(\boldsymbol{X}_1)},\tag{4.1.7}$$

即规范化迭代向量序列收敛到主特征值对应的特征向量,而

$$\max(\boldsymbol{u}_k)\to\lambda_1,$$

就是说 $\boldsymbol{u}_k$ 的绝对值最大的分量收敛到主特征值.

事实上,由(4.1.4)式和(4.1.6)式可得

$$\boldsymbol{v}_k=\frac{\boldsymbol{A}^k\boldsymbol{u}_0}{\max(\boldsymbol{A}^k\boldsymbol{u}_0)}=\frac{\lambda_1^k\left[\alpha_1\boldsymbol{X}_1+\sum_{i=2}^{n}\alpha_i\left(\frac{\lambda_i}{\lambda_1}\right)^k\boldsymbol{X}_i\right]}{\max\left[\lambda_1^k\left(\alpha_1\boldsymbol{X}_1+\sum_{i=2}^{n}\alpha_i\left(\frac{\lambda_i}{\lambda_1}\right)^k\boldsymbol{X}_i\right)\right]}$$

$$=\frac{\alpha_1\boldsymbol{X}_1+\sum_{i=2}^{n}\alpha_i\left(\frac{\lambda_i}{\lambda_1}\right)^k\boldsymbol{X}_i}{\max\left[\alpha_1\boldsymbol{X}_1+\sum_{i=2}^{n}\alpha_i\left(\frac{\lambda_i}{\lambda_1}\right)^k\boldsymbol{X}_i\right]}\to\frac{\boldsymbol{X}_1}{\max(\boldsymbol{X}_1)}\quad(k\to\infty).$$

同理

$$\boldsymbol{u}_k=\frac{\boldsymbol{A}^k\boldsymbol{u}_0}{\max(\boldsymbol{A}^{k-1}\boldsymbol{u}_0)}=\frac{\lambda_1^k\left[\alpha_1\boldsymbol{X}_1+\sum_{i=2}^{n}\alpha_i\left(\frac{\lambda_i}{\lambda}\right)^k\boldsymbol{X}_i\right]}{\max\left[\lambda_1^{k-1}\left(\alpha_1\boldsymbol{X}_1+\sum_{i=2}^{n}\alpha_i\left(\frac{\lambda_i}{\lambda}\right)^{k-1}\boldsymbol{X}_i\right)\right]},$$

所以

$$\max(\boldsymbol{u}_k)=\frac{\lambda_1\max\left[\alpha_1\boldsymbol{X}_1+\sum_{i=2}^{n}\alpha_i\left(\frac{\lambda_i}{\lambda}\right)^k\boldsymbol{X}_i\right]}{\max\left[\alpha_1\boldsymbol{X}_1+\sum_{i=2}^{n}\alpha_i\left(\frac{\lambda_i}{\lambda}\right)^{k-1}\boldsymbol{X}_i\right]}\to\lambda_1\quad(k\to\infty).$$

应当指出,用幂法求 $\boldsymbol{A}$ 的主特征值的最大优点是方法简单,且特别适用于大型稀疏矩阵. 但有时收敛速度很慢,其迭代的收敛速度主要取决于比值 $r=|\lambda_2/\lambda_1|$. r 越小,收敛越快. 当 $r=1$ 时,收敛速度就很慢.为了加快收敛速度,下面简要介绍一种加速收敛的原点平移法.

引进矩阵

$$\boldsymbol{B}=\boldsymbol{A}-p\boldsymbol{I},$$

其中 $\boldsymbol{I}$ 为单位矩阵, p 为可选择的参数. 若 $\boldsymbol{A}$ 的特征值为 $\lambda_1,\lambda_2,\cdots,\lambda_n$,则 $\boldsymbol{B}$ 的特征值为 $\lambda_1-p,\lambda_2-p,\cdots,\lambda_n-p$. 不难证明, $\boldsymbol{A},\boldsymbol{B}$ 有相同的特征向量. 事实上,若 $\boldsymbol{X}$ 是 $\boldsymbol{A}$ 的与 λ 对应的特征向量,即

$$\boldsymbol{A}\boldsymbol{X}=\lambda\boldsymbol{X},$$

则

$$(\boldsymbol{A}-p\boldsymbol{I})\boldsymbol{X}=\boldsymbol{A}\boldsymbol{X}-p\boldsymbol{X}=\lambda\boldsymbol{X}-p\boldsymbol{X}=(\lambda-p)\boldsymbol{X},$$

故 $\boldsymbol{X}$ 也是 $\boldsymbol{B}=\boldsymbol{A}-p\boldsymbol{I}$ 的特征向量.

只要我们适当选取 p,使得

(1) $|\lambda_1-p|>|\lambda_2-p|\geqslant|\lambda_3-p|\geqslant\cdots\geqslant|\lambda_n-p|$;

(2) $\left|\frac{\lambda_2-p}{\lambda_1-p}\right|<\left|\frac{\lambda_2}{\lambda_1}\right|$,

则用幂法分别求 $\boldsymbol{B}=\boldsymbol{A}-p\boldsymbol{I}$ 和 $\boldsymbol{A}$ 的主特征值时,前者的收敛速度远比后者为快. 当求出矩

阵 $\boldsymbol{B}=\boldsymbol{A}-p\boldsymbol{I}$ 的主特征值 λ_1 和对应的特征向量 $\boldsymbol{X}_1$ 后,则矩阵 $\boldsymbol{A}$ 的主特征值为 λ_1+p,特征向量仍为 $\boldsymbol{X}_1$. 这种求矩阵 $\boldsymbol{A}$ 的主特征值及对应的特征向量的方法通常称为**原点平移法**. 但由于特征值事先不知道,实际上使用时必须经过多次选择才能选到适当的 p 值.

二、反幂法

反幂法可用来计算非奇异矩阵按模最小的特征值和对应的特征向量,也可用来计算对应于一个给定近似特征值的特征向量.

设有 n 阶非奇异矩阵 $\boldsymbol{A}$,其特征值与对应的特征向量分别为 λ_i 及 $\boldsymbol{X}_i(i=1,2,\cdots,n)$,则由定义有

$$\boldsymbol{A}\boldsymbol{X}_i=\lambda_i\boldsymbol{X}_i \quad (i=1,2,\cdots,n).$$

因 $\boldsymbol{A}$ 可逆,则特征值 λ_i 均不为零,于是由上式得

$$\boldsymbol{A}^{-1}\boldsymbol{X}_i=\lambda_i^{-1}\boldsymbol{X}_i.$$

这说明,λ_i^{-1} 一定是 $\boldsymbol{A}^{-1}$ 的特征值,所对应的特征向量仍是 $\boldsymbol{X}_i$. 设 $\boldsymbol{A}$ 的特征值如下:

$$|\lambda_1|\geqslant|\lambda_2|\geqslant\cdots\geqslant|\lambda_{n-1}|>|\lambda_n|>0,$$

则 λ_n^{-1} 一定是 $\boldsymbol{A}^{-1}$ 的主特征值. 这样,对 $\boldsymbol{A}^{-1}$ 用幂法即可求得 $\mu_n=\lambda_n^{-1}$,从而得 $\boldsymbol{A}$ 的按模最小的特征值 $\lambda_n=\mu_n^{-1}$,其对应的特征向量与 μ_n 对应的特征向量相同. 这种求 $\boldsymbol{A}$ 的按模最小的特征值及其对应的特征向量的方法称为**反幂法**. 具体计算如下:

任取初始向量 $\boldsymbol{u}_0\neq\boldsymbol{0}$,可做如下迭代:

$$\boldsymbol{u}_{k+1}=\boldsymbol{A}^{-1}\boldsymbol{u}_k \quad (k=0,1,2,\cdots). \tag{4.1.8}$$

但由(4.1.8)式可知,要做此迭代必须计算 $\boldsymbol{A}^{-1}$,这是一件不容易的事,故往往将(4.1.8)式改为解方程组

$$\boldsymbol{A}\boldsymbol{u}_{k+1}=\boldsymbol{u}_k \quad (k=0,1,2,\cdots).$$

若采用“规范化”方法,可按如下步骤计算:

$$\begin{cases}\boldsymbol{A}\boldsymbol{u}_k=\boldsymbol{v}_{k-1}, \\ m_k=\max(\boldsymbol{u}_k), \quad (k=1,2,\cdots). \\ \boldsymbol{v}_k=\boldsymbol{u}_k/m_k\end{cases} \tag{4.1.9}$$

以上每迭代一次,需要解一个线性方程组 $\boldsymbol{A}\boldsymbol{u}_k=\boldsymbol{v}_{k-1}$. 由于每步所解方程组具有相同的系数矩阵 $\boldsymbol{A}$,故常常是先将 $\boldsymbol{A}$ 作 $\boldsymbol{LU}$ 分解,然后转化为每步只需用回代公式解两个三角方程组,这样可减少计算工作量.

根据反幂法与幂法的上述关系,如果有矩阵 $\boldsymbol{A}$ 的某个特征值 λ_{i_0}(不是按模最大也不是按模最小)的粗略近似 $\lambda_{i_0}^*$,则用反幂法不难得到 λ_{i_0} 的更好的近似值(见习题四的第 3 题).

从幂法可知,反幂法收敛速度取决于比值 $|\lambda_n/\lambda_{n-1}|$. $|\lambda_n/\lambda_{n-1}|$ 越小,收敛越快.

例 2 用反幂法求矩阵

$$\boldsymbol{A}=\begin{bmatrix}2 & 8 & 9\\ 8 & 3 & 4\\ 9 & 4 & 7\end{bmatrix}$$

按模最小的特征值及其对应的特征向量.

解 对矩阵 $\boldsymbol{A}$ 作 $\boldsymbol{LU}$ 分解,可得

$$\boldsymbol{L}=\begin{bmatrix}1 & & \\ 4 & 1 & \\ 4.5 & 1.1034 & 1\end{bmatrix},\quad \boldsymbol{U}=\begin{bmatrix}2 & 8 & 9\\ & -29 & -32\\ & & 1.8103\end{bmatrix}.$$

取初始向量 $\boldsymbol{v}_0=\boldsymbol{u}_0=(1,1,1)^{\mathrm{T}}$,做规范化计算,计算公式如下:

$$\begin{cases}\boldsymbol{LY}_k=\boldsymbol{v}_{k-1},\\ \boldsymbol{Uu}_k=\boldsymbol{Y}_k,\\ m_k=\max(\boldsymbol{u}_k),\\ \boldsymbol{v}_k=\boldsymbol{u}_k/m_k\end{cases}\quad (k=1,2,\cdots).$$

计算结果见表 4-2.

表 4-2

k	$\boldsymbol{v}_k$(规范化向量)	$\max(\boldsymbol{u}_k)$
0	$(1.0000,1.0000,1.0000)^{\mathrm{T}}$	1.0000
1	$(0.4348,1.0000,-0.4783)^{\mathrm{T}}$	0.5652
2	$(0.1902,1.0000,-0.8834)^{\mathrm{T}}$	0.9877
3	$(0.1843,1.0000,-0.9124)^{\mathrm{T}}$	0.8245
4	$(0.1831,1.0000,-0.9129)^{\mathrm{T}}$	0.8134
5	$(0.1832,1.0000,-0.9130)^{\mathrm{T}}$	0.8134

可见,迭代 5 次得 $\lambda_3^{-1}\approx 0.8134$,所以 $\lambda_3=1.2294$,其对应的特征向量为

$$\boldsymbol{X}_3\approx(0.1832,1.0000,-0.9130).$$

§2 雅可比方法

雅可比方法是建立在线性代数基础上的一种求对称矩阵全部特征值与特征向量的迭代方法. 为此,先回顾一个线性代数的有关知识:

(1) 若矩阵 $\boldsymbol{A}$ 与 $\boldsymbol{B}$ 相似,即有可逆矩阵 $\boldsymbol{P}$,使得 $\boldsymbol{P}^{-1}\boldsymbol{AP}=\boldsymbol{B}$,则 $\boldsymbol{A}$ 与 $\boldsymbol{B}$ 有相同的特征值.

(2) 若 $\boldsymbol{A}$ 为 n 阶实对称矩阵,则其特征值 $\lambda_i(i=1,2,\cdots,n)$ 一定是实数,并存在正交矩阵 $\boldsymbol{R}$,使得

$$\boldsymbol{R}^{-1}\boldsymbol{AR}=\boldsymbol{R}^{\mathrm{T}}\boldsymbol{AR}=\begin{bmatrix}\lambda_1 & & & \\ & \lambda_2 & & \\ & & \ddots & \\ & & & \lambda_n\end{bmatrix}=\operatorname{diag}(\lambda_1,\lambda_2,\cdots,\lambda_n),$$

且 $\boldsymbol{R}$ 的第 i 列是 λ_i 对应的特征向量.

(3) 若 $\boldsymbol{R}$ 为正交矩阵,则

$$\|\boldsymbol{RA}\|_{\mathrm{F}}^2=\|\boldsymbol{AR}\|_{\mathrm{F}}^2=\|\boldsymbol{A}\|_{\mathrm{F}}^2,$$

这里

$$\|\boldsymbol{A}\|_{\mathrm{F}}^2=\sum_{i=1}^{n}\sum_{j=1}^{n}a_{ij}^2.$$

由于 $\boldsymbol{R}^{\mathrm{T}}$ 也是正交矩阵,从而有 $\|\boldsymbol{R}^{\mathrm{T}}\boldsymbol{AR}\|_{\mathrm{F}}^2=\|\boldsymbol{A}\|_{\mathrm{F}}^2$.

雅可比方法的基本思想是:对给定的 n 阶实对称矩阵 $\boldsymbol{A}$ 进行一系列的雅可比正交相似变换,使其逐渐趋于对角矩阵,即寻求正交矩阵 $\boldsymbol{R}_1,\boldsymbol{R}_2,\cdots,\boldsymbol{R}_k,\cdots$,使得

$$\lim_{k\to\infty}\boldsymbol{R}_k^{\mathrm{T}}\boldsymbol{R}_{k-1}^{\mathrm{T}}\cdots\boldsymbol{R}_1^{\mathrm{T}}\boldsymbol{AR}_1\cdots\boldsymbol{R}_{k-1}\boldsymbol{R}_k=\operatorname{diag}(\lambda_1,\lambda_2,\cdots,\lambda_n),$$

从而当 k 充分大时,$\boldsymbol{R}_k^{\mathrm{T}}\boldsymbol{R}_{k-1}^{\mathrm{T}}\cdots\boldsymbol{R}_1^{\mathrm{T}}\boldsymbol{AR}_1\cdots\boldsymbol{R}_{k-1}\boldsymbol{R}_k$ 的主对角线元素就是 $\boldsymbol{A}$ 的近似特征值,而 $\boldsymbol{R}_1\cdots\boldsymbol{R}_{k-1}\boldsymbol{R}_k$ 的各列就是相应的近似特征向量. 因此,问题的关键是如何找到合适的正交矩阵 $\boldsymbol{R}_k$. 为此,还需继续讨论.

一、古典雅可比方法

先以 2 阶实对称矩阵 $\boldsymbol{A}=\begin{bmatrix}a_{11} & a_{12}\\ a_{21} & a_{22}\end{bmatrix}$ 为例进行讨论,其中 $a_{12}=a_{21}\neq 0$.

根据线性代数知识,对任意 $\theta\in\left[-\frac{\pi}{4},\frac{\pi}{4}\right]$,2 阶平面旋转矩阵

$$\boldsymbol{R}=\begin{bmatrix}\cos\theta & \sin\theta\\ -\sin\theta & \cos\theta\end{bmatrix}$$

显然是一正交矩阵. 于是,作正交相似变换

$$\boldsymbol{A}_1=\boldsymbol{RAR}^{-1}=\boldsymbol{RAR}^{\mathrm{T}}.$$

容易求得 $\boldsymbol{A}_1$ 的元素 $a_{ij}^{(1)}$ 为

$$\left.\begin{aligned} a_{11}^{(1)} &= a_{11}\cos^2\theta + 2a_{12}\cos\theta\sin\theta + a_{22}\sin^2\theta, \\ a_{22}^{(1)} &= a_{11}\sin^2\theta - 2a_{12}\sin\theta\cos\theta + a_{22}\cos^2\theta, \\ a_{12}^{(1)} &= \frac{1}{2}(a_{22} - a_{11})\sin 2\theta + a_{12}\cos 2\theta = a_{21}^{(1)}. \end{aligned}\right\} \tag{4.2.1}$$

令 $a_{12}^{(1)} = a_{21}^{(1)} = 0$,得

$$\tan 2\theta = \frac{2a_{12}}{a_{11} - a_{22}}. \tag{4.2.2}$$

所以,如果取 θ 满足(4.2.2)式,则必有

$$\boldsymbol{A}_1 = \boldsymbol{R}\boldsymbol{A}\boldsymbol{R}^{\mathrm{T}} = \begin{bmatrix} a_{11}^{(1)} & 0 \\ 0 & a_{22}^{(1)} \end{bmatrix},$$

从而原矩阵 $\boldsymbol{A}$ 的两个特征值就是 $a_{11}^{(1)}$ 和 $a_{22}^{(1)}$,而

$$\boldsymbol{R}^{\mathrm{T}} = \begin{bmatrix} \cos\theta & -\sin\theta \\ \sin\theta & \cos\theta \end{bmatrix}$$

的两个列向量是对应的特征向量.

将 2 阶的平面旋转矩阵推广,对一般 n 阶实对称矩阵 $\boldsymbol{A} = (a_{ij})_{n\times n}$,若有非主对角线元素 $a_{pq} \neq 0$ $(p < q)$,引入 n 阶平面旋转矩阵,即考虑 n 阶正交矩阵

$$\boldsymbol{R} = \begin{bmatrix} 1 & & \vdots & & \vdots & & \\ & \ddots & \vdots & & \vdots & & \\ \cdots & \cdots & \cos\theta & \cdots & \sin\theta & \cdots & \cdots \\ & & \vdots & \ddots & \vdots & & \\ & & \vdots & 1 & \vdots & & \\ & & \vdots & & \ddots \vdots & & \\ \cdots & \cdots & -\sin\theta & \cdots & \cos\theta & \cdots & \cdots \\ & & \vdots & & \vdots & \ddots & \\ & & \vdots & & \vdots & & 1 \end{bmatrix} \begin{matrix} \\ \\ p \\ \\ \\ \\ q \\ \\ \\ \end{matrix} \quad \left(|\theta| \leqslant \frac{\pi}{4}\right),$$

$$\qquad\qquad p \qquad\qquad\qquad q$$

这里除了第 p,q 行和第 p,q 列交叉位置上的 4 个元素外,$\boldsymbol{R}$ 的其余元素与单位矩阵相同.

作正交相似变换

$$\boldsymbol{A}_1 = \boldsymbol{R}\boldsymbol{A}\boldsymbol{R}^{\mathrm{T}},$$

由矩阵乘法不难得到 $\boldsymbol{A}_1=(a_{ij}^{(1)})_{n\times n}$ 的元素为

$$\left.\begin{aligned}
&a_{ij}^{(1)}=a_{ij}\quad(i,j\neq p,q),\\
&a_{pj}^{(1)}=a_{jp}^{(1)}=a_{pj}\cos\theta+a_{qj}\sin\theta\quad(j\neq p,q),\\
&a_{qj}^{(1)}=a_{jq}^{(1)}=-a_{pj}\sin\theta+a_{qj}\cos\theta\quad(j\neq p,q),\\
&a_{pp}^{(1)}=a_{pp}\cos^2\theta+2a_{pq}\sin\theta\cos\theta+a_{qq}\sin^2\theta,\\
&a_{qq}^{(1)}=a_{pp}\sin^2\theta-2a_{pq}\sin\theta\cos\theta+a_{qq}\cos^2\theta,\\
&a_{pq}^{(1)}=a_{qp}^{(1)}=\frac{1}{2}(a_{qq}-a_{pp})\sin2\theta+a_{pq}\cos2\theta.
\end{aligned}\right\}\tag{4.2.3}$$

为了使 $\boldsymbol{A}_1$ 的非主对角线元素 $a_{pq}^{(1)}$ 成为零,由(4.2.3)式中的最后一式知,只需取 θ 满足

$$\tan2\theta=\frac{2a_{pq}}{a_{pp}-a_{qq}}\quad\left(|\theta|\leqslant\frac{\pi}{4}\right),\tag{4.2.4}$$

即

$$\theta=\begin{cases}\dfrac{1}{2}\arctan\dfrac{2a_{pq}}{a_{pp}-a_{qq}}, & a_{pp}\neq a_{qq},\\[2ex] \dfrac{\pi}{4}, & a_{pp}=a_{qq},\\[2ex] -\dfrac{\pi}{4}, & a_{pp}=a_{qq},\end{cases}$$

即可. 这就完成了用雅可比方法将一个非主对角线元素 a_{pq} 化为零的计算过程,从而由矩阵 $\boldsymbol{A}$ 产生了矩阵 $\boldsymbol{A}_1$. 而将新矩阵 $\boldsymbol{A}_1$ 的非主对角线元素化为零的计算过程与上边完全类似,从而可类似得到矩阵 $\boldsymbol{A}_2,\boldsymbol{A}_3,\cdots,\boldsymbol{A}_k,\cdots$.

下面讨论雅可比方法的收敛性,即矩阵序列 $\{\boldsymbol{A}_k\}$ 向对角矩阵的收敛性. 由(4.2.3)式易知

$$\left.\begin{aligned}
&(a_{ij}^{(1)})^2=a_{ij}^2\quad(i,j\neq p,q),\\
&(a_{pj}^{(1)})^2+(a_{qj}^{(1)})^2=a_{pj}^2+a_{qj}^2\quad(j\neq p,q),\\
&(a_{pp}^{(1)})^2+(a_{qq}^{(1)})^2+2(a_{pq}^{(1)})^2=a_{pp}^2+a_{qq}^2+2a_{pq}^2,
\end{aligned}\right\}\tag{4.2.5}$$

在(4.2.5)式中的第一式中取 $i=j\neq p,q$ 并求和,有

$$\sum_{\substack{i=1\\ i\neq p,q}}^{n}(a_{ii}^{(1)})^2=\sum_{\substack{i=1\\ i\neq p,q}}^{n}a_{ii}^2.$$

将(4.2.5)式中的第三式与上式相加(注意 $a_{pq}^{(1)}=0$),则

$$\sum_{i=1}^{n}(a_{ii}^{(1)})^2=\sum_{i=1}^{n}a_{ii}^2+2a_{pq}^2.\tag{4.2.6}$$

记

$$D(\boldsymbol{A})=\sum_{i=1}^{n}a_{ii}^{2}\quad(\text{主对角线元素的平方和}),$$

$$S(\boldsymbol{A})=\sum_{i\neq j}a_{ij}^{2}\quad(\text{非主对角线元素的平方和}),$$

则(4.2.6)式可写为

$$D(\boldsymbol{A}_1)=D(\boldsymbol{A})+2a_{pq}^{2}.\tag{4.2.7}$$

这说明了由 $\boldsymbol{A}$ 到 $\boldsymbol{A}_1$ 主对角线元素的平方和增加了 $2a_{pq}^2$. 根据前述线性代数知识(3),有

$$\|\boldsymbol{A}_1\|_{\mathrm{F}}^{2}=\|\boldsymbol{RAR}^{\mathrm{T}}\|_{\mathrm{F}}^{2}=\|\boldsymbol{A}\|_{\mathrm{F}}^{2},$$

即 $\boldsymbol{A}_1$ 和 $\boldsymbol{A}$ 的总元素平方和保持不变,亦即

$$D(\boldsymbol{A}_1)+S(\boldsymbol{A}_1)=D(\boldsymbol{A})+S(\boldsymbol{A}).\tag{4.2.8}$$

(4.2.8)式减去(4.2.7)式,得

$$S(\boldsymbol{A}_1)=S(\boldsymbol{A})-2a_{pq}^{2},\tag{4.2.9}$$

即由 $\boldsymbol{A}$ 到 $\boldsymbol{A}_1$ 非主对角线元素的平方和必然减少 $2a_{pq}^2$. 还可进一步证明

$$S(\boldsymbol{A}_1)\leqslant\left[1-\frac{2}{n(n-1)}\right]S(\boldsymbol{A}).$$

一般地,有

$$S(\boldsymbol{A}_k)\leqslant\left[1-\frac{2}{n(n-1)}\right]S(\boldsymbol{A}_{k-1}),$$

从而有

$$S(\boldsymbol{A}_k)\leqslant\left[1-\frac{2}{n(n-1)}\right]^{k}S(\boldsymbol{A}_0)\quad(\boldsymbol{A}_0=\boldsymbol{A}).$$

显然 $\lim\limits_{k\to\infty}S(\boldsymbol{A}_k)=0$,即非主对角线元素的平方和趋于零,$\boldsymbol{A}_k$ 趋于对角矩阵,从而雅可比方法收敛.

综上所述,可得雅可比方法的计算步骤如下:

(1) 在 $\boldsymbol{A}$ 的非主对角线元素中挑选主元(绝对值最大者)a_{pq},确定 p,q;

(2) 由公式(4.2.4)求得 $\tan2\theta$,并利用 $\tan2\theta$ 与 $\sin\theta,\cos\theta$ 之间的关系,求出 $\sin\theta$ 及 $\cos\theta$;

(3) 由公式(4.2.3)求出

$$a_{pp}^{(1)},\ a_{qq}^{(1)},\ a_{pj}^{(1)},\ a_{qj}^{(1)}\quad(j=1,2,\cdots,n;\ j\neq p,q);$$

(4) 以 $\boldsymbol{A}_1$ 代 $\boldsymbol{A}$,继续重复(1),(2),(3),直至 $|a_{pq}^{(k)}|<\varepsilon\ (p\neq q)$ 时为止,此时得到 $\boldsymbol{A}_1$,$\boldsymbol{A}_2,\cdots,\boldsymbol{A}_k$,而 $\boldsymbol{A}_k$ 中主对角线元素即为所求的特征值,逐次变换矩阵 $\boldsymbol{R}_k$ 的乘积

$$\boldsymbol{U}_k=\boldsymbol{R}_1\boldsymbol{R}_2\cdots\boldsymbol{R}_k$$

的列向量即为所求的特征向量.

具体计算时可令

$$\begin{cases} \boldsymbol{U}_0 = \boldsymbol{I}, \\ \boldsymbol{U}_m = \boldsymbol{U}_{m-1}\boldsymbol{R}_m \quad (m=1,2,\cdots,k), \end{cases}$$

每一步的计算公式为

$$\begin{cases} \boldsymbol{u}_{jp}^{m} = \boldsymbol{u}_{jp}^{(m-1)}\cos\theta + \boldsymbol{u}_{jq}^{(m-1)}\sin\theta, \\ \boldsymbol{u}_{jq}^{m} = -\boldsymbol{u}_{jp}^{(m-1)}\sin\theta + \boldsymbol{u}_{jq}^{(m-1)}\cos\theta \end{cases} \quad (j=1,2,\cdots,n).$$

例 1 用雅可比方法求对称矩阵

$$\boldsymbol{A} = \begin{bmatrix} 2 & -1 & 0 \\ -1 & 2 & -1 \\ 0 & -1 & 2 \end{bmatrix}$$

的特征值及特征向量.

解 记 $\boldsymbol{A}_0=\boldsymbol{A}$,并在 $\boldsymbol{A}$ 的非主对角线元素中选主元为 $a_{12}=-1$. 由于 $a_{11}=a_{22}=2$,故可取$\theta=-\frac{\pi}{4}$,从而 $\sin\theta=-\frac{\sqrt{2}}{2}$,$\cos\theta=\frac{\sqrt{2}}{2}$. 于是,依公式(4.2.3)计算可得

$$\boldsymbol{A}_1 = \begin{bmatrix} 3 & 0 & 0.7071 \\ 0 & 1 & -0.7071 \\ 0.7071 & -0.7071 & 2 \end{bmatrix}.$$

同理计算以后各步,具体计算结果见表 4-3. 从表 4-3 可得

$$\lambda_1 \approx a_{11}^{(5)} = 3.4135, \quad \lambda_2 \approx a_{22}^{(5)} = 0.5859, \quad \lambda_3 \approx a_{33}^{(5)} = 2.004,$$

$$\boldsymbol{U}_5 \approx \boldsymbol{R}_1\boldsymbol{R}_2\boldsymbol{R}_3\boldsymbol{R}_4\boldsymbol{R}_5 = \begin{bmatrix} 0.5000 & 0.5000 & 0.7071 \\ -0.7071 & 0.7071 & 0 \\ 0.5000 & 0.5000 & -0.7071 \end{bmatrix},$$

即

$$\boldsymbol{u}_1 = (0.5000, -0.7071, 0.5000)^{\mathrm{T}},$$

$$\boldsymbol{u}_2 = (0.5000, 0.7071, 0.5000)^{\mathrm{T}},$$

$$\boldsymbol{u}_3 = (0.7071, 0, -0.7071)^{\mathrm{T}}$$

分别为特征值 $\lambda_1,\lambda_2,\lambda_3$ 所对应的特征向量.

矩阵 $\boldsymbol{A}$ 的精确特征值为

$$\lambda_1 = 2+\sqrt{2} \approx 3.4142, \quad \lambda_2 = 2-\sqrt{2} \approx 0.5858, \quad \lambda_3 = 2.$$

表 4-3

n	矩阵 $\boldsymbol{A}_n$	$a_{pq}^{(n)}$	$\sin\theta_n$ $\cos\theta_n$	$\boldsymbol{R}_n$
0	$\boldsymbol{A}_0=\begin{bmatrix}2 & -1 & 0\\ -1 & 2 & -1\\ 0 & -1 & 2\end{bmatrix}$	$a_{12}^{(0)}=-1$	$\sin\theta_0=-0.7071$ $\cos\theta_0=0.7071$	$\boldsymbol{R}_1=\begin{bmatrix}0.7071 & 0.7071 & 0\\ -0.7071 & 0.7071 & 0\\ 0 & 0 & 1\end{bmatrix}$
1	$\boldsymbol{A}_1=\begin{bmatrix}3 & 0 & 0.7071\\ 0 & 1 & -0.7071\\ 0.7071 & -0.7071 & 2\end{bmatrix}$	$a_{13}^{(1)}=0.7071$	$\sin\theta_1=0.4597$ $\cos\theta_1=0.8880$	$\boldsymbol{R}_2=\begin{bmatrix}0.8880 & 0 & -0.4597\\ 0 & 1 & 0\\ 0.4597 & 0 & 0.8880\end{bmatrix}$
2	$\boldsymbol{A}_2=\begin{bmatrix}3.3660 & -0.3250 & 0\\ -0.3250 & 1 & -0.6279\\ 0 & -0.6279 & 1.6339\end{bmatrix}$	$a_{23}^{(2)}=-0.6279$	$\sin\theta_2=0.5242$ $\cos\theta_2=0.8516$	$\boldsymbol{R}_3=\begin{bmatrix}1 & 0 & 0\\ 0 & 0.8516 & -0.5242\\ 0 & 0.5242 & 0.8516\end{bmatrix}$
3	$\boldsymbol{A}_3=\begin{bmatrix}3.3660 & -0.2768 & 0.1703\\ -0.2768 & 0.6135 & 0\\ 0.1703 & 0 & 2.0204\end{bmatrix}$	$a_{21}^{(3)}=-0.2768$	$\sin\theta_3=-0.0990$ $\cos\theta_3=0.9950$	$\boldsymbol{R}_4=\begin{bmatrix}0.9950 & 0.0990 & 0\\ -0.0990 & 0.9950 & 0\\ 0 & 0 & 1\end{bmatrix}$
4	$\boldsymbol{A}_4=\begin{bmatrix}3.3935 & 0 & 0.1695\\ 0 & 0.5859 & 0\\ 0.1695 & 0 & 2.0204\end{bmatrix}$	$a_{31}^{(4)}=0.1695$	$\sin\theta_4=0.1207$ $\cos\theta_4=0.9926$	$\boldsymbol{R}_5=\begin{bmatrix}0.9926 & 0 & -0.1207\\ 0 & 1 & 0\\ 0.1207 & 0 & 0.9926\end{bmatrix}$
5	$\boldsymbol{A}_5=\begin{bmatrix}3.4135 & 0 & 0\\ 0 & 0.5859 & 0\\ 0 & 0 & 2.004\end{bmatrix}$			

在实际计算中,常常采用一些措施来提高精确度和节省工作量:

(1) 减少舍入误差的影响.

从计算公式可知,具体计算时只需用到 $\sin\theta,\cos\theta$ 的值. 为了提高精确度,舍入误差越小越好. 此外,我们常常利用三角函数之间的关系,将公式写成便于计算的公式. 令

$$y=|a_{pp}-a_{qq}|,\quad x=2a_{pq}\operatorname{sgn}(a_{pp}-a_{qq}),$$

于是

$$\tan 2\theta=\frac{x}{y}.$$

当 $|\theta|\leqslant\frac{\pi}{4}$ 时, $\cos 2\theta$ 和 $\cos\theta$ 取非负值,利用三角恒等式

$$2\cos^2\theta-1=\cos 2\theta=\frac{1}{\sqrt{1+\tan^2 2\theta}},\quad \sin 2\theta=\tan 2\theta\cos 2\theta,$$

即得

$$\cos 2\theta=\frac{y}{\sqrt{x^2+y^2}},\quad \cos\theta=\sqrt{\frac{1}{2}(1+\cos 2\theta)},$$

$$\sin 2\theta=\frac{x}{\sqrt{x^2+y^2}},\quad \sin\theta=\frac{\sin 2\theta}{2\cos\theta}.$$

(2) 节省工作时间.

在雅可比方法中,每次变换是把非主对角线元素绝对值最大者化为零,但要在 n 阶矩阵中寻找这个绝对值最大元素需花很多机时,所以一般不选绝对值最大元素,而是采用一种改进方法——雅可比过关法来达到节省机时的目的.

二、雅可比过关法

在实际应用中,**雅可比过关法**的具体步骤是:

(1) 给定控制误差限 ε.

(2) 计算非主对角线元素的平方和 $v_0=2\sum_{i=1}^{n-1}\sum_{j=i+1}^{n}a_{ij}^2$.

(3) 设置一个阈值 $v_1>0$,比如可取 $v_1=\frac{v_0}{n}$.

(4) 对 $\boldsymbol{A}$ 的非主对角线元素 a_{ij} $(i<j)$逐个顺序扫描,若某个$|a_{ij}|>v_1$,则立即对 $\boldsymbol{A}$ 作一次雅可比正交相似变换,之后对所得新矩阵继续扫描并当有非主对角线元素的绝对值大于 v_1 时作一次相应的雅可比正交相似变换. 如此多次扫描和变换,直到每个非主对角线元素$|a_{ij}|\leqslant v_1$.

(5) 若 $v_1\leqslant\varepsilon$,则计算结束,特征值及对应的特征向量已得到,程序停止;否则,转向(6).

(6) 缩小阈值,比如用 $\frac{v_1}{n}$ 替代 v_1,重复(4),(5).

雅可比方法数值稳定,精确度高,求得的特征向量正交性好,缺点是当 $\boldsymbol{A}$ 为稀疏矩阵时,雅可比正交相似变换将破坏其稀疏性.

限于篇幅,关于求实对称矩阵特征值的二分法及求一般矩阵全部特征值和特征向量的 QR 方法在此不作介绍,对计算矩阵特征值问题有兴趣的读者可参阅相关书籍.

本章小结

本章介绍了求矩阵特征值和特征向量的常用方法.

幂法是求矩阵主特征值及其对应特征向量的一种有效方法,特别是当矩阵为大型稀疏矩阵(即矩阵元素中零元素较多)时,更显有效. 幂法的优点是算法简单,但当 $|\lambda_2/\lambda_1|\approx 1$ 时收敛速度很慢,必须用加速方法(如原点平移法)改进收敛速度. 而反幂法则是已知特征值近似值时,求对应特征向量和更准确特征值的有效方法,但每迭代一次,需要解一个线性方程组,计算量较大. 为了减少计算量,矩阵的 $\boldsymbol{LU}$ 分解在这里非常有用.

雅可比方法是通过一系列雅可比正交相似变换(即平面旋转矩阵)把对称矩阵 $\boldsymbol{A}$ 化为对角矩阵(近似),从而求出 $\boldsymbol{A}$ 的全部特征值和特征向量近似值的有效方法. 雅可比方法能使求得的特征向量保持良好的正交性. 对于中小型实对称矩阵,用雅可比方法求全部特征值及特征向量是有效的,但如果矩阵具有稀疏性,经过一次雅可比正交相似变换后,稀疏性会被破坏,所以此时雅可比方法的计算量也很大.

本章介绍的几种方法,在算法上都比较成熟,精确度和收敛性也都可以得到保证,但在实际计算中,选择何种方法较好,还需认真考虑.

算法与程序设计实例

求矩阵的主特征值及特征向量的幂法.

算法　给定迭代次数容许值 KM 和容许误差 ε.

(1) 初始化向量 $\boldsymbol{U}_0=(x_1,x_2,\cdots,x_n)^{\mathrm{T}}$,令 $k=0$.

(2) 如果迭代次数 $k>KM$,执行(7);否则,执行(3).

(3) $k\leftarrow k+1$,计算 $\boldsymbol{V}_k=\boldsymbol{A}\boldsymbol{U}_{k-1}$.

(4) 计算 $\boldsymbol{U}_k=\boldsymbol{V}_k/\max(\boldsymbol{V}_k)$.

(5) 如果 $k=1$,则令 $r_1=\max(\boldsymbol{V}_k)$;否则,令 $r_2=\max(\boldsymbol{V}_k)$.

(6) 如果 $|r_2-r_1|>\varepsilon$,转(2);否则,执行(7).

(7) 输出结果 r_2 和 $\boldsymbol{U}_k$.

实例 求下列矩阵的主特征值及特征向量：

(1) $\begin{bmatrix} 2 & -1 & 0 \\ -1 & 2 & -1 \\ 0 & -1 & 2 \end{bmatrix}$ $\left(\text{主特征值为 } 2+\sqrt{2}\text{；相应的特征向量为}\left(-\frac{1}{\sqrt{2}},1,-\frac{1}{\sqrt{2}}\right)^{T}\right)$；

(2) $\begin{bmatrix} 4 & -1 & 1 \\ -1 & 3 & -2 \\ 1 & -2 & 3 \end{bmatrix}$（主特征值为 6；相应的特征向量为$(1,-1,1)^{T}$）.

程序和输出结果

(1) 程序如下：

```
#include<stdio.h>
#include<conio.h>
#include<math.h>
#define N 3
#define EPS 1e-6
#define KM 30

float PowerMethod(float *A)
{
  float MaxValue(float *, int);
  float U[N], V[N], r2, r1;
  float temp;
  int i,j,k=0;
  for(i=0;i<N;i++)  U[i]=1;
  while(k<KM)
  {
     k++;
     for(i=0;i<N;i++)
     {
       temp=0;
       for(j=0;j<N;j++)  temp+= *(A+i*N+j)*U[j];
       V[i]=temp;
     }
     for(i=0;i<N;i++)  U[i]=V[i]/MaxValue(V,N);
     if(k==1)  r1=MaxValue(V,N);
```

```
        r2=MaxValue(V,N);
        if(fabs(r2-r1)<EPS)  break;
        r1=r2;
    }
    printf("\nr=%f",r2);
    for(i=0;i<N;i++)  printf("\nx[%d]=%f",i+1,U[i]);
}
    float MaxValue(float *x, int n)
    {
      float Max=x[0];
      int i;
      for(i=1;i<n;i++)
        if(fabs(x[i])>fabs(Max))  Max=x[i];
      return Max;
    }
    void main()
    {
      float A[N][N]={{2,-1,0},{-1,2,-1},{0,-1,2}};
      PowerMethod(A[0]);
      getch();
    }
```

输出结果如下：

```
r=3.414214
x[1]=-0.707107
x[2]=  1.000000
x[3]=-0.707107
```

(2) 程序与(1)的程序基本相同，只需把其中输入的矩阵 **A** 换成(2)中的矩阵即可.
输出结果如下：

```
r=6.000000
x[1]=  1.000000
x[2]=-1.000000
x[3]=  1.000000
```

思　考　题

1. 何谓幂法？用幂法可求矩阵哪些特征值及特征向量？写出迭代公式.

2. 幂法的收敛速度取决于什么？怎样加速收敛？

3. 反幂法的思想是什么？可用它求哪些特征值？步骤如何？

4. 雅可比方法可用于何处？其基本思想是什么？

5. 平面旋转矩阵的参数 p,q,θ 怎样确定？目的何在？

6. 何谓雅可比过关法？其优点何在？

习　题　四

1. 用乘幂法求下列矩阵的主特征值 λ_1 及其对应的特征向量，要求 λ_1 的近似值 $\lambda_1^{(k)}$ 满足 $|\lambda_1^{(k)}-\lambda_1^{(k-1)}|\leqslant\varepsilon$.

(1) $\boldsymbol{A}=\begin{bmatrix}2&3&2\\10&3&4\\3&6&1\end{bmatrix}$, $\varepsilon=10^{-1}$;　　(2) $\boldsymbol{A}=\begin{bmatrix}7&3&-2\\3&4&-1\\-2&-1&3\end{bmatrix}$, $\varepsilon=10^{-2}$.

2. 设矩阵

$$\boldsymbol{A}=\begin{bmatrix}-12&3&3\\3&1&-2\\3&-2&7\end{bmatrix},$$

用幂法和原点平移法(取 $p=4.6$)求 $\boldsymbol{A}$ 的主特征值及其对应的特征向量，要求

$$|\lambda_1^{(k+1)}-\lambda_1^{(k)}|<10^{-6}.$$

3. 用反幂法求矩阵

$$\boldsymbol{A}=\begin{bmatrix}-12&3&3\\3&1&-2\\3&-2&7\end{bmatrix}$$

的与 $p=-13$ 最接近的那个特征值及其对应的特征向量，要求运算过程小数点后至少保留 5 位，特征值的迭代误差不超过 10^{-5}.

4. 用雅可比方法求矩阵

$$\boldsymbol{A}=\begin{bmatrix}2&-1&0\\-1&2&-1\\0&-1&2\end{bmatrix}$$

的全部特征值和对应的一组特征向量，要求运算过程至少保留 4 位小数，迭代到 $\left|\sum_{\substack{i,j=1\\i\neq j}}^{n}(a_{ij}^{(k)})^2\right|\leqslant 10^{-3}$ 为止.

5. 设 n 阶矩阵 $\boldsymbol{A}$ 的特征值是实数，且满足

$$\lambda_1>\lambda_2\geqslant\cdots\geqslant\lambda_n,\quad |\lambda_1|>|\lambda_n|.$$

为了求 λ_1 而作原点平移. 试证：当平移量 $p=\frac{1}{2}(\lambda_2+\lambda_n)$时，幂法收敛最快.

6. 设 $\boldsymbol{A}$ 为 n 阶实对称矩阵，$\{\boldsymbol{A}_k\}$是按雅可比方法计算时产生的矩阵序列，记

$$S(\boldsymbol{A}_k)=\sum_{\substack{i,j=1\\i\neq j}}^{n}(a_{ij}^{(k)})^2,$$

证明：

$$S(\boldsymbol{A}_{k+1})\leqslant\left[1-\frac{2}{n(n-1)}\right]S(\boldsymbol{A}_k).$$

第五章

插值法

在科学研究与工程技术中，常常会遇到这样的问题：函数 $f(x)$ 的表达式过于复杂而不便于计算，需要构造一个简单的函数 $P(x)$ 来近似计算众多点处函数 $f(x)$ 的值；只已知由实验或测量得到的某一函数 $y=f(x)$ 在区间 $[a,b]$ 中互异的 $n+1$ 个点 x_0，$x_1,\cdots,x_n$ 处的值 $y_0,y_1,\cdots,y_n$，需要构造一个简单函数 $P(x)$ 作为函数 $y=f(x)$ 的近似表达式：

$$y=f(x)\approx P(x),$$

使得

$$P(x_i)=f(x_i)=y_i \quad (i=0,1,2,\cdots,n).$$

这类问题称为**插值问题**，$P(x)$ 称为**插值函数**. 插值法就是解决插值问题的一种古老而常用的方法.

插值法是一种实用的数值方法，它来自生产实践. 早在一千多年前，我国科学家在研究历法中就应用了线性插值与二次插值，但它的基本理论和结果却是在微积分产生以后才逐步完善的，其应用也日益广泛. 时至今日，随着计算机的普及，插值法的应用范围已涉及生产、科研的各个领域. 特别是由于航空、造船、精密机械加工等实际问题的需要，更使得插值法在实践与理论上显得尤为重要并得到了进一步发展，尤其是近几十年发展起来的样条(Spline)插值，更获得了广泛的应用.

本章的重点是多项式插值，要求学生了解插值的概念和插值多项式的存在唯一性，熟练掌握拉格朗日插值和牛顿插值方法，并利用余项定理进行误差估计，了解两点三次埃尔米特插值在推导三次样条插值多项式中的作用.

§1 拉格朗日插值

一、代数插值

先给出代数插值的定义.

设函数 $y=f(x)$ 在区间 $[a,b]$ 上有定义,且在 $[a,b]$ 上的 $n+1$ 个不同点 $a=x_0<x_1<\cdots<x_n=b$ 的函数值分别为 $y_0,y_1,\cdots,y_n$. 若存在一个代数多项式

$$P_n(x)=a_0+a_1x+a_2x^2+\cdots+a_nx^n, \tag{5.1.1}$$

其中 $a_i(i=0,1,2,\cdots,n)$ 为实数,使得

$$P_n(x_i)=y_i \quad (i=0,1,2,\cdots,n) \tag{5.1.2}$$

成立,则称 $P_n(x)$ 为函数 $y=f(x)$ 的**插值多项式**,其中点 $x_0,x_1,\cdots,x_n$ 称为**插值节点**,包含插值节点的区间 $[a,b]$ 称为**插值区间**,关系式(5.1.2)称为**插值条件**. 求插值多项式 $P_n(x)$ 的问题(方法)称为**代数插值问题(方法)**. 代数插值方法又简称为**代数插值**.

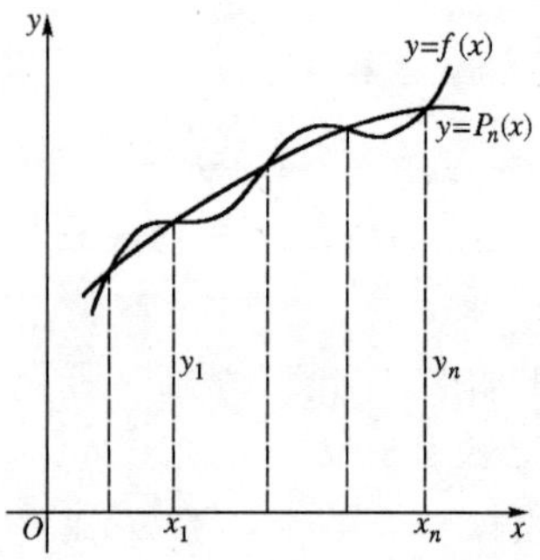

图 5-1

代数插值的几何意义,就是通过 $n+1$ 个点 (x_i,y_i) $(i=0,1,2,\cdots,n)$ 作一条代数曲线 $y=P_n(x)$,使其近似于曲线 $y=f(x)$,如图 5-1 所示.

显然,在 $[a,b]$ 上用 $P_n(x)$ 近似 $f(x)$,除了在插值节点 x_i 处有 $P_n(x_i)=f(x_i)$ 外,在其余点 x 处都有误差.

令 $R_n(x)=f(x)-P_n(x)$,则 $R_n(x)$ 称为插值多项式的**余项**,它表示用 $P_n(x)$ 去近似 $f(x)$ 的截断误差. 一般地, $\max\limits_{a\leqslant x\leqslant b}|R_n(x)|$ 越小,其近似程度越好.

二、插值多项式的存在与唯一性

定理 1 在 $n+1$ 个互异节点 x_i 上满足插值条件

$$P_n(x_i)=y_i \quad (i=0,1,2,\cdots,n)$$

的次数不高于 n 次的插值多项式 $P_n(x)$ 存在且唯一.

证明 若(5.1.1)式的 $n+1$ 个系数可以被唯一确定,则该多项式也就存在且唯一. 根据插值条件(5.1.2),(5.1.1)式中的系数 $a_0,a_1,\cdots,a_n$ 应满足以下 $n+1$ 元线性方程组

$$\begin{cases} a_0+a_1x_0+a_2x_0^2+\cdots+a_nx_0^n=y_0, \\ a_0+a_1x_1+a_2x_1^2+\cdots+a_nx_1^n=y_1, \\ \cdots\cdots\cdots\cdots\cdots\cdots\cdots\cdots\cdots\cdots \\ a_0+a_1x_n+a_2x_n^2+\cdots+a_nx_n^n=y_n, \end{cases} \tag{5.1.3}$$

其中未知量 $a_0,a_1,\cdots,a_n$ 的系数行列式为范德蒙(Vandermonde)行列式

$$V=\begin{vmatrix}1 & x_0 & x_0^2 & \cdots & x_0^n\\ 1 & x_1 & x_1^2 & \cdots & x_1^n\\ \vdots & \vdots & \vdots & & \vdots\\ 1 & x_n & x_n^2 & \cdots & x_n^n\end{vmatrix}=\prod_{0\leqslant j<i\leqslant n}(x_i-x_j). \tag{5.1.4}$$

由于节点互异,即 $x_i\neq x_j(i\neq j)$,所以 $V\neq 0$. 由克莱姆法则可知,方程组(5.1.3)存在唯一的一组解 $a_0,a_1,\cdots,a_n$,即插值多项式(5.1.1)存在且唯一.

三、线性插值

线性插值是多项式插值的最简单情形.

设函数 $y=f(x)$ 在区间 $[x_0,x_1]$ 两端点的值分别为 $y_0=f(x_0)$, $y_1=f(x_1)$. 若要求用线性函数 $y=L_1(x)=ax+b$ 近似代替 $f(x)$,适当选择参数 a,b,使得

$$L_1(x_0)=f(x_0),\quad L_1(x_1)=f(x_1), \tag{5.1.5}$$

则称线性函数 $L_1(x)$ 为 $f(x)$ 的**线性插值函数**. 这时的代数插值称为**线性插值**.

线性插值的几何意义是利用通过两点 $A(x_0,f(x_0))$ 和 $B(x_1,f(x_1))$ 的直线去近似代替曲线 $y=f(x)$,如图 5-2 所示.

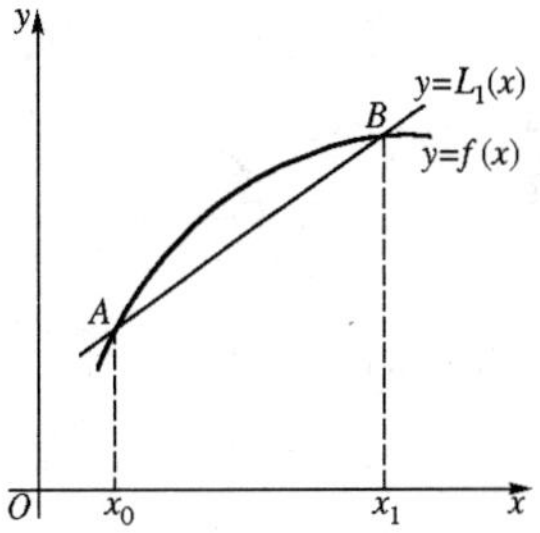

图 5-2

由直线方程的两点式可求得 $L_1(x)$ 的表达式为

$$L_1(x)=y_0\frac{x-x_1}{x_0-x_1}+y_1\frac{x-x_0}{x_1-x_0}. \tag{5.1.6}$$

这就是所求的线性插值函数.

设

$$l_0(x)=\frac{x-x_1}{x_0-x_1},\quad l_1(x)=\frac{x-x_0}{x_1-x_0},$$

则 $l_0(x),l_1(x)$ 均为 x 的一次函数,且不难看出它们具有下列性质:

$$\begin{cases}l_0(x_0)=1,\\ l_0(x_1)=0,\end{cases}\qquad \begin{cases}l_1(x_0)=0,\\ l_1(x_1)=1,\end{cases}$$

或统一写为

$$l_k(x_i)=\begin{cases}1, & i=k,\\ 0, & i\neq k\end{cases}\qquad (i,k=0,1).$$

具有这种性质的函数 $l_0(x),l_1(x)$ 称为**线性插值基函数**. 于是,(5.1.6)式可用基函数表示为

$$L_1(x)=y_0l_0(x)+y_1l_1(x).$$

上式说明,任何一个满足插值条件(5.1.5)的线性插值函数都可由线性插值基函数 $l_0(x)$,$l_1(x)$的一个线性组合来表示.

下面继续讨论在$[x_0,x_1]$上用函数 $y=L_1(x)$近似 $y=f(x)$所产生的截断误差

$$R_1(x)=f(x)-L_1(x).$$

定理 2 设函数 $f(x)$的一阶导数 $f'(x)$在$[x_0,x_1]$上连续,二阶导数 $f''(x)$在(x_0,x_1)内存在,$L_1(x)$是满足插值条件(5.1.5)的插值多项式,则对任何 $x\in[x_0,x_1]$,插值多项式的余项(截断误差)为

$$R_1(x)=f(x)-L_1(x)=\frac{f''(\xi)}{2!}(x-x_0)(x-x_1), \tag{5.1.7}$$

其中 $\xi\in(x_0,x_1)$,且依赖于 x.

证明 当 $x=x_0$ 或 $x=x_1$ 时,由(5.1.5)式知(5.1.7)式成立. 当 $x\neq x_0$ 且 $x\neq x_1$ 时,把 x 看成$[x_0,x_1]$上的一个固定点,作辅助函数

$$\varphi(t)=f(t)-L_1(t)-\frac{f(x)-L_1(x)}{(x-x_0)(x-x_1)}(t-x_0)(t-x_1),$$

容易证明

$$\varphi(x)=\varphi(x_0)=\varphi(x_1)=0,$$

即 $\varphi(t)$在$[x_0,x_1]$上有三个零点. 由罗尔(Rolle)定理知,$\varphi'(t)$在(x_0,x_1)内至少有两个零点. 对 $\varphi'(t)$再应用罗尔定理,则 $\varphi''(x)$在(x_0,x_1)内至少有一个零点 ξ,使得

$$\varphi''(\xi)=f''(\xi)-2!\,\frac{f(x)-L_1(x)}{(x-x_0)(x-x_1)}=0,$$

由此得

$$R_1(x)=f(x)-L_1(x)=\frac{f''(\xi)}{2!}(x-x_0)(x-x_1)\quad(\xi\in(x_0,x_1)).$$

应当指出,若 $f(x)$的解析表达式不知道,或者 $f''(x)$在(x_0,x_1)内不存在,就不能用这个余项表达式去估计插值的截断误差. 即使 $f''(x)$存在,但由于 ξ 在(x_0,x_1)内的具体位置一般是不知道的,所以也不能直接使用公式(5.1.7). 这时,若能求出 $\max\limits_{a\leqslant x\leqslant b}|f''(x)|=M_1$,则其截断误差限是

$$|R_1|\leqslant\frac{M_1}{2!}|(x-x_0)(x-x_1)|.$$

四、抛物线插值

设已知函数 $y=f(x)$在三个不同点 x_0,x_1,x_2 处的值分别为 y_0,y_1,y_2,要求作一个二

次插值多项式 $L_2(x)$，使它满足插值条件

$$L_2(x_i)=y_i \quad (i=0,1,2). \tag{5.1.8}$$

由于过不在同一直线上的三点 $A(x_0,f(x_0))$，$B(x_1,f(x_1))$，$C(x_2,f(x_2))$可以作一条抛物线，如图 5-3 所示，故称二次插值多项式 $L_2(x)$为 $f(x)$的**抛物线插值函数**，并称这时的代数插值为**抛物线插值**.

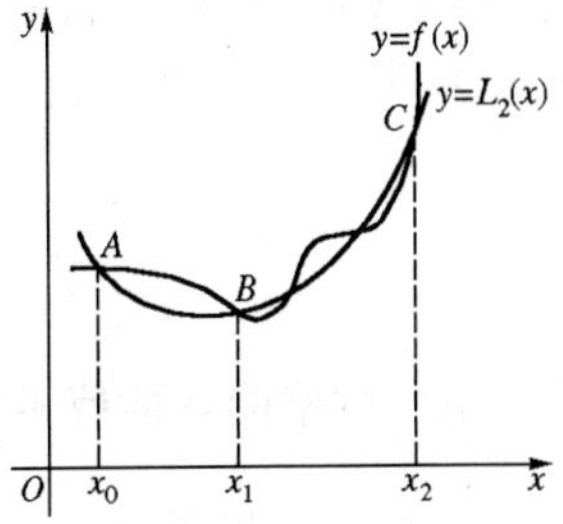

图 5-3

下面采用类似于线性插值基函数的求法去求 $L_2(x)$.

设二次插值多项式为

$$L_2(x)=y_0l_0(x)+y_1l_1(x)+y_2l_2(x) \quad (x_0\leqslant x\leqslant x_2), \tag{5.1.9}$$

其中 $l_k(x)$ $(k=0,1,2)$都是二次多项式，且满足

$$l_k(x_i)=\begin{cases}1, & i=k,\\ 0, & i\neq k\end{cases} \quad (i,k=0,1,2). \tag{5.1.10}$$

显然，$L_2(x)$满足插值条件(5.1.8). 余下的问题是如何求$l_k(x)$. 以 $l_0(x)$为例，由(5.1.10)式知 $l_0(x_1)=l_0(x_2)=0$，即 x_1,x_2 是 $l_0(x)$的两个零点，故可设

$$l_0(x)=k(x-x_1)(x-x_2),$$

其中 k 为待定常数. 由 $l_0(x_0)=1$ 得

$$k(x_0-x_1)(x_0-x_2)=1,$$

所以

$$k=\frac{1}{(x_0-x_1)(x_0-x_2)}.$$

于是

$$l_0(x)=\frac{(x-x_1)(x-x_2)}{(x_0-x_1)(x_0-x_2)}.$$

同理可得

$$l_1(x)=\frac{(x-x_0)(x-x_2)}{(x_1-x_0)(x_1-x_2)}, \quad l_2(x)=\frac{(x-x_0)(x-x_1)}{(x_2-x_0)(x_2-x_1)}.$$

代入(5.1.9)式，得

$$L_2(x)=y_0\frac{(x-x_1)(x-x_2)}{(x_0-x_1)(x_0-x_2)}+y_1\frac{(x-x_0)(x-x_2)}{(x_1-x_0)(x_1-x_2)}$$
$$+y_2\frac{(x-x_0)(x-x_1)}{(x_2-x_0)(x_2-x_1)} \quad (x_0\leqslant x\leqslant x_2), \tag{5.1.11}$$

其中

$$y_i=f(x_i) \quad (i=0,1,2).$$

(5.1.11)式所表示的函数又称为 $f(x)$的**二次拉格朗日插值多项式**.

如果 $f''(x)$在$[x_0,x_2]$上连续，$f'''(x)$在(x_0,x_2)内存在，则类似于定理 2 的证明，用 $L_2(x)$去近似 $f(x)$的截断误差为

$$R_2(x)=f(x)-L_2(x)=\frac{f'''(\xi)}{3!}(x-x_0)(x-x_1)(x-x_2),$$

其中 $\xi\in(x_0,x_2)$，且依赖于 x.

若 $\max\limits_{x_0\leqslant x\leqslant x_2}|f'''(x)|=M_2$，则截断误差限为

$$|R_2(x)|\leqslant\frac{M_2}{3!}|(x-x_0)(x-x_1)(x-x_2)|.$$

五、拉格朗日插值多项式

下面进一步研究 n 次插值多项式的问题.

设函数 $y=f(x)$ 在 $n+1$ 个节点

$$x_0<x_1<\cdots<x_n$$

处的函数值为 $y_k=f(x_k)$ $(k=0,1,2,\cdots,n)$，现要作一个 n 次插值多项式 $L_n(x)$，并使 $L_n(x)$ 在节点 x_i 处满足

$$L_n(x_i)=y_k\quad(k=0,1,2,\cdots,n).\tag{5.1.12}$$

我们仍用构造 n 次插值基函数的方法去求 $L_n(x)$. 所谓 n 次插值基函数 $l_k(x)$ $(k=0,1,2,\cdots,n)$，就是在 $n+1$ 个节点 $x_0<x_1<\cdots<x_n$ 上满足条件

$$l_k(x_i)=\begin{cases}1, & i=k,\\ 0, & i\neq k\end{cases}\quad(i,k=0,1,2,\cdots,n)\tag{5.1.13}$$

的 n 次多项式.

用前面二次插值的类似推导方法，不难推得

$$l_k(x)=\frac{(x-x_0)(x-x_1)\cdots(x-x_{k-1})(x-x_{k+1})\cdots(x-x_n)}{(x_k-x_0)(x_k-x_1)\cdots(x_k-x_{k-1})(x_k-x_{k+1})\cdots(x_k-x_n)}\tag{5.1.14}$$

$$(k=0,1,2,\cdots,n).$$

显然，$l_k(x)$ 满足插值条件(5.1.12)，从而

$$L_n(x)=\sum_{k=0}^{n}y_kl_k(x).\tag{5.1.15}$$

插值多项式(5.1.15)称为 **n 次拉格朗日插值多项式**. 当 $n=1$ 和 $n=2$ 时，$L_1(x)$ 和 $L_2(x)$ 分别称为**线性插值多项式**和**二次插值多项式**.

若引入记号

$$\omega_{n+1}(x)=(x-x_0)(x-x_1)\cdots(x-x_n),\tag{5.1.16}$$

则

$$\omega'_{n+1}(x_k)=(x_k-x_0)(x_k-x_1)\cdots(x_k-x_{k-1})(x_k-x_{k+1})\cdots(x_k-x_n).$$

于是(5.1.15)式可改写为

$$L_n(x)=\sum_{k=0}^{n}y_k\frac{\omega_{n+1}(x)}{(x-x_k)\omega'_{n+1}(x_k)}.\tag{5.1.17}$$

注意，n 次拉格朗日插值多项式 $L_n(x)$ 通常是次数为 n 的多项式，特殊情况下次数可能小于 n. 例如，对于通过三点 $(x_0,y_0),(x_1,y_1),(x_2,y_2)$ 的二次插值多项式 $L_2(x)$，如果三点共线，则 $y=L_2(x)$ 就是一条直线，而不是抛物线，这时 $L_2(x)$ 是一次多项式.

为了在计算机上计算 $L_n(x)$ 的值，通常采用如下紧凑表达式：

$$L_n(x)=\sum_{k=0}^{n}\Big(\prod_{\substack{i=0\\ i\neq k}}^{n}\frac{x-x_i}{x_k-x_i}\Big)y_k. \tag{5.1.18}$$

编排程序时这为二重循环，先固定 k，令 i 从 0 到 n $(i\neq k)$ 作乘积，再对 k 求和，即可求得 $L_n(x)$ 在某点 x 处的值.

若 $f^{(n)}(x)$ 在 $[x_0,x_n]$ 上连续，$f^{(n+1)}(x)$ 在 (x_0,x_n) 内存在，$x_0<x_1<\cdots<x_n$ 是 $n+1$ 个节点，则用 $L_n(x)$ 去近似 $f(x)$ 所产生的截断误差为

$$R_n(x)=f(x)-L_n(x)=\frac{f^{(n+1)}(\xi)}{(n+1)!}\omega_{n+1}(x), \tag{5.1.19}$$

其中 $\xi\in(x_0,x_n)$，且依赖于 x.

必须指出，通过 $n+1$ 个互异节点 $x_0,x_1,x_2,\cdots,x_n$ 且满足插值条件(5.1.12)的插值多项式是唯一的. 事实上，若还有一个插值多项式 $P_n(x)$，则 $L_n(x)-P_n(x)$ 是一个次数不超过 n 的多项式，且在节点 x_i 处的值为零，就是说 $L_n(x)-P_n(x)$ 有 $n+1$ 个零点 $x_0,x_1,x_2,\cdots,x_n$. 但次数不超过 n 的多项式的零点个数不能超过 n，故只有一个可能，即

$$L_n(x)-P_n(x)\equiv 0,\quad 所以\quad L_n(x)\equiv P_n(x).$$

例 1 已知 e^{-x} 在点 $x=1,2,3$ 的值由表 5-1 给出，试分别用线性插值与二次插值计算 $e^{-2.1}$ 的近似值，并进行误差估计.

表 5-1

x	1	2	3
e^{-x}	0.367879441	0.135335283	0.049787068

解 取 $x_0=2,x_1=3,x=2.1$，代入线性插值公式(5.1.6)，得

$$\begin{aligned}L_1(2.1)&=0.135335283\times\frac{2.1-3}{2-3}+0.049787068\times\frac{2.1-2}{3-2}\\&=0.12678046.\end{aligned}$$

取 $x_0=1,x_1=2,x_2=3,x=2.1$，代入二次插值公式(5.1.11)，得

$$\begin{aligned}L_2(2.1)&=0.367879441\times\frac{(2.1-2)(2.1-3)}{(1-2)(1-3)}\\&\quad+0.135335283\times\frac{(2.1-1)(2.1-3)}{(2-1)(2-3)}\end{aligned}$$

$$+0.049787068\times\frac{(2.1-1)(2.1-2)}{(3-1)(3-2)}$$
$$=0.120165644.$$

由(5.1.19)式与函数 e^{-x} 的单调递减性有

$$|R_1(2.1)|\leqslant\frac{e^{-2}}{2!}|(2.1-2)(2.1-3)|\approx 0.00609009,$$

$$|R_2(2.1)|\leqslant\frac{e^{-1}}{3!}|(2.1-1)(2.1-2)(2.1-3)|\approx 0.00607001.$$

从计算结果和误差估计均可看出,与精确值 $e^{-2.1}=0.122456428$ 比较,$L_2(2.1)$比 $L_1(2.1)$近似程度要好一些.

§2 分段低次插值

前面我们根据区间$[a,b]$上给出的节点可以得到函数 $f(x)$的插值多项式. 但并非插值多项式的次数越高,逼近函数 $f(x)$的精确度就越好,其主要原因是高次插值多项式往往有数值不稳定的缺点,即对任意的插值节点,当 $n\to\infty$时,插值多项式 $P_n(x)$不一定收敛到 $f(x)$. 对此,龙格(Runge)就给出了下述等距节点插值多项式 $L_n(x)$不收敛到$f(x)$的例子.

给定函数 $f(x)=\dfrac{1}{1+x^2}$,它在区间$[-5,5]$上的各阶导数均存在,但在$[-5,5]$上取 $n+1$ 个等距节点 $x_i=-5+10\dfrac{i}{n}$ $(i=0,1,2,\cdots,n)$所构造的拉格朗日插值多项式

$$L_n(x)=\sum_{k=0}^{n}\frac{1}{1+x_k^2}\frac{\omega_{n+1}(x)}{(x-x_k)\omega'_{n+1}(x_k)},$$

当 $n\to\infty$ 时,只在$|x|\leqslant 3.63$ 内收敛,而在这区间外是发散的. 图 5-4 给出了 $n=10$ 时 $y=L_{10}(x)$ 与 $f(x)=\dfrac{1}{1+x^2}$ 的图形. 从图 5-4 可见,在 $x=\pm 5$ 附近,$L_{10}(x)$与 $f(x)$偏离很远,例如 $L_{10}(4.8)=1.80438$,$f(4.8)=0.4160$. 这种高次插值不准确的现象称为**龙格现象**.

为了避免高次插值的上述缺点,我们常常采用分段插值的方法,即将插值区间分为若干个小区间,在每个小区间上运用前面介绍的插值方法构造低次插值多项式,以达到适当缩小插值区间长度同样可以提高插值精确度的目的. 事实上,若在上例中将插值区间$[-5,5]$用节点 $x=0,\pm 1,\pm 2,\pm 3,\pm 4,\pm 5$ 分成小区间,并在每个小区间上应用线性插值,所得的插值函数显然比 $L_{10}(x)$更逼近 $f(x)$. 这正是分段低次插值的优越所在.

分段低次插值的优点是:公式简单,计算量小,有较好的收敛性和稳定性,且可避免计算机上做高次乘幂运算时常常遇到的上溢和下溢的困难.

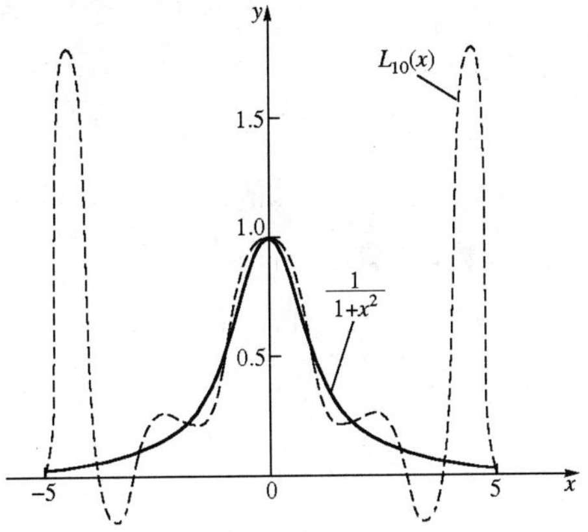

图 5-4

一、分段线性插值

从几何意义上看,分段线性插值就是用折线近似代替曲线 $y=f(x)$.

设在区间$[a,b]$上取 $n+1$ 个点

$$a=x_0<x_1<\cdots<x_{n-1}<x_n=b. \tag{5.2.1}$$

函数 $f(x)$在上述节点处的函数值为

$$y_i=f(x_i) \quad (i=0,1,2,\cdots,n),$$

于是得到 $n+1$ 个点

$$(x_0,y_0),\ (x_1,y_1),\ (x_2,y_2),\ \cdots,\ (x_n,y_n).$$

连接相邻两点(x_i,y_i)和(x_{i+1},y_{i+1}) $(i=0,1,2,\cdots,n)$,得一折线函数 $\varphi(x)$. 若 $\varphi(x)$满足:

(1) $\varphi(x)$在$[a,b]$上连续;

(2) $\varphi(x_i)=y_i$ $(i=0,1,2,\cdots,n)$;

(3) $\varphi(x)$在每个小区间$[x_i,x_{i+1}]$上是线性函数,

则称折线函数 $\varphi(x)$为**分段线性插值函数**,相应的插值法称为**分段线性插值**.

由分段线性插值函数的定义知, $\varphi(x)$在每个小区间$[x_i,x_{i+1}]$上可表示为

$$\varphi(x)=\frac{x-x_{i+1}}{x_i-x_{i+1}}y_i+\frac{x-x_i}{x_{i+1}-x_i}y_{i+1},$$

$$x_i\leqslant x\leqslant x_{i+1} \quad (i=0,1,2,\cdots,n-1).$$

$\varphi(x)$是一个分段函数,若用基函数表示,只需对 $i=0,1,2,\cdots,n$,令

$$l_i(x)=\begin{cases}\dfrac{x-x_{i-1}}{x_i-x_{i-1}}, & x_{i-1}\leqslant x\leqslant x_i(i\neq 0),\\[2mm] \dfrac{x-x_{i+1}}{x_i-x_{i+1}}, & x_i\leqslant x\leqslant x_{i+1}(i\neq n),\\[2mm] 0, & \text{其他}.\end{cases}$$

显然，$l_i(x)$是分段的线性连续函数，且满足

$$l_i(x_k)=\begin{cases}1, & i=k,\\ 0, & i\neq k,\end{cases}$$

于是

$$\varphi(x)=\sum_{i=0}^{n}y_il_i(x)\quad (a\leqslant x\leqslant b). \tag{5.2.2}$$

二、分段抛物线插值

分段抛物线插值是把区间$[a,b]$分成若干个小区间，在每个子区间

$$[x_{i-1},x_{i+1}]\quad (i=1,2,\cdots,n-1)$$

上用抛物线去近似曲线 $y=f(x)$. 若记小区间$[x_{i-1},x_{i+1}]$上的二次插值多项式为 $L_2(x)$，则由(5.1.11)式可知，$L_2(x)$可表示为

$$L_2(x)=y_{i-1}\frac{(x-x_i)(x-x_{i+1})}{(x_{i-1}-x_i)(x_{i-1}-x_{i+1})}+y_i\frac{(x-x_{i-1})(x-x_{i+1})}{(x_i-x_{i-1})(x_i-x_{i+1})}+y_{i+1}\frac{(x-x_{i-1})(x-x_i)}{(x_{i+1}-x_{i-1})(x_{i+1}-x_i)}. \tag{5.2.3}$$

今将 $\varphi(x)$定义为按(5.2.3)式分段表示的区间$[a,b]$上的函数，则称 $\varphi(x)$为 $f(x)$在区间$[a,b]$上的**分段抛物线插值函数**或**分段二次插值函数**，相应的插值法称为**分段抛物线插值**或**分段二次插值**. 这时 $\varphi(x)$具有下列性质：

(1) $\varphi(x)$在区间$[a,b]$上是连续函数；

(2) $\varphi(x_i)=y_i$ $(i=0,1,2,\cdots,n)$；

(3) 在每个小区间$[x_i,x_{i+1}]$上，$\varphi(x)$是次数不超过二次的多项式.

应用分段抛物线插值的关键是恰当地选择插值节点，而选择插值节点的原则应尽可能地在插值节点的邻近选取插值节点. 例如，假设插值节点 x 位于点 x_{k-1}，x_k 之间，这时为了确定另一个插值节点，需要进一步判定 x 究竟偏向区间(x_{k-1},x_k)的哪一边.若 x 靠近 x_{k-1}，即$|x-x_{k-1}|\leqslant|x-x_k|$，则取 x_{k-2} 为第三个插值节点，这时令(5.2.3)式中的下标 $i=k-1$；反之，若 x 靠近 x_k，即$|x-x_{k-1}|>|x-x_k|$，则取 x_{k+1} 为第三个插值节点，这时令(5.2.3)式中的下标 $i=k$；若 x 靠近开始点，即 $x<x_1$ 时，则自然取 x_0，x_1，x_2 为插值节点，

这时令公式(5.2.3)中的下标 $i=1$;若 x 靠近终点,即 $x>x_{n-1}$ 时,则取 $i=n-1$. 根据以上讨论, i 的取法可归结为

$$i=\begin{cases}1, & x<x_1,\\ k-1, & x_{k-1}<x<x_k,\text{且}|x-x_{k-1}|\leqslant|x-x_k|,\\ & k=2,3,\cdots,n-1,\\ k, & x_{k-1}<x<x_k,\text{且}|x-x_{k-1}|>|x-x_k|,\\ & k=2,3,\cdots,n-1,\\ n-1, & x>x_{n-1}.\end{cases}$$

§3 差商与牛顿插值多项式

拉格朗日插值多项式具有含义直观、形式对称、结构紧凑、便于记忆和编程计算等特点. 但当精确度不高而需要增加插值节点时,这种插值多项式就得重新构造,整个公式改变后以前的计算结果就不能在新的公式里发挥作用,计算工作也就必须全部从头做起. 为了克服这一缺点,本节将介绍另一种形式的插值多项式——牛顿插值多项式. 它的使用比较灵活,当增加插值节点时,只要在原来的基础上增加部分计算工作量即可,即原来的计算结果仍可得到利用,这样就节约了计算时间,为实际计算带来了许多方便. 此外,它还可用于被插值函数由表格形式给出时的余项估计. 在讨论牛顿插值多项式之前,先介绍差商的概念及性质.

一、差商的定义与性质

定义 1 已知函数 $f(x)$在 $n+1$ 个互异节点 $x_0<x_1<x_2<\cdots<x_n$ 处的函数值分别为 $f(x_0),f(x_1),\cdots,f(x_n)$,称

$$f[x_i,x_{i+1}]=\frac{f(x_{i+1})-f(x_i)}{x_{i+1}-x_i}$$

为 $f(x)$关于节点 x_i,x_{i+1}的**一阶差商**;称

$$f[x_i,x_{i+1},x_{i+2}]=\frac{f[x_{i+1},x_{i+2}]-f[x_i,x_{i+1}]}{x_{i+2}-x_i}$$

为 $f(x)$关于节点 x_i,x_{i+1},x_{i+2}的**二阶差商**;一般地,称

$$f[x_i,x_{i+1},\cdots,x_{i+k}]=\frac{f[x_{i+1},x_{i+2},\cdots,x_{i+k}]-f[x_i,x_{i+1},\cdots,x_{i+k-1}]}{x_{i+k}-x_i} \tag{5.3.1}$$

为 $f(x)$关于节点 $x_i,x_{i+1},\cdots,x_{i+k}$的 **$k$ 阶差商**. 当 $k=0$ 时,称 $f(x_i)$为 $f(x)$关于节点 x_i 的**零阶差商**,记为 $f[x_i]$.

因为 $f'(x_i)=\lim\limits_{x_{i+1}\to x_i}\dfrac{f(x_{i+1})-f(x_i)}{x_{i+1}-x_i}$, 所以

$$f'(x_i)=\lim_{x_{i+1}\to x_i} f[x_i,x_{i+1}],$$

即差商是微商的离散形式.

差商具有如下性质：

性质 1 函数 $f(x)$ 关于节点 $x_0,x_1,\cdots,x_k$ 的 k 阶差商 $f[x_0,x_1,\cdots,x_k]$ 可以表示为函数值 $f(x_0),f(x_1),\cdots,f(x_k)$ 的线性组合,即

$$f[x_0,x_1,\cdots,x_k]=\sum_{j=0}^{k}\frac{f(x_j)}{\omega'_{k+1}(x_j)}. \tag{5.3.2}$$

证明 用数学归纳法.

当 $k=1$ 时,由定义有

$$\begin{aligned}f[x_0,x_1]&=\frac{f(x_1)-f(x_0)}{x_1-x_0}=\frac{f(x_0)}{x_0-x_1}+\frac{f(x_1)}{x_1-x_0}\\&=\sum_{j=0}^{1}\frac{f(x_j)}{\omega'_{1+1}(x_j)},\end{aligned}$$

即 $k=1$ 时(5.3.2)式成立.

设 $k=n-1$ 时(5.3.2)式亦成立,即对 $n-1$ 阶差商(5.3.2)式成立,于是有

$$\begin{aligned}f[x_0,x_1,\cdots,x_{n-1}]&=\sum_{j=0}^{n-1}\frac{f(x_j)}{\omega'_n(x_j)}\\&=\sum_{j=0}^{n-1}\frac{f(x_j)}{(x_j-x_0)(x_j-x_1)\cdots(x_j-x_{j-1})(x_j-x_{j+1})\cdots(x_j-x_{n-1})},\end{aligned}$$

$$\begin{aligned}f[x_1,x_2,\cdots,x_n]&=\sum_{j=1}^{n}\frac{f(x_j)}{\bar\omega'_n(x_j)}\\&=\sum_{j=1}^{n}\frac{f(x_j)}{(x_j-x_1)(x_j-x_2)\cdots(x_j-x_{j-1})(x_j-x_{j+1})\cdots(x_j-x_n)},\end{aligned}$$

其中 $\bar\omega'_n(x_j)=(x_j-x_1)(x_j-x_2)\cdots(x_j-x_{j-1})(x_j-x_{j+1})\cdots(x_j-x_n)$.

由定义有

$$\begin{aligned}f[x_0,x_1,\cdots,x_n]&=\frac{f[x_1,x_2,\cdots,x_n]-f[x_0,x_1,\cdots,x_{n-1}]}{x_n-x_0}\\&=\sum_{j=1}^{n}\frac{f(x_j)}{\bar\omega'_n(x_j)(x_n-x_0)}+\sum_{j=0}^{n-1}\frac{f(x_j)}{\omega'_n(x_j)(x_0-x_n)}\\&=\frac{f(x_0)}{(x_0-x_1)\cdots(x_0-x_n)}+\sum_{j=1}^{n-1}\left[\frac{f(x_j)}{\bar\omega'_n(x_j)(x_n-x_0)}-\frac{f(x_j)}{\omega'_n(x_j)(x_n-x_0)}\right]\end{aligned}$$

$$+\frac{f(x_n)}{(x_n-x_0)(x_n-x_1)\cdots(x_n-x_{n-1})}$$

$$=\sum_{j=0}^{n}\frac{f(x_j)}{\omega'_{n+1}(x_j)},$$

即推出 $k=n$ 时(5.3.2)式也成立,故命题成立.

由性质1可直接推出以下性质:

性质2 差商与其所含节点的排列次序无关,即在 k 阶差商 $f[x_0,x_1,\cdots,x_k]$ 中,任意调换节点的次序,其值不变.

例如,对于二阶和三阶差商,有

$$f[x_i,x_{i+1}]=f[x_{i+1},x_i],$$

$$f[x_i,x_{i+1},x_{i+2}]=f[x_{i+1},x_i,x_{i+2}]=f[x_{i+2},x_{i+1},x_i].$$

性质3 设 $f(x)$ 在包含互异节点 $x_0,x_1,\cdots,x_n$ 的区间 $[a,b]$ 上有 n 阶导数,则 n 阶差商与 n 阶导数之间有如下关系:

$$f[x_0,x_1,\cdots,x_n]=\frac{f^{(n)}(\xi)}{n!}\quad(\xi\in(a,b)).\tag{5.3.3}$$

关于这一性质的证明将在后面给出.

利用差商的递推定义,差商的计算可通过列差商表来实现,如表5-2所示.在表5-2中,若要计算四阶差商,增加一个节点,再计算一个斜行.如此下去,即可求出各阶差商的值.

表 5-2

x_i	$f(x_i)$	一阶差商	二阶差商	三阶差商	$\cdots$
x_0	$f(x_0)$				
		$f[x_0,x_1]$			
x_1	$f(x_1)$		$f[x_0,x_1,x_2]$		
		$f[x_1,x_2]$		$f[x_0,x_1,x_2,x_3]$	$\cdots$
x_2	$f(x_2)$		$f[x_1,x_2,x_3]$		
		$f[x_2,x_3]$		$\vdots$	
x_3	$f(x_3)$		$\vdots$		
		$\vdots$			
$\vdots$	$\vdots$				

二、牛顿插值多项式及其余项

根据差商的定义,可以得出满足插值条件

$$N_n(x_i)=y_i\quad(i=0,1,2,\cdots,n)\tag{5.3.4}$$

的插值多项式 $N_n(x)$.

设 $x_0,x_1,\cdots,x_n$ 为 $n+1$ 个互异插值节点,$x\in[a,b]$,且 $x\neq x_i(i=0,1,2,\cdots,n)$,则由差商定义有

$$
\begin{aligned}
&f(x)=f(x_0)+f[x,x_0](x-x_0),\\
&f[x,x_0]=f[x_0,x_1]+f[x,x_0,x_1](x-x_1),\\
&f[x,x_0,x_1]=f[x_0,x_1,x_2]+f[x,x_0,x_1,x_2](x-x_2),\\
&\cdots\cdots\\
&f[x,x_0,x_1,\cdots,x_{n-1}]=f[x_0,x_1,\cdots,x_n]+f[x,x_0,\cdots,x_n](x-x_n).
\end{aligned}
$$

将上组等式中的第二式代入第一式,得

$$
\begin{aligned}
f(x)&=f(x_0)+f[x_0,x_1](x-x_0)+f[x,x_0,x_1](x-x_0)(x-x_1)\\
&=N_1(x)+\widetilde{R}_1(x),
\end{aligned}
$$

其中

$$
\begin{aligned}
N_1(x)&=f(x_0)+f[x_0,x_1](x-x_0),\\
\widetilde{R}_1(x)&=f[x,x_0,x_1](x-x_0)(x-x_1).
\end{aligned}
$$

可验证 $N_1(x)$是满足插值条件(5.3.4)的线性插值多项式,而 $\widetilde{R}_1(x)$为一次插值的余项.

再将第三式代入 $f(x)=N_1(x)+\widetilde{R}_1(x)$,得

$$
\begin{aligned}
f(x)&=f(x_0)+f[x_0,x_1](x-x_0)+f[x_0,x_1,x_2](x-x_0)(x-x_1)\\
&\quad+f[x,x_0,x_1,x_2](x-x_0)(x-x_1)(x-x_2)\\
&=N_2(x)+\widetilde{R}_2(x),
\end{aligned}
$$

其中

$$
\begin{aligned}
N_2(x)&=f(x_0)+f[x_0,x_1](x-x_0)+f[x_0,x_1,x_2](x-x_0)(x-x_1),\\
\widetilde{R}_2(x)&=f[x,x_0,x_1,x_2](x-x_0)(x-x_1)(x-x_2).
\end{aligned}
$$

由 $N_2(x)$的表达式知,$N_2(x_0)=y_0$,$N_2(x_1)=y_1$ 显然成立. 当 $x=x_2$ 时,

$$
\begin{aligned}
N_2(x_2)&=f(x_0)+f[x_0,x_1](x_2-x_0)+f[x_0,x_1,x_2](x_2-x_0)(x_2-x_1)\\
&=f(x_0)+f[x_0,x_1](x_2-x_0)+(f[x_1,x_2]-f[x_0,x_1])(x_2-x_1)\\
&=f(x_0)+x_2f[x_0,x_1]-x_0f[x_0,x_1]+x_2f[x_1,x_2]\\
&\quad-x_2f[x_0,x_1]-x_1f[x_1,x_2]+x_1f[x_0,x_1]\\
&=f(x_0)+f[x_0,x_1](x_1-x_0)+f[x_1,x_2](x_2-x_1)\\
&=f(x_0)+f(x_1)-f(x_0)+f(x_2)-f(x_1)\\
&=f(x_2).
\end{aligned}
$$

所以,$N_2(x)$为满足插值条件(5.3.4)的二次插值多项式,而 $\widetilde{R}_2(x)$为二次插值的余项.

类似地,将各式逐次代入前一式,可得

$$
\begin{aligned}
f(x)&=f(x_0)+f[x_0,x_1](x-x_0)+f[x_0,x_1,x_2](x-x_0)(x-x_1)+\cdots\\
&\quad+f[x_0,x_1,\cdots,x_n](x-x_0)(x-x_1)\cdots(x-x_{n-1})\\
&\quad+f[x,x_0,\cdots,x_n](x-x_0)(x-x_1)\cdots(x-x_n). \qquad (5.3.5)
\end{aligned}
$$

令

$$N_n(x)=f(x_0)+f[x_0,x_1](x-x_0)+f[x_0,x_1,x_2](x-x_0)(x-x_1)+\cdots$$
$$+f[x_0,x_1,\cdots,x_n](x-x_0)(x-x_1)\cdots(x-x_{n-1}), \tag{5.3.6}$$

$$\widetilde{R}_n(x)=f[x,x_0,\cdots,x_n](x-x_0)(x-x_1)\cdots(x-x_n), \tag{5.3.7}$$

则(5.3.5)式可写为

$$f(x)=N_n(x)+\widetilde{R}_n(x).$$

由 $\widetilde{R}_n(x_i)=0\ (i=0,1,2,\cdots,n)$可知，$N_n(x)$为满足插值条件(5.3.4)的 n 次插值多项式.通常称 $N_n(x)$为 n **次牛顿插值多项式**,并称 $\widetilde{R}_n(x)$为**牛顿型插值余项**.

由§1 的定理 1 知,满足插值条件的插值多项式存在且唯一. 于是

$$N_n(x)\equiv L_n(x),$$

进而当 $f(x)$在(a,b)上有 $n+1$ 阶导数时,有

$$\widetilde{R}_n(x)\equiv R_n(x),$$

即

$$R_n(x)=f[x,x_0,\cdots,x_n]\omega_{n+1}(x)=\frac{f^{(n+1)}(\xi)}{(n+1)!}\omega_{n+1}(x)\quad(\xi\in(a,b)). \tag{5.3.8}$$

所以,对列表函数或高阶导数不存在的函数,其余项可由牛顿型插值余项给出.

由(5.3.8)式还可得到

$$f[x,x_0,\cdots,x_n]=\frac{f^{(n+1)}(\xi)}{(n+1)!}\quad(\xi\in(a,b)).$$

这就证明了差商的性质 3.

记 $N_k(x)$为具有节点 $x_0,x_1,\cdots,x_k$ 的牛顿插值多项式,则具有节点 $x_0,x_1,\cdots,x_{k+1}$ 的牛顿插值多项式 $N_{k+1}(x)$可表示为

$$N_{k+1}(x)=N_k(x)+f[x_0,x_1,\cdots,x_{k+1}](x-x_0)(x-x_1)\cdots(x-x_k).$$

上式说明,增加一个新节点 x_{k+1},只要在 $N_k(x)$的基础上,增加计算

$$f[x_0,x_1,\cdots,x_{k+1}](x-x_0)(x-x_1)\cdots(x-x_k)$$

即可. 牛顿插值多项式的递推性给实用带来了方便.

实际计算时,可借助于差商表 5-2,牛顿插值多项式的各项系数就是表 5-2 中第一条斜线上对应的数值.

例 1 已知一组观察数据如表 5-3 所示,试用此组数据构造三次牛顿插值多项式 $N_3(x)$,并计算 $N_3(1.5)$的值.

表 5-3

i	0	1	2	3
x_i	1	2	3	4
y_i	0	-5	-6	3

解 先按表 5-2 做出如表 5-4 所示的差商表.

表 5-4

x_i	y_i	一阶差商	二阶差商	三阶差商
1	$\underline{0}$			
		$\underline{-5}$		
2	-5		$\underline{2}$	
		-1		$\underline{1}$
3	-6		5	
		9		
4	3			

将表 5-4 中第一条斜线上对应的数值(划了一横线)代入公式(5.3.6),即得

$$N_3(x)=0-5(x-1)+2(x-1)(x-2)+(x-1)(x-2)(x-3),$$

整理得
$$N_3(x)=x^3-4x^2+3.$$
于是
$$N_3(1.5)=1.5^3-4\times1.5^2+3=-2.625.$$

§4 差分与等距节点插值公式

上面讨论了节点任意分布的插值公式. 但实际应用时,常常采用等距节点,这时插值公式可以进一步简化,计算也简单得多. 由于节点是等距的,所以函数的平均变化率与自变量的区间无关. 此时,差商可用"差分"代替.

一、差分的定义与性质

定义 1 设函数 $y=f(x)$在等距节点 $x_i=x_0+ih\ (i=0,1,2,\cdots,n)$处的值 $y_i=f(x_i)$为已知,这里 $h=x_i-x_{i-1}$为常数,称为**步长**. 记

$$\Delta y_i=y_{i+1}-y_i, \tag{5.4.1}$$

$$\nabla y_i=y_i-y_{i-1}, \tag{5.4.2}$$

分别称为函数 $y=f(x)$在 x_i 处以 h 为步长的**向前差分**和**向后差分**,其中符号 Δ,∇分别称为**向前差分算符(算子)**和**向后差分算符(算子)**. 所谓算符,可以理解为某种运算的符号记

法.

与高阶差商可以由低阶差商来定义相类似,高阶差分也可以通过对低阶差分再求差分来定义. 例如,二阶差分可用以下方法得到:

$$\begin{aligned}\Delta^2 y_i &= \Delta(\Delta y_i) = \Delta(y_{i+1} - y_i) = \Delta y_{i+1} - \Delta y_i \\ &= y_{i+2} - 2y_{i+1} + y_i,\end{aligned}$$

$$\begin{aligned}\nabla^2 y_i &= \nabla(\nabla y_i) = \nabla(y_i - y_{i-1}) = \nabla y_i - \nabla y_{i-1} \\ &= y_i - 2y_{i-1} + y_{i-2}.\end{aligned}$$

更高阶的差分可用同样的方法递推得到. 一般地, $n-1$ 阶差分的差分称为 n **阶差分**,记作

$$\begin{aligned}\Delta^n y_i &= \Delta^{n-1} y_{i+1} - \Delta^{n-1} y_i, \\ \nabla^n y_i &= \nabla^{n-1} y_i - \nabla^{n-1} y_{i-1},\end{aligned} \tag{5.4.3}$$

它们也分别称为 $f(x)$ 在 x_i 处以 h 为步长的 n **阶向前差分**和 n **阶向后差分**.

差分具有以下性质:

性质 1 各阶向前差分可用函数值线性表示为

$$\Delta^n y_i = y_{n+i} - C_n^1 y_{n+i-1} + C_n^2 y_{n+i-2} + \cdots + (-1)^k C_n^k y_{n+i-k} + \cdots + (-1)^n y_i, \tag{5.4.4}$$

其中

$$C_n^k = \frac{n!}{k!(n-k)!} = \frac{n(n-1)\cdots(n-k+1)}{k!}.$$

该性质可由差分的定义得到,读者不难自证(留作习题).

性质 2 差分与差商满足下述关系:

$$f[x_0, x_1, \cdots, x_k] = \frac{\Delta^k y_0}{k!\,h^k} \quad (k = 1, 2, \cdots, n), \tag{5.4.5}$$

$$f[x_n, x_{n-1}, \cdots, x_{n-k}] = \frac{\nabla^k y_n}{k!\,h^k} \quad (k = 1, 2, \cdots, n). \tag{5.4.6}$$

证明 利用数学归纳法证明(5.4.5)式.

当 $k=1$ 时,有 $f[x_0, x_1] = \dfrac{\Delta y_0}{h}$,结论成立.

设 $k=n-1$ 时结论亦成立,即有

$$f[x_0, x_1, \cdots, x_{n-1}] = \frac{\Delta^{n-1} y_0}{(n-1)!\,h^{n-1}},$$

$$f[x_1, x_2, \cdots, x_n] = \frac{\Delta^{n-1} y_1}{(n-1)!\,h^{n-1}},$$

则当 $k=n$ 时,有

$$f[x_0, x_1, \cdots, x_n] = \frac{f[x_1, x_2, \cdots, x_n] - f[x_0, x_1, \cdots, x_{n-1}]}{x_n - x_0}$$

$$=\frac{\Delta^{n-1}y_1-\Delta^{n-1}y_0}{(n-1)!\,h^{n-1}\cdot nh}=\frac{\Delta^n y_0}{n!\,h^n}.$$

故(5.4.5)式成立

同理可证(5.4.6)式成立.

性质 3 向前差分与导数满足关系

$$\Delta^n y_0=h^n f^{(n)}(\xi)\quad(\xi\in(x_0,x_n)).\tag{5.4.7}$$

证明 将(5.3.3)式与(5.4.5)式联立,即得

$$f^{(n)}(\xi)=\frac{\Delta^n y_0}{h^n}\quad(\xi\in(a,b)),$$

故(5.4.7)式成立.

由(5.4.7)式可看出,若 $f(x)$是一个 n 次多项式,则它的 n 阶向前差分为常数. 因此,如果一个列表函数的 n 阶向前差分已接近常数,则用一个 n 次多项式去逼近它是恰当的.

为了应用方便,计算差分时可列差分表,见表 5-5.

表 5-5

x_i	y_i	Δy_i	$\Delta^2 y_i$	$\Delta^3 y_i$	$\Delta^4 y_i$	…
x_0	y_0					
		Δy_0				
x_1	y_1		$\Delta^2 y_0$			
		Δy_1		$\Delta^3 y_0$		
x_2	y_2		$\Delta^2 y_1$		$\Delta^4 y_0$	…
		Δy_2		$\Delta^3 y_1$		
x_3	y_3		$\Delta^2 y_2$		⋮	
		Δy_3		⋮		
x_4	y_4		⋮			
		⋮				
⋮	⋮					

二、等距节点插值多项式及其余项

将牛顿插值多项式(5.3.6)中各阶差商用相应差分代替,就可得到各种形式的等距节点插值公式. 这里只推导常用的向前插值与向后插值公式.

设给定等距节点 $x_i=x_0+ih(i=0,1,2,\cdots,n)$后,将差分与差商的关系式(5.4.5)代入牛顿插值多项式 $N_n(x)$即可得到

$$N_n(x)=f(x_0)+\frac{\Delta y_0}{h}(x-x_0)+\frac{\Delta^2 y_0}{2!\,h^2}(x-x_0)(x-x_1)$$
$$+\cdots+\frac{\Delta^n y_0}{n!\,h^n}(x-x_0)(x-x_1)\cdots(x-x_{n-1}).$$

令 $x=x_0+th$,其中 $0<t<1$,则有

$$N_n(x_0+th)=f(x_0)+t\Delta y_0+\frac{t(t-1)}{2!}\Delta^2 y_0+\cdots$$
$$+\frac{t(t-1)\cdots(t-n+1)}{n!}\Delta^n y_0. \tag{5.4.8}$$

(5.4.8)式称为**牛顿向前插值多项式**或**牛顿向前插值公式**. 将差分与差商的关系式(5.4.5)代入牛顿型插值余项(5.3.7),得到牛顿向前插值多项式的余项

$$R_n(x_0+th)=\frac{t(t-1)\cdots(t-n)}{(n+1)!}h^{n+1}f^{(n+1)}(\xi)\quad(\xi\in(x_0,x_n)). \tag{5.4.9}$$

具体计算时,首先应根据给出的数据表计算差分表,然后按公式 $x=x_0+th$,求出 $t=(x-x_0)/h$ 的值,再代入公式(5.4.8)计算,公式中用到的各阶差分就是向前差分表上边第一条斜线上的对应值. 牛顿向前插值公式适用于计算 x_0 附近的函数值.

在非等距节点情形,如果需要求出函数 $y=f(x)$ 靠近 x_n 处的近似值,可以将公式(5.4.8)改为按插值节点 $x_n,x_{n-1},\cdots,x_0$ 的次序排列的牛顿插值公式,即

$$N_n(x)=f(x_n)+f[x_n,x_{n-1}](x-x_n)+\cdots$$
$$+f[x_n,x_{n-1},\cdots,x_0](x-x_n)(x-x_{n-1})\cdots(x-x_1). \tag{5.4.10}$$

节点若为等距的,设 $x=x_n-th$,其中 $0<t<1$,即 x 为靠近节点 x_n 的点,于是有

$$(x-x_n)(x-x_{n-1})\cdots(x-x_{n-i})=(-1)^{i+1}t(t-1)\cdots(t-i)h^{i+1}. \tag{5.4.11}$$

将(5.4.6)式和(5.4.11)式代入公式(5.4.10),得

$$N_n(x)=y_n-t\nabla y_n+(-1)^2\frac{t(t-1)}{2!}\nabla^2 y_n+\cdots$$
$$+(-1)^n\frac{t(t-1)\cdots(t-n+1)}{n!}\nabla^n y_n$$
$$=\sum_{j=0}^{n}(-1)^j\frac{t(t-1)\cdots(t-j+1)}{j!}\nabla^j y_n. \tag{5.4.12}$$

(5.4.12)式称为**牛顿向后插值多项式**或**牛顿向后插值公式**,其中 $\nabla^j y_n(j=0,1,2,\cdots,n)$ 可以通过构造向后差分表方法得到,其构造法与向前差分表类同,只是节点及相应函数值的排列次序不同而已.

若实际问题既要求出函数 $y=f(x)$ 靠近节点 x_0 处的近似值,又要求出它靠近节点 x_n 处的近似值,可分别利用公式(5.4.8)和(5.4.12)来求,这时需要构造向前差分表和向后差分表. 能否利用一个差分表来完成以上两项工作呢? 回答是肯定的. 我们可以利用向前差分与向后差分的关系:$\nabla^j y_n=\Delta^j y_{n-j}$,将公式(5.4.12)改写成

$$N_n(x)=y_n-t\Delta y_{n-1}+\frac{t(t-1)}{2!}\Delta^2 y_{n-2}+\cdots$$
$$+(-1)^n\frac{t(t-1)\cdots(t-n+1)}{n!}\Delta^n y_0$$

$$=\sum_{j=0}^{n}(-1)^{j}\frac{t(t-1)\cdots(t-j+1)}{j!}\Delta^{j}y_{n-j}. \tag{5.4.13}$$

公式(5.4.8)和(5.4.13)都只用到向前差分,所以只需构造向前差分表.公式(5.4.8)用表前部分,公式(5.4.13)用表后部分,所以也分别称它们为**表前公式**和**表后公式**.

牛顿向后插值多项式的余项为

$$R_n(x)=(-1)^{n+1}\frac{f^{(n+1)}(\xi)}{(n+1)!}h^{n+1}t(t-1)(t-2)\cdots(t-n)\quad(\xi\in(x_0,x_n)), \tag{5.4.14}$$

牛顿向后插值多项式适用于计算函数表末端附近的函数值.公式(5.4.13)中用到的各阶差分,就是向前差分表最后斜行上的各对应值.

例 1 已知等距节点及相应点上的函数值如表 5-6 所示,试求 $N_3(0.5)$ 及 $N_3(0.9)$ 的值.

表 5-6

i	0	1	2	3
x_i	0.4	0.6	0.8	1.0
y_i	1.5	1.8	2.2	2.8

解 先造向前差分表,如表 5-7 所示.

表 5-7

i	x_i	y_i	Δy_i	$\Delta^2 y_i$	$\Delta^3 y_i$
0	0.4	$\underline{1.5}$			
			$\underline{0.3}$		
1	0.6	1.8		$\underline{0.1}$	
			0.4		$\underline{0.1}$
2	0.8	2.2		$\underline{0.2}$	
			$\underline{0.6}$		
3	1.0	$\underline{2.8}$			

由题意有 $x_0=0.4,h=0.2$. 当 $x=0.5$ 时,

$$t=\frac{x-x_0}{h}=\frac{0.5-0.4}{0.2}=0.5.$$

将差分表 5-7 上部那些画横线的数及 $t=0.5$ 代入公式(5.4.8),得

$$\begin{aligned}N_3(0.5)&=1.5+0.5\times0.3+\frac{0.5\times(-0.5)}{2}\times0.1\\&\quad+\frac{0.5\times(-0.5)\times(-1.5)}{6}\times0.1\\&=1.64375.\end{aligned}$$

当 $x=0.9$ 时，$t=\dfrac{1.0-0.9}{h}=0.5$. 将差分表 5-7 中下部那些画横线的数及 $t=0.5$ 代入公式(5.4.13)，得

$$N_3(0.9)=2.8-0.5\times 0.6+\frac{1}{2}\times 0.5\times(-0.5)\times 0.2$$

$$-\frac{1}{6}\times 0.5\times(-0.5)\times(-1.5)\times 0.1$$

$$=2.46875.$$

*§5 埃尔米特插值

前面讨论的插值条件不包含导数条件，而实际问题中有时不但要求在节点处函数值相等，而且还要求在节点处插值函数的导数值与被插值函数的导数值也相等. 这种包含导数条件的插值多项称为**埃尔米特**(Hermite)**插值多项式**，这时的插值法称为**埃尔米特插值**.

一、一般情形的埃尔米特插值问题

一般情形的埃尔米特插值问题，是指所满足的插值条件中，函数值的个数与导数值的个数相等，即当函数 $f(x)$ 在区间 $[a,b]$ 上 $n+1$ 个节点 $x_i(i=0,1,2,\cdots,n)$ 处的函数值 $f(x_i)=y_i$ 及导数值 $f'(x_i)=m_i$ 给定时，要求一个次数不超过 $2n+1$ 的多项式 $H_{2n+1}(x)$，使之满足

$$\begin{cases}H_{2n+1}(x_i)=y_i,\\ H'_{2n+1}(x_i)=m_i\end{cases}\quad(i=0,1,2,\cdots,n).\tag{5.5.1}$$

这里给出了 $2n+2$ 个插值条件，可唯一确定一个形式为

$$H_{2n+1}(x)=a_0+a_1x+\cdots+a_{2n+1}x^{2n+1}$$

的多项式. 但是，如果直接由条件(5.5.1)来确定 $2n+2$ 个系数 $a_0,a_1,\cdots,a_{2n+1}$，显然非常复杂. 所以，我们仍借用构造拉格朗日插值多项式的基函数的方法来讨论.

设 $\alpha_j(x),\beta_j(x)$ $(j=0,1,2,\cdots,n)$ 为次数不超过 $2n+1$ 的多项式，且满足

$$\begin{cases}\alpha_j(x_i)=\delta_{ij},\ \alpha'_j(x_i)=0,\\ \beta_j(x_i)=0,\ \beta'_j(x_i)=\delta_{ij}\end{cases}\quad(i,j=0,1,2,\cdots,n),\tag{5.5.2}$$

则满足插值条件(5.5.1)的埃尔米特插值多项式可写成用 $\alpha_j(x),\beta_j(x)$(称为基函数)表示的形式

$$H_{2n+1}(x)=\sum_{j=0}^{n}[\alpha_i(x)y_j+\beta_j(x)m_j].\tag{5.5.3}$$

由条件(5.5.2),显然有

$$H_{2n+1}(x_i)=y_i,\quad H'_{2n+1}(x_i)=m_i\quad(i=0,1,2,\cdots,n).$$

下面的问题就是求满足条件(5.5.2)的基函数 $\alpha_j(x),\beta_j(x)$ $(j=0,1,2,\cdots,n)$. 为此,仍借用求拉格朗日插值多项式的基函数 $l_j(x)$ $(j=0,1,2,\cdots,n)$的方法进行讨论.

由于 $\alpha_j(x_i)=0,\alpha_j'(x_i)=0$ $(i\neq j)$,令

$$\alpha_j(x)=(a_jx+b_j)l_j^2(x),$$

其中 a_j,b_j 为待定常数. 由条件(5.5.2),在 $x=x_j$ 处,有

$$\begin{cases}a_jx_j+b_j=1,\\ a_j+2(a_jx_j+b_j)l_j'(x)=0.\end{cases}$$

解之得

$$a_j=-2l_j'(x_j)=-2\sum_{\substack{k=0\\k\neq j}}^{n}\frac{1}{x_j-x_k},$$

$$b_j=1+2x_jl_j'(x_j)=1+2x_j\sum_{\substack{k=0\\k\neq j}}^{n}\frac{1}{x_j-x_k},$$

于是

$$\alpha_j(x)=\left[1-2(x-x_j)\sum_{\substack{k=0\\k\neq j}}^{n}\frac{1}{x_j-x_k}\right]l_j^2(x)\quad(j=0,1,2,\cdots,n).\tag{5.5.4}$$

类似地,由于 $\beta_j(x_i)=0,\beta_j'(x_i)=0$ $(i\neq j)$,令

$$\beta_j(x)=(c_jx+d_j)l_k^2(x),$$

其中 c_j,d_j 为待定常数. 由条件(5.5.2),在 $x=x_j$ 处,有

$$\begin{cases}c_jx_j+d_j=0,\\ c_j+2(c_jx_j+d_j)l_j'(x_j)=1.\end{cases}$$

解之得 $c_j=1,d_j=-x_j$,于是

$$\beta_j(x)=(x-x_j)l_j^2(x)\quad(j=0,1,2,\cdots,n).\tag{5.5.5}$$

将 $\alpha_j(x),\beta_j(x)$代入(5.5.3)式,得

$$H_{2n+1}(x)=\sum_{j=0}^{n}\left[1-2(x-x_j)\sum_{\substack{k=0\\k\neq j}}^{n}\frac{1}{x_j-x_k}\right]l_j^2(x)y_j+\sum_{j=0}^{n}(x-x_j)l_j^2(x)m_j.\tag{5.5.6}$$

在给出了埃尔米特插值多项式(5.5.6)后,下面讨论它的唯一性. 为此,假设另有一次数不高于 $2n+1$ 的多项式 $P_{2n+1}(x)$满足条件(5.5.1),则

$$\varphi(x)=H_{2n+1}(x)-P_{2n+1}(x)$$

是次数不高于 $2n+1$ 的多项式,且以节点 $x_i(i=0,1,2,\cdots,n)$为二重零点,即 $\varphi(x)$至少有

$2n+2$ 个零点,从而必有 $\varphi(x)\equiv 0$,即

$$H_{2n+1}(x)\equiv P_{2n+1}(x).$$

仿拉格朗日插值多项式余项的讨论方法,可得出埃尔米特插值多项式的余项.

定理 1 若函数 $f(x)$在区间$[a,b]$上存在 $2n+2$ 阶导数,则其埃尔米特插值多项式的余项为

$$R_{2n+1}(x)=f(x)-H_{2n+1}(x)=\frac{f^{(2n+2)}(\xi)}{(2n+2)!}\omega_{n+1}^2(x), \tag{5.5.7}$$

式中 $\xi\in(a,b)$且与 x 有关.

埃尔米特插值的几何意义是:曲线 $y=H_{2n+1}(x)$与曲线 $y=f(x)$在插值节点处有公共切线.

作为埃尔米特插值多项式(5.5.6)的重要特例是 $n=1$ 的情形,这时次数不高于三的埃尔米特插值多项式 $H_3(x)$满足条件

$$H_3(x_0)=y_0,\quad H_3(x_1)=y_1;$$
$$H_3'(x_0)=m_0,\quad H_3'(x_1)=m_1.$$

由(5.5.4)式与(5.5.5)式可得

$$\alpha_0(x)=\left(1-2\frac{x-x_0}{x_0-x_1}\right)\left(\frac{x-x_1}{x_0-x_1}\right)^2,$$

$$\alpha_1(x)=\left(1-2\frac{x-x_1}{x_1-x_0}\right)\left(\frac{x-x_0}{x_1-x_0}\right)^2,$$

$$\beta_0(x)=(x-x_0)\left(\frac{x-x_1}{x_0-x_1}\right)^2,$$

$$\beta_1(x)=(x-x_1)\left(\frac{x-x_0}{x_1-x_0}\right)^2,$$

于是

$$\begin{aligned}H_3(x)&=\sum_{j=0}^{1}\alpha_j(x)y_j+\sum_{j=0}^{1}\beta_j(x)m_j\\&=y_0\left(1-2\frac{x-x_0}{x_0-x_1}\right)l_0^2(x)+y_1\left(1-2\frac{x-x_1}{x_1-x_0}\right)l_1^2(x)\\&\quad+m_0(x-x_0)l_0^2(x)+m_1(x-x_1)l_1^2(x).\end{aligned}\tag{5.5.8}$$

二、特殊情形的埃尔米特插值问题

在带导数的插值问题中,有时插值条件中的函数值个数与导数值个数不等,这时可以牛顿插值多项式或一般情形的埃尔米特插值多项式为基础,运用待定系数法求出满足插值条件的多项式. 以下举例说明这种方法的基本思路.

设给定函数表如表 5-8 所示,求次数不高于四的多项式 $H_4(x)$,使之满足条件

$$H_4(x_i)=y_i \quad (i=0,1,2),$$
$$H_4'(x_i)=m_i \quad (i=0,1).$$

表 5-8

x	x_0	x_1	x_2
$f(x)$	y_0	y_1	y_2
$f'(x)$	m_0	m_1	

若以牛顿插值多项式为基础,可设

$$\begin{aligned}H_4(x)=y_0&+f[x_0,x_1](x-x_0)\\&+f[x_0,x_1,x_2](x-x_0)(x-x_1)\\&+(Ax+B)(x-x_0)(x-x_1)(x-x_2),\end{aligned}$$

其中 A,B 为待定常数. 显然

$$H_4(x_i)=y_i \quad (i=0,1,2),$$

通过条件 $H_4'(x_i)=m_i(i=0,1)$ 求得常数 A,B 后,即可得 $H_4(x)$.

若以埃尔米特插值多项式为基础,可设

$$H_4(x)=H_3(x)+C(x-x_0)^2(x-x_1)^2,$$

其中 C 为待定常数,$H_3(x)$为满足条件 $H_3(x_i)=y_i$, $H_3'(x_i)=m_i(i=0,1)$的次数不高于三的埃尔米特插值多项式,其具体表达式见(5.5.8)式. 显然

$$H_4(x_i)=y_i,\quad H_4'(x_i)=m_i \quad (i=0,1),$$

通过条件 $H_4(x_2)=y_2$ 求得 C 后,即可得 $H_4(x)$.

对于函数值个数与导数值个数不等的埃尔米插值问题,可以类似于一般情形的埃尔米特插值问题得到其插值多项式的唯一性及插值余项的表达式.

*§6 三次样条插值

在工程技术问题中,如飞机机翼设计和船体放样,常常要求插值曲线不仅连续且处处光滑. 而在整个插值区间上作高次插值多项式,虽然可以保证曲线光滑,但却存在计算量大、误差积累严重、计算稳定性差等缺点. 分段线性插值与分段二次插值可以避免上述缺点,但在各段连接点处只能保证曲线连续而不能保证光滑性要求;埃尔米特插值虽能保持各节点处都是光滑衔接的,但它要以已知节点导数值为条件,这在实际中一般是很难满足的. 为了克服尖角问题,需要采用一种新的方法——样条插值法.

"样条"这一名词来源于工程中的样条曲线. 在工程中,绘图员为了将一些指定点(称为样点)连接成一条光滑曲线,往往用富有弹性的细长木条(样条)把相邻的几点连接起来,再逐步延伸连接起全部节点,使之形成一条光滑曲线,称之为**样条曲线**. 它实际上是由分段三次多项式曲线连接而成,在连接点即样点上有直到二阶连续导数,即它在连接点处具有连续曲率. 从数学上加以概括就得到所谓样条插值问题. 下面首先介绍样条函数的定义.

一、三次样条插值函数的定义

定义 1 设 $f(x)$为定义在区间$[a,b]$上的连续函数. 在区间$[a,b]$上取 $n+1$ 个节点

$$a=x_0<x_1<x_2<\cdots<x_{n-1}<x_n=b,$$

若函数 $S(x)$满足下列条件:

(1) $S(x)$在整个区间$[a,b]$上具有二阶连续导数;

(2) 在每个小区间$[x_{i-1},x_i]$ $(i=1,2,\cdots,n)$上是 x 的三次多项式;

(3) 对于在节点 x_i 处的函数值 $y_i=f(x_i)$,有

$$S(x_i)=y_i \quad (i=0,1,2,\cdots,n), \tag{5.6.1}$$

则称 $S(x)$为 $f(x)$的**三次样条插值函数**.

要确定 $S(x)$,在每个小区间上要确定 4 个待定系数,一共有 n 个小区间,故应确定 $4n$ 个系数. 由于$S(x)$在$[a,b]$上具有二阶导数,在内节点 $x_1,x_2,\cdots,x_{n-1}$处应满足 $3n-3$ 个连续性条件

$$\begin{aligned}&S(x_i-0)=S(x_i+0),\\&S'(x_i-0)=S'(x_i+0), \quad (i=1,2,\cdots,n-1),\\&S''(x_i-0)=S''(x_i+0)\end{aligned}$$

再加上 $S(x)$满足的插值条件(5.6.1),共有 $4n-2$ 个条件,因此还需要 2 个条件才能确定 $S(x)$. 通常可在区间$[a,b]$端点上补充两个边界条件. 常见的边界条件如下:

(1) 给定两端点处的一阶导数值,分别记为

$$S'(x_0)=m_0, \quad S'(x_n)=m_n; \tag{5.6.2}$$

(2) 给定两端点处的二阶导数值,分别记为

$$S''(x_0)=M_0, \quad S''(x_n)=M_n. \tag{5.6.3}$$

对于

$$S''(x_0)=S''(x_n)=0 \tag{5.6.4}$$

的边界条件,特别称之为**自然边界条件**.

二、三次样条插值函数的构造

构造三次样条插值函数,就是要写出它在小区间$[x_{i-1},x_i]$ $(i=1,2,\cdots,n)$上的表达式,记为 $S_i(x)$ $(i=1,2,\cdots,n)$.

1. 用节点处的一阶导数表示的三次样条插值函数

记节点处的一阶导数为 $S'(x_i)=m_i(i=0,1,2,\cdots,n)$. 若已知 m_i,则 $S(x)$在$[x_{i-1},x_i]$($i=1,2,\cdots,n$)上就是满足条件

$$\begin{matrix} S(x_{i-1})=y_{i-1}, & S(x_i)=y_i, \\ S'(x_{i-1})=m_{i-1}, & S'(x_i)=m_i \end{matrix} \quad (i=1,2,\cdots,n)$$

的三次埃尔米特插值多项式. 所以,构造以节点处的一阶导数表示的三次样条函数可分为以下三步:

第一步 根据 $S(x)$,$S'(x)$在内节点的连续性及插值条件,运用$[x_{i-1},x_i]$上的二点三次埃尔米特插值多项式,写出 $S(x)$用$m_i(i=0,1,2,\cdots,n)$表示的形式;

第二步 利用 $S''(x)$在内节点 $x_i(i=1,2,\cdots,n-1)$的连续性及边界条件,导出含 m_i($i=0,1,2,\cdots,n$)的 $n+1$ 阶线性方程组;

第三步 求解含 $m_i(i=0,1,2,\cdots,n)$的线性方程组,将得到的 m_i 代入$[x_{i-1},x_i]$上的二点三次埃尔米特插值多项式,即得到以节点处的一阶导数表示的三次样条插值函数.

下面建立具体公式. 由(5.5.8)式可知

$$S_i(x)=\left(1+2\frac{x-x_{i-1}}{x_i-x_{i-1}}\right)\left(\frac{x-x_i}{x_{i-1}-x_i}\right)^2 y_{i-1}+\left(1+2\frac{x-x_i}{x_{i-1}-x_i}\right)\left(\frac{x-x_{i-1}}{x_i-x_{i-1}}\right)^2 y_i$$
$$+(x-x_i)\left(\frac{x-x_i}{x_{i-1}-x_i}\right)^2 m_{i-1}+(x-x_i)\left(\frac{x-x_{i-1}}{x_i-x_{i-1}}\right)^2 m_i. \tag{5.6.5}$$

记 $h_i=x_i-x_{i-1}$,(5.6.5)式可写为

$$S_i(x)=\frac{(x-x_i)^2[h_i+2(x-x_{i-1})]}{h_i^3}y_{i-1}+\frac{(x-x_{i-1})^2[h_i+2(x_i-x)]}{h_i^3}y_i$$
$$+\frac{(x-x_i)^2(x-x_{i-1})}{h_i^2}m_{i-1}+\frac{(x-x_{i-1})^2(x-x_i)}{h_i^2}m_i, \tag{5.6.6}$$

其中 $x\in[x_{i-1},x_i]$ $(i=1,2,\cdots,n)$.

为了确定 m_i,需要用到 $S(x)$的二阶导数在内节点连续的条件. 由(5.6.6)式可得 $S(x)$在$[x_{i-1},x_i]$上的二阶导数

$$S''_i(x)=\frac{6x-2x_{i-1}-4x_i}{h_i^2}m_{i-1}+\frac{6x-4x_{i-1}-2x_i}{h_i^2}m_i$$
$$+\frac{6(x_{i-1}+x_i-2x)}{h_i^3}(y_i-y_{i-1}) \quad (x\in[x_{i-1},x_i]). \tag{5.6.7}$$

同理可得 $S(x)$在$[x_i,x_{i+1}]$上的二阶导数

$$S''_{i+1}(x)=\frac{6x-2x_i-4x_{i+1}}{h_{i+1}^2}m_i+\frac{6x-4x_i-2x_{i+1}}{h_{i+1}^2}m_{i+1}$$
$$+\frac{6(x_i+x_{i+1}-2x)}{h_{i+1}^3}(y_{i+1}-y_i) \quad (x\in[x_i,x_{i+1}]), \tag{5.6.8}$$

从而

$$S''(x_i-0)=\frac{2}{h_i}m_{i-1}+\frac{4}{h_i}m_i-\frac{6}{h_i^2}(y_i-y_{i-1}),$$

$$S''(x_i+0)=\frac{4}{h_{i+1}}m_i-\frac{2}{h_{i+1}}m_{i+1}+\frac{6}{h_{i+1}^2}(y_{i+1}-y_i).$$

由 $S''(x)$ 在 x_i 处连续的条件 $S''(x_i-0)=S''(x_i+0)$ 可得

$$\frac{1}{h_i}m_{i-1}+2\left(\frac{1}{h_i}+\frac{1}{h_{i+1}}\right)m_i+\frac{1}{h_{i+1}}m_{i+1}=3\left(\frac{y_{i+1}-y_i}{h_{i+1}^2}+\frac{y_i-y_{i-1}}{h_i^2}\right).$$

上式两端同除以 $\frac{1}{h_i}+\frac{1}{h_{i+1}}$,得

$$\begin{aligned}&\frac{h_{i+1}}{h_i+h_{i+1}}m_{i-1}+2m_i+\frac{h_i}{h_i+h_{i+1}}m_{i+1}\\&\quad=3\left(\frac{h_i}{h_i+h_{i+1}}\frac{y_{i+1}-y_i}{h_{i+1}}+\frac{h_{i+1}}{h_i+h_{i+1}}\frac{y_i-y_{i-1}}{h_i}\right).\end{aligned}\tag{5.6.9}$$

引入记号

$$\left.\begin{aligned}&\lambda_i=\frac{h_{i+1}}{h_i+h_{i+1}},\\&M_i=1-\lambda_i=\frac{h_i}{h_i+h_{i+1}},\qquad (i=1,2,\cdots,n-1),\\&f_i=3\left(M_i\frac{y_{i+1}-y_i}{h_{i+1}}+\lambda_i\frac{y_i-y_{i-1}}{h_i}\right)\end{aligned}\right\}\tag{5.6.10}$$

则(5.6.9)式可写成

$$\lambda_i m_{i-1}+2m_i+M_i m_{i+1}=f_i\quad(i=1,2,\cdots,n-1).\tag{5.6.11}$$

(5.6.11)式是含有 $n+1$ 个未知数 $m_i(i=0,1,2,\cdots,n)$ 的 $n-1$ 阶线性方程组. 要完全确定这 $n+1$ 个未知数的值,还需用到两个边界条件.

(1) 对第一种边界条件

$$S'(x_0)=m_0,\quad S'(x_n)=m_n,$$

在方程组(5.6.11)中将已知边界条件代入,则其可改写为只含 $n-1$ 个未知数的线性方程组

$$\begin{bmatrix}2 & M_1 & & & \\ \lambda_2 & 2 & M_2 & & \\ & \ddots & \ddots & \ddots & \\ & & \lambda_{n-2} & 2 & M_{n-2}\\ & & & \lambda_{n-1} & 2\end{bmatrix}\begin{bmatrix}m_1\\ m_2\\ \vdots\\ m_{n-2}\\ m_{n-1}\end{bmatrix}=\begin{bmatrix}f_1-\lambda_1 m_0\\ f_2\\ \vdots\\ f_{n-2}\\ f_{n-1}-M_{n-1}m_n\end{bmatrix}.\tag{5.6.12}$$

(2) 对第二种边界条件

$$S''(x_0)=M_0,\quad S''(x_n)=M_n,$$

根据(5.6.8)式得

$$S''_1(x)=\frac{6x-2x_0-4x_1}{h_1^2}m_0+\frac{6x-4x_0-2x_1}{h_1^2}m_1$$

$$+\frac{6(x_0+x_1-2x)}{h_1^3}(y_1-y_0)\quad (x\in[x_0,x_1]),$$

由 $S''(x_0)=M_0$ 得

$$2m_0+m_1=\frac{3}{h_1}(y_1-y_0)-\frac{h_1}{2}M_0,$$

再由 $S''(x_n)=M_n$ 得

$$m_{n-1}+2m_n=\frac{3}{h_n}(y_n-y_{n-1})+\frac{h_n}{2}M_n.$$

将上述边界点的方程与内节点的方程组(5.6.11)联立,即可得到关于 $m_0,m_1,\cdots,m_n$ 的 $n+1$ 阶线性方程组

$$\begin{bmatrix}2 & 1 & & & & \\ \lambda_1 & 2 & M_1 & & & \\ & \lambda_2 & 2 & M_2 & & \\ & & \ddots & \ddots & \ddots & \\ & & & \lambda_{n-1} & 2 & M_{n-1} \\ & & & & 1 & 2\end{bmatrix}\begin{bmatrix}m_0\\ m_1\\ m_2\\ \vdots\\ m_{n-1}\\ m_n\end{bmatrix}=\begin{bmatrix}f_0\\ f_1\\ f_2\\ \vdots\\ f_{n-1}\\ f_n\end{bmatrix},\tag{5.6.13}$$

其中

$$\left.\begin{aligned}&f_0=3\,\frac{y_1-y_0}{h_1}-\frac{h_1}{2}M_0,\\ &f_i=3\,\frac{y_i-y_{i-1}}{h_i}+\frac{h_i}{2}M_i\quad (i=1,2,\cdots,n).\end{aligned}\right\}\tag{5.6.14}$$

方程组(5.6.12)和(5.6.13)均为三对角方程组,其系数矩阵为严格对角占优矩阵(系数矩阵的主对角线元素按模严格大于同一行非主对角线元素的模之和). 对于这种三对角方程组,可证明其行列式不等于零,因此方程组有唯一确定的解,其求解方法通常采用第二章的追赶法.

例 1 给出函数表如表 5-9 所示,试求 $f(x)$在区间[0,3]上的三次样条插值函数.

表 5-9

x_i	0	1	2	3
$f(x_i)$	0	3	4	6
$f'(x_i)$	1			0

解 令 $m_0=f'(0)=1, m_3=f'(3)=0$. 在(5.6.10)式中取 $h_i=1\ (i=1,2,3)$,有

$$\lambda_i=M_i=1/2 \quad (i=1,2),$$

$$f_1=3\left\{\frac{1}{2}[f(1)-f(0)]+\frac{1}{2}[f(2)-f(1)]\right\}=6,$$

$$f_2=3\left\{\frac{1}{2}[f(2)-f(1)]+\frac{1}{2}[f(3)-f(2)]\right\}=\frac{9}{2}.$$

由(5.6.12)式得

$$\begin{bmatrix} 2 & 1/2 \\ 1/2 & 2 \end{bmatrix}\begin{bmatrix} m_1 \\ m_2 \end{bmatrix}=\begin{bmatrix} 6-1/2 \\ 9/2 \end{bmatrix}.$$

解之得

$$m_1=7/3, \quad m_2=5/3,$$

从而由 $S_i(x)$ 的表达式(5.6.6)得三次样条插值函数为

$$S_1(x)=3[1+2(1-x)]x^2+x(x-1)^2+\frac{7}{3}x^2(x-1) \quad (x\in[0,1]),$$

$$S_2(x)=3(2x-1)(x-2)^2+4(5-2x)(x-1)^2+\frac{7}{3}(x-1)(x-2)^2$$
$$+\frac{5}{3}(x-2)(x-1)^2 \quad (x\in[1,2]),$$

$$S_3(x)=4(2x-3)(x-3)^2+6(7-2x)(x-2)^2$$
$$+\frac{5}{3}(x-3)(x-2)^2 \quad (x\in[2,3]).$$

2. 用节点处的二阶导数表示的三次样条插值函数

记节点处的二阶导数为 $S''(x_i)=M_i(i=0,1,2,\cdots,n)$.由于 $S''(x)$ 在 $[x_{i-1},x_i]\ (i=1,2,\cdots,n)$ 上是 x 的线性函数,因此构造以节点处的二阶导数表示的三次样条插值函数可分为以下三步:

第一步 根据 $S''(x)$ 在内节点的连续性及为线性函数的特点,将 $S''(x)$ 表示为线性函数;再根据 $S(x)$ 在内节点的连续性及插值条件,写出 $S(x)$ 用 $M_i(i=0,1,2,\cdots,n)$ 表示的形式.

第二步 利用 $S'(x)$ 在内节点 $x_i(i=1,2,\cdots,n-1)$ 的连续性及边界条件,导出关于 M_i

$(i=0,1,2,\cdots,n)$的 $n+1$ 阶线性方程组.

第三步 求解关于 $M_i(i=0,1,2,\cdots,n)$的线性方程组,再将得到的 M_i 代入$[x_{i-1},x_i]$上$S(x)$的表达式,即得到以节点处的二阶导数表示的三次样条插值函数.

下面建立具体公式. 由定义可知, $S(x)$在小区间$[x_{i-1},x_i]$ $(i=1,2,\cdots,n)$上是三次多项式,因此 $S''(x)$在$[x_{i-1},x_i]$上是 x 的线性函数. 假定 $S''(x_{i-1})=M_{i-1}$,$S''(x_i)=M_i$,则由线性插值有

$$S''_i(x)=\frac{x-x_i}{x_{i-1}-x_i}M_{i-1}+\frac{x-x_{i-1}}{x_i-x_{i-1}}M_i \quad (x\in[x_{i-1},x_i]).$$

对上式积分两次,且用插值条件

$$S_i(x_{i-1})=y_{i-1},\quad S_i(x_i)=y_i$$

确定其中的两个积分常数,即可得出用 M_i 表示的三次样条插值函数

$$S_i(x)=\frac{(x_i-x)^3}{6h_i}M_{i-1}+\frac{(x-x_{i-1})^3}{6h_i}M_i+\left(y_{i-1}-\frac{M_{i-1}}{6}h_i^2\right)\frac{x_i-x}{h_i}$$
$$+\left(y_i-\frac{M_i}{6}h_i^2\right)\frac{x-x_{i-1}}{h_i}, \tag{5.6.15}$$

其中 $x\in[x_{i-1},x_i]$,$h_i=x_i-x_{i-1}$ $(i=1,2,\cdots,n)$.

由(5.6.15)式可求得 $S'_i(x)$在$[x_{i-1},x_i]$上的表达式,且类似可得 $S'_{i+1}(x)$在$[x_i,x_{i+1}]$上的表达式. 利用 $S'(x)$在内节点 $x_i(i=1,2,\cdots,n-1)$处连续,即

$$S'_i(x_i-0)=S'_i(x_i+0),$$

则可得线性方程组

$$\mu_i M_{i-1}+2M_i+\lambda_i M_{i+1}=f_i \quad (i=1,2,\cdots,n-1), \tag{5.6.16}$$

其中

$$\left.\begin{aligned}
&\mu_i=\frac{h_i}{h_i+h_{i+1}},\\
&\lambda_i=1-\mu_i=\frac{h_{i+1}}{h_i+h_{i+1}}, \qquad (i=1,2,\cdots,n-1).\\
&f_i=\frac{6}{h_i+h_{i+1}}\left(\frac{y_{i+1}-y_i}{h_{i+1}}-\frac{y_i-y_{i-1}}{h_i}\right)
\end{aligned}\right\} \tag{5.6.17}$$

(5.6.17)式是含有 $n+1$ 个未知数 $M_0,M_1,\cdots,M_n$ 的 $n-1$ 阶线性方程组. 要确定这 $n+1$ 个未知数的值,还需用到两个边界条件.

(1) 对第一种边界条件

$$S'(x_0)=m_0,\quad S'(x_n)=m_n,$$

可得

$$2M_0+M_1=\frac{6}{h_1}\left(\frac{y_1-y_0}{h_1}-m_0\right),\quad M_{n-1}+2M_n=\frac{6}{h_n}\left(m_n-\frac{y_n-y_{n-1}}{h_n}\right).$$

将上述边界点的方程与内节点的方程组(5.6.16)联立,即可得关于 $M_0,M_1,\cdots,M_n$ 的线性方程组

$$\begin{bmatrix} 2 & 1 & & & \\ \mu_1 & 2 & \lambda_1 & & \\ & \ddots & \ddots & \ddots & \\ & & \mu_{n-1} & 2 & \lambda_{n-1} \\ & & & 1 & 2 \end{bmatrix} \begin{bmatrix} M_0 \\ M_1 \\ \vdots \\ M_{n-1} \\ M_n \end{bmatrix} = \begin{bmatrix} f_0 \\ f_1 \\ \vdots \\ f_{n-1} \\ f_n \end{bmatrix}, \tag{5.6.18}$$

其中

$$\left.\begin{aligned} f_0 &= \frac{6}{h_1}\left(\frac{y_1-y_0}{h_1}-m_0\right), \\ f_i &= \frac{6}{h_i}\left(m_i-\frac{y_i-y_{i-1}}{h_i}\right) \quad (i=1,2,\cdots,n). \end{aligned}\right\} \tag{5.6.19}$$

(2) 对第二种边界条件

$$S''(x_0)=M_0, \quad S''(x_n)=M_n,$$

在方程组(5.6.16)中将已知边界条件代入,则方程组(5.6.16)可改写为只含 $n-1$ 个未知数 $M_1,M_2,\cdots,M_{n-1}$ 的 $n-1$ 阶线性方程组

$$\begin{bmatrix} 2 & \lambda_1 & & & \\ \mu_2 & 2 & \lambda_2 & & \\ & \ddots & \ddots & \ddots & \\ & & \mu_{n-2} & 2 & \lambda_{n-2} \\ & & & \mu_{n-1} & 2 \end{bmatrix} \begin{bmatrix} M_1 \\ M_2 \\ \vdots \\ M_{n-2} \\ M_{n-1} \end{bmatrix} = \begin{bmatrix} f_1-\mu_1 M_0 \\ f_2 \\ \vdots \\ f_{n-2} \\ f_{n-1}-\lambda_{n-1}M_n \end{bmatrix}. \tag{5.6.20}$$

方程组(5.6.18)和(5.6.20)均为三对角方程组,可用追赶法求其唯一解.

对于三次样条插值函数来说,当插值节点逐渐加密时,可以证明:不但样条插值函数收敛于函数本身,而且其导数也收敛于函数的导数.正因如此,三次样条插值函数在实际中得到了广泛的应用.

本章小结

插值法是函数逼近的一种重要方法,它是数值微积分、微分方程数值解等数值计算的基础与工具.由于多项式具有形式简单、计算方便等许多优点,故本章主要介绍多项式插值,它是插值法中最常用和最基本的方法.

拉格朗日插值多项式的优点是表达式简单明确,形式对称,便于记忆. 它的缺点是如果要想增加插值节点,公式必须整个改变,从而增加了计算工作量. 而牛顿插值多项式对此做了改进,当增加一个节点时,只需在原牛顿插值多项式基础上增加一项,此时原有的项无须改变,从而达到节省计算次数、节约存储单元、应用较少节点达到应有精确度的目的. 在等距节点条件下,利用差分型的牛顿前插公式或后插公式可以简化计算.

由于高次插值多项式往往有数值不稳定的缺点(如龙格现象),高次插值多项式的效果并非一定比低次插值好,所以当区间较大、节点较多时,常常用分段低次插值,如分段线性插值和分段二次插值. 由于分段插值是局部化的,即每个节点只影响附近少数几个间距,从而带来了计算上的方便,可以步进地进行插值计算. 同时也带来了内在的高度稳定性和较好的收敛性,因此它是计算机上常用的一种算法. 分段插值的缺点是不能保证插值曲线(即插值函数的图像)在连接点处的光滑性.

为了保证插值曲线在节点处不仅连续而且光滑,可用样条插值法. 三次样条插值法是最常用的方法,它在整个插值区间上可保证插值函数具有直到二阶导数的连续性. 用它来求数值微分、微分方程数值解等,都能得到良好效果.

算法与程序设计实例

一、用拉格朗日插值多项式求函数近似值

算法 (1) 输入 $x_i, y_i (i=0,1,2,\cdots,n)$,令 $L_n(x)=0$;

(2) 对 $i=0,1,2,\cdots,n$,计算

$$l_i(x)=\prod_{\substack{j=0\\ j\neq i}}^{n}\frac{x-x_j}{x_i-x_j},$$

$$L_n(x)\leftarrow L_n(x)+l_i(x)y_i.$$

实例 已知函数表如表 5-10 所示,试用三次拉格朗日插值多项式求 $x=0.5635$ 时的函数近似值.

表 5-10

x_i	0.56160	0.56280	0.56401	0.56521
y_i	0.82741	0.82659	0.82577	0.82495

程序和输出结果

程序如下:

```
#include<stdio.h>
#include<conio.h>
#include<alloc.h>
float Lagrange(float *x, float *y, float xx, int n)
{
    int i,j;
    float *a, yy=0.0
    a=(float *) malloc(n*sizeof(float))
    for(i=0;i<=n-1;i++)
    {
        a[i]=y[i];
        for(j=0;j<=n-1;j++)
            if(j!=i) a[i]*=(xx-x[j])/(x[i]-x[j]);
        yy+=a[i];
    }
    free(a);
    return yy;
}
void main()
{
    float x[4]={0.56160,0.56280,0.56401,0.56521};
    float y[4]={0.82741,0.82659,0.82577,0.82495};
    float xx=0.5635,yy;
    float Lagrange(float *, float *, float, int);
    yy=Lagrange(x,y,xx,4);
    clrscr();
    printf("x=%f, y=%f\n", xx, yy)
    getch();
}
```

输出结果如下：

$$x=0.563500,\quad y=0.826116$$

二、用牛顿插值多项式求函数近似值

算法 (1) 输入 $n, x_i, y_j (i=0,1,2,\cdots,n)$；

(2) 对 $k=1,2,\cdots,n$，$i=1,2,\cdots,k$ 计算函数 $f(x)$的各阶差商 $f[x_0,x_1,\cdots,x_k]$；

(3) 计算函数值

$$N_n(x)=f(x_0)+f[x_0,x_1](x-x_0)+\cdots$$
$$+f[x_0,x_1,\cdots,x_n](x-x_0)(x-x_1)\cdots(x-x_{n-1}).$$

实例 已知函数表如表 5-11 所示，试用牛顿插值多项式求 $N_n(0.596)$和 $N_n(0.895)$.

表 5-11

x_i	0.4	0.55	0.65	0.8	0.9
y_i	0.41075	0.57815	0.69675	0.88811	1.02652

程序和输出结果

程序如下：

```
#include<stdio.h>
#include<conio.h>
#include<stdlib.h>
#define N 4
void Difference(double *x, double *y, int n)
{
double *f;
int k, i;
f=(double *)malloc(n*sizeof(double));
for(k=1;k<=n;k++)
{
    f[0]=y[k];
    for(i=0;i<k;i++)
        f[i+1]=(f[i]-y[i])/(x[k]-x[i]);
    y[k]=f[k];
}
return;
}
main()
{
int i;
```

```
double varx=0.895,varx1=0.596,b;
double x[N+1]={0.4,0.55,0.65,0.8,0.9};
double y[N+1]={0.41075,0.57815,0.69675,0.88811,1.02652};
Difference(x,(double *)y,N);
system("cls");
b=y[N];
for(i=N-1;i>=0;i--)
   b=b*(varx-x[i])+y[i];
printf("N_n(%g)=%.6g\t",varx1,b);
b=y[N];
for(i=N-1;i>=0;i--)
   b=b*(varx-x[i])+y[i];
printf("N_n(%g)=%.7g\n",varx,b);
system("pause");
}
```

输出结果如下:

N_n(0.596)=0.631918　N_n(0.895)=1.019368

思 考 题

1. 何谓插值函数、插值多项式、插值余项?

2. 插值多项式系数 $a_0,a_1,\cdots,a_n$ 满足的线性方程组,其系数矩阵的行列式为什么不为零?

3. 插值多项式的存在唯一性有何意义?

4. 拉格朗日插值多项式是怎样构造的? 截断误差如何表示? 如何估计?

5. 何谓拉格朗日插值基函数? 为什么说它也是插值多项式? 怎样表示?

6. 分段插值主要有哪几种常用公式? 它的优点如何?

7. 何谓差商? 怎样构造差商表? 牛顿插值多项式形式如何? 系数怎样确定? 误差怎样表示?

8. 差分和差商有何关系? 在什么情况下可以构造差分型牛顿插值多项式?

9. 在插值区间上,随着节点的增多,插值多项式是否越来越接近被插函数? 在插值节点及其附近,插值多项式的导数是否接近被插函数的导数?

10. 何谓样条插值函数? 样条插值比前面介绍的几种插值有何优点? 怎样构造三次样条插值函数?

习 题 五

1. 当 $x=1,-1,2$ 时，$f(x)=0,-3,4$,求 $f(x)$的二次插值多项式.

2. 已知函数 $y=f(x)$的观察值如表 5-12 所示,试求其拉格朗日插值多项式.

表 5-12

i	0	1	2	3
x_i	0	1	2	3
y_i	2	3	0	-1

3. 已知函数表如表 5-13 所示,试应用拉格朗日插值多项式计算 $f(1.1300)$的近似值(计算取 4 位小数).

表 5-13

x	1.1275	1.1503	1.1735	1.1972
$y=f(x)$	0.1191	0.13954	0.15932	0.17903

4. 设 $x_i(i=0,1,2,\cdots,n)$为互异节点,试证明拉格朗日插值基函数 $l_i(x)$具有以下性质：

(1) $\sum\limits_{i=0}^{n} l_i(x) \equiv 1$;

(2) $\sum\limits_{i=0}^{n} x_i^k l_i(x) = x^k \ (k=0,1,2,\cdots,n)$.

5. 设函数 $f(x)$在区间$[a,b]$上具有二阶连续导数,且 $f(a)=f(b)=0$,证明：

$$\max_{a \leqslant x \leqslant b} |f(x)| \leqslant \frac{1}{8}(b-a)^2 \max_{a \leqslant x \leqslant b} |f''(x)|.$$

6. 已知函数表如表 5-14 所示,试用二次插值求 $f(1.54)$的近似值(计算取 5 位小数).

表 5-14

x	1.2	1.3	1.4	1.5	1.6	1.7
$y=f(x)$	1.244	1.406	1.602	1.837	2.121	2.465

7. 用拉格朗日插值和牛顿插值找经过点(−3,−1),(0,2),(3,−2),(6,10)的三次插值多项式,并验证插值多项式的唯一性.

8. 利用表 5-15 所示的函数表造出差商表,并利用牛顿插值多项式计算 $f(x)$在 $x=1.682,1.813$ 处的近似值(计算取 5 位小数).

表 5-15

x	1.615	1.634	1.702	1.828	1.921
$y=f(x)$	2.41450	2.46459	2.65271	3.03035	3.34066

9. 证明 n 阶差商有下列性质:

(1) 若 $F(x)=Cf(x)$(C 为常数),则

$$F[x_0,x_1,\cdots,x_n]=Cf[x_0,x_1,\cdots,x_n];$$

(2) 若 $F(x)=f(x)+g(x)$,则

$$F[x_0,x_1,\cdots,x_n]=f[x_0,x_1,\cdots,x_n]+g[x_0,x_1,\cdots,x_n].$$

10. 证明:

$$f[x_0,x_1,\cdots,x_n]=\sum_{j=0}^{n}\frac{f(x_j)}{(x_j-x_0)\cdots(x_j-x_{j-1})(x_j-x_{j+1})\cdots(x_j-x_n)}.$$

11. 已知函数表如表 5-16 所示,试分别作出三次牛顿向前插值公式和向后插值公式,并分别计算 $x=0.5$ 及 $x=2.5$ 时函数的近似值(计算取 3 位小数).

表 5-16

x_i	0	1	2	3
y_i	1	2	17	64

12. 已知连续函数 $P(x)$的函数值如表 5-17 所示,求方程 $P(x)=0$ 在区间$[-1,2]$内的根的近似值,要求误差尽量小.

表 5-17

x	−1	0	1	2
$P(x)$	−2	−1	1	2

13. 证明:

$$\Delta^n y_i=y_{n+i}-C_n^1 y_{n+i-1}+C_n^2 y_{n+i-2}+\cdots+(-1)^k C_n^k y_{n+i-k}+\cdots+(-1)^n y_i.$$

14. 已知 $y=\ln x$ 的函数表如表 5-18 所示,试分别用牛顿前插公式和后插公式计算 $x=0.45$ 和 $x=0.82$ 时函数的近似值,并估计误差.

表 5-18

x_i	0.4	0.5	0.6	0.7	0.8
y_i	−0.916291	−0.693147	−0.510826	−0.356675	−0.223144

15. 在区间[−4,4]上给出 $f(x)=e^x$ 的等距节点函数表. 若用二次插值求 e^x 的近似值,要使截断误差不超过 10^{-5},问:使用的函数表其步长应取多少(计算取 5 位小数)?

16. (1) 求满足函数表 5-19 的插值多项式及余项;

(2) 求满足函数表 5-20 的插值多项式及余项.

表 5-19

x	1	2
$f(x)$	2	3
$f'(x)$	0	−1

表 5-20

x	1	2	3
$f(x)$	1	0	2
$f'(x)$		−1/2	

17. 给定插值条件如表 5-21 所示,端点条件为

(1) $m_0=1, m_3=0$;　　(2) $M_0=1, M_3=0$.

分别求出满足上述条件的三次样条插值函数的分段表达式.

表 5-21

x	0	1	2	3
$f(x)$	0	0	0	0

第六章 最小二乘法与曲线拟合

前面所述的插值法是利用函数在一组节点上的值构造一个插值函数来逼近已知函数，并要求插值函数与已知函数在节点处满足插值条件，即

$$P(x_i)=f(x_i) \quad (i=0,1,2,\cdots,n).$$

但是，这些节点处的函数值一般都是由测量或者实验得到的数据，其本身往往不可避免地带有测试误差. 如果个别点处误差较大，插值函数保留了这些误差，就会影响逼近的精确度，此时显然插值效果是不理想的. 为了尽可能减少这种测试误差的影响，我们希望用另外的方法来构造逼近函数，使得从总的趋势上来说更能反映被逼近函数的特性.而本章介绍的最小二乘法，正好能使求得的逼近函数与已知函数总体而言其偏差按某种方法度量可达到最小.

§1 用最小二乘法求解矛盾方程组

一、最小二乘原理

如前所述，用曲线 $y=\varphi(x)$ 拟合数据 (x_i,y_i) $(i=1,2,\cdots,n)$，自然希望要“拟合得最好”. 其标准是什么呢？显然，希望选择 $\varphi(x)$，使得它在 x_i 处的函数值 $\varphi(x_i)$ $(i=1,2,\cdots,n)$ 与测量数据 y_i $(i=1,2,\cdots,n)$ 相差都很小，即要使**偏差**(也称**残差**)

$$\varphi(x_i)-y_i \quad (i=1,2,\cdots,n)$$

都很小. 那么，如何达到这一要求呢？一种方法是使偏差之和

$$\sum_{i=1}^{n}[\varphi(x_i)-y_i]$$

很小来保证每个偏差都很小. 但由于偏差有正、有负，在求和时可能互相抵消. 为了避免上述情况发生，还可使偏差的绝对值之和

$$\sum_{i=1}^{n} |\varphi(x_i) - y_i|$$

为最小. 但这个式子中有绝对值符号,不便于分析讨论. 由于任何实数的平方都是正数或零,因而我们可选择使"偏差平方和

$$\sum_{i=1}^{n} [\varphi(x_i) - y_i]^2$$

最小"来保证每个偏差的绝对值都很小,从而得到最佳拟合曲线 $y=\varphi(x)$. 这种"偏差平方和最小"的原理称为**最小二乘原理**,而按最小二乘原理拟合曲线的方法称为**最小二乘曲线拟合法**,简称**最小二乘法**.

那么,用什么样的函数去拟合数据 (x_i, y_i) $(i=1,2,\cdots,m)$ 呢? 一般而言,所求得的拟合函数可以是不同的函数类,但它们都是由 m 个线性无关函数 $\varphi_1(x),\varphi_2(x),\cdots,\varphi_m(x)$ 的线性组合而成,即

$$\varphi(x) = a_1\varphi_1(x) + a_2\varphi_2(x) + \cdots + a_m\varphi_m(x) \quad (m < n-1),$$

其中 $a_1, a_2, \cdots, a_m$ 为待定常数. 这时线性无关函数组 $\varphi_1(x),\varphi_2(x),\cdots,\varphi_m(x)$ 称为**基函数**. 常用的基函数有:

多项式: $1, x, x^2, \cdots, x^m$;

三角函数: $\sin x, \sin 2x, \cdots, \sin mx$;

指数函数: $e^{\lambda_1 x}, e^{\lambda_2 x}, \cdots, e^{\lambda_m x}$.

其中最简单的是多项式. 至于函数类的选择,一般可取次数比较低的多项式或其他较简单的函数集合.

二、用最小二乘法求解矛盾方程组

由线性代数理论知,求解线性方程组时,若方程的个数多于未知数的个数,方程组往往无解. 此类方程组称为**矛盾方程组**或**超定方程组**. 而最小二乘法就是用来解矛盾方程组的一个常用方法.

设有矛盾方程组

$$\begin{cases} a_{11}x_1 + a_{12}x_2 + \cdots + a_{1m}x_m = b_1, \\ a_{21}x_1 + a_{22}x_2 + \cdots + a_{2m}x_m = b_2, \\ \cdots\cdots\cdots\cdots\cdots\cdots \\ a_{n1}x_1 + a_{n2}x_2 + \cdots + a_{nm}x_m = b_n, \end{cases} \tag{6.1.1}$$

即

$$\sum_{j=1}^{m} a_{ij}x_j = b_i \quad (i=1,2,\cdots,n;\ m<n).$$

由于(6.1.1)式为矛盾方程组,故找不到能同时满足这 n 个方程的解. 因此,我们转而寻求在某种意义下的近似解. 这种近似解当然不是指对精确解的近似(因为精确解并不存在),而是指寻求各未知数的一组值,使方程组(6.1.1)中各式能近似相等. 这就是用最小二乘法解矛盾方程组的基本思想. 把近似解代入方程组(6.1.1)后,只能使各方程两端近似相等. 我们将各方程两端之差

$$\delta_i = \sum_{j=1}^{m} a_{ij} x_j - b_i \quad (i=1,2,\cdots,n)$$

称为**偏差**. 按最小二乘原理,常常采用使偏差的平方和

$$Q = \sum_{i=1}^{n} \delta_i^2 = \sum_{i=1}^{n} \Big(\sum_{j=1}^{m} a_{ij} x_j - b_i \Big)^2 \tag{6.1.2}$$

达到最小值来作为衡量一个近似解的近似程度. 如果 $x_j\,(j=1,2,\cdots,m)$ 的取值使偏差平方和(6.1.2)达到最小,则称这组值是矛盾方程组(6.1.1)的**最优近似解**.

偏差平方和 Q 可看成 m 个自变量 $x_1,x_2,\cdots,x_m$ 的二次函数,因此求解矛盾方程组(6.1.1)的问题归结为求二次函数 Q 的最小值问题. 应该指出,因为二次函数 Q 是 $x_1,x_2,\cdots,x_m$ 的连续函数,且

$$Q = \sum_{i=1}^{n} \delta_i^2 = \sum_{i=1}^{n} \Big(\sum_{j=1}^{m} a_{ij} x_j - b_j \Big)^2 \geqslant 0,$$

故一定存在一组数 $x_1,x_2,\cdots,x_m$,使得 Q 达到最小值. 由高等数学知识可知,二次函数 Q 取极值的必要条件为

$$\frac{\partial Q}{\partial x_k} = 0 \quad (k=1,2,\cdots,m),$$

而

$$\begin{aligned}\frac{\partial Q}{\partial x_k} &= \sum_{i=1}^{n} 2\Big(\sum_{j=1}^{m} a_{ij} x_j - b_i \Big) a_{ik} = 2\sum_{i=1}^{n} \Big(\sum_{j=1}^{m} a_{ij} a_{ik} x_j - a_{ik} b_i \Big) \\ &= 2\sum_{j=1}^{m} \Big(\sum_{i=1}^{n} a_{ij} a_{ik} \Big) x_j - 2\sum_{i=1}^{n} a_{ik} b_i,\end{aligned}$$

从而极值条件变为

$$\sum_{j=1}^{m} \Big(\sum_{i=1}^{n} a_{ij} a_{ik} \Big) x_j = \sum_{i=1}^{n} a_{ik} b_i \quad (k=1,2,\cdots,m). \tag{6.1.3}$$

具有 m 个未知数 m 个方程的线性方程组(6.1.3)称为对应于矛盾方程组(6.1.1)的**法方程组**(也叫**正规方程组**). 由上述推导可以看出,法方程组(6.1.3)的解是矛盾方程组(6.1.1)的最优近似解.

记

$$\boldsymbol{A}=\begin{bmatrix} a_{11} & a_{12} & \cdots & a_{1m} \\ a_{21} & a_{22} & \cdots & a_{2m} \\ \vdots & \vdots & & \vdots \\ a_{n1} & a_{n2} & \cdots & a_{nm} \end{bmatrix}, \quad \boldsymbol{X}=(x_1,x_2,\cdots,x_m)^{\mathrm{T}}, \quad \boldsymbol{b}=(b_1,b_2,\cdots,b_n)^{\mathrm{T}},$$

则方程组(6.1.1)可表示为

$$\boldsymbol{AX}=\boldsymbol{b}. \tag{6.1.4}$$

若用 c_{kj} 表示法方程组第 k 个方程中 x_j 的系数,用 d_k 表示法方程组第 k 个方程的右端项,则法方程组(6.1.3)可记为

$$\sum_{j=1}^{m} c_{kj}x_j = d_k \quad (k=1,2,\cdots,m),$$

其中

$$\left.\begin{aligned} c_{kj} &= \sum_{i=1}^{n} a_{ik}a_{ij} \quad (k,j=1,2,\cdots,m), \\ d_k &= \sum_{i=1}^{n} a_{ik}b_i \quad (k=1,2,\cdots,m). \end{aligned}\right\} \tag{6.1.5}$$

记

$$\boldsymbol{C}=\begin{bmatrix} c_{11} & c_{12} & \cdots & c_{1m} \\ c_{21} & c_{22} & \cdots & c_{2m} \\ \vdots & \vdots & & \vdots \\ c_{m1} & c_{m2} & \cdots & c_{mm} \end{bmatrix}, \quad \boldsymbol{d}=(d_1,d_2,\cdots,d_m)^{\mathrm{T}},$$

则由(6.1.5)式可知

$$\boldsymbol{C}=\boldsymbol{A}^{\mathrm{T}}\boldsymbol{A}, \quad \boldsymbol{d}=\boldsymbol{A}^{\mathrm{T}}\boldsymbol{b}.$$

于是,法方程组(6.1.3)可用矩阵表示为 $\boldsymbol{CX}=\boldsymbol{d}$,即

$$\boldsymbol{A}^{\mathrm{T}}\boldsymbol{AX}=\boldsymbol{A}^{\mathrm{T}}\boldsymbol{b}. \tag{6.1.6}$$

显然,$\boldsymbol{C}=\boldsymbol{A}^{\mathrm{T}}\boldsymbol{A}$ 为对称矩阵,故

$$c_{kj}=c_{jk} \quad (k,j=1,2,\cdots,m).$$

用最小二乘法解矛盾方程组 $\boldsymbol{AX}=\boldsymbol{b}$ 的步骤可归纳如下:

(1) 计算 $\boldsymbol{A}^{\mathrm{T}}\boldsymbol{A}$ 和 $\boldsymbol{A}^{\mathrm{T}}\boldsymbol{b}$,得法方程组 $\boldsymbol{A}^{\mathrm{T}}\boldsymbol{AX}=\boldsymbol{A}^{\mathrm{T}}\boldsymbol{b}$;

(2) 求解法方程组,得出矛盾方程组的最优近似解.

§2 用多项式作最小二乘曲线拟合

若取基函数为

$$\varphi_0(x)=1, \quad \varphi_1(x)=x, \quad \varphi_2(x)=x^2, \quad \cdots, \quad \varphi_m(x)=x^m,$$

则它们的线性组合

$$P(x)=a_0+a_1x+a_2x^2+\cdots+a_mx^m \quad (m<n-1) \tag{6.2.1}$$

是关于 x 的 m 次多项式. 依最小二乘原理,就是要通过给定的数据(x_i,y_i) $(i=1,2,\cdots,n)$,确定系数 a_j,使得在各个点上的偏差平方和达到最小. 为此,将 n 对数据(x_i,y_i)代入(6.2.1)式,就得到一个具有 $m+1$ 个未知数 a_j 和 n 个方程的矛盾方程组

$$\begin{cases} a_0+a_1x_1+a_2x_1^2+\cdots+a_mx_1^m=y_1, \\ a_0+a_1x_2+a_2x_2^2+\cdots+a_mx_2^m=y_2, \\ \cdots\cdots\cdots\cdots\cdots\cdots\cdots\cdots \\ a_0+a_1x_n+a_2x_n^2+\cdots+a_mx_n^m=y_n, \end{cases} \tag{6.2.2}$$

其矩阵形式为

$$\boldsymbol{A\alpha}=\boldsymbol{Y},$$

其中

$$\boldsymbol{A}=\begin{bmatrix} 1 & x_1 & x_1^2 & \cdots & x_1^m \\ 1 & x_2 & x_2^2 & \cdots & x_2^m \\ \vdots & \vdots & \vdots & & \vdots \\ 1 & x_n & x_n^2 & \cdots & x_n^m \end{bmatrix},\quad \boldsymbol{\alpha}=\begin{bmatrix} a_0 \\ a_1 \\ \vdots \\ a_m \end{bmatrix},\quad \boldsymbol{Y}=\begin{bmatrix} y_1 \\ y_2 \\ \vdots \\ y_n \end{bmatrix}.$$

它对应的正规方程组为

$$\boldsymbol{A}^{\mathrm{T}}\boldsymbol{A\alpha}=\boldsymbol{A}^{\mathrm{T}}\boldsymbol{Y}. \tag{6.2.3}$$

这是关于 $m+1$ 个未知量 $a_j(j=0,1,2,\cdots,m)$的线性方程组,只要它的系数行列式不等于零,就可求得方程组(6.2.2)的唯一的一组最优近似解,使得

$$Q=\sum_{i=1}^{n}\left(\sum_{j=0}^{m}a_jx_i^j-y_i\right)^2$$

取得最小,从而求得所给数据的最小二乘拟合多项式.

由于 $x_1,x_2,\cdots,x_n$ 互异,故矩阵 $\boldsymbol{A}$ 的 $m+1$ 个列向量线性无关,从而 $\boldsymbol{A}$ 的秩为

$$\mathrm{r}(\boldsymbol{A})=m+1.$$

于是,对任给的 $m+1$ 维非零列向量 $\boldsymbol{X}$,都有 $\boldsymbol{AX}\neq\boldsymbol{0}$. 由

$$\boldsymbol{X}^{\mathrm{T}}\boldsymbol{A}^{\mathrm{T}}\boldsymbol{AX}=(\boldsymbol{AX})^{\mathrm{T}}(\boldsymbol{AX})>0$$

知,$\boldsymbol{A}^{\mathrm{T}}\boldsymbol{A}$ 为对称正定矩阵,从而 $\boldsymbol{A}^{\mathrm{T}}\boldsymbol{A}$ 非奇异. 因此,方程组(6.2.3)的解存在且唯一.

由于

$$\mathbf{A}^{\mathrm{T}}\mathbf{A}=\begin{bmatrix}1 & 1 & \cdots & 1\\ x_1 & x_2 & \cdots & x_n\\ x_1^2 & x_2^2 & \cdots & x_n^2\\ \vdots & \vdots & & \vdots\\ x_1^m & x_2^m & \cdots & x_n^m\end{bmatrix}\begin{bmatrix}1 & x_1 & x_1^2 & \cdots & x_1^m\\ 1 & x_2 & x_2^2 & \cdots & x_2^m\\ 1 & x_3 & x_3^2 & \cdots & x_3^m\\ \vdots & \vdots & \vdots & & \vdots\\ 1 & x_n & x_n^2 & \cdots & x_n^m\end{bmatrix}$$

$$=\begin{bmatrix}n & \sum_{i=1}^{n}x_i & \sum_{i=1}^{n}x_i^2 & \cdots & \sum_{i=1}^{n}x_i^m\\ \sum_{i=1}^{n}x_i & \sum_{i=1}^{n}x_i^2 & \sum_{i=1}^{n}x_i^3 & \cdots & \sum_{i=1}^{n}x_i^{m+1}\\ \vdots & \vdots & \vdots & & \vdots\\ \sum_{i=1}^{n}x_i^m & \sum_{i=1}^{n}x_i^{m+1} & \sum_{i=1}^{n}x_i^{m+2} & \cdots & \sum_{i=1}^{n}x_i^{2m}\end{bmatrix},$$

所以,在计算法方程组的系数矩阵时,只需计算

$$n,\ \sum_{i=1}^{n}x_i,\ \sum_{i=1}^{n}x_i^2,\ \cdots,\ \sum_{i=1}^{n}x_i^m,\ \sum_{i=1}^{n}x_i^{m+1},\ \cdots,\ \sum_{i=1}^{n}x_i^{2m},$$

然后按上述顺序排列即可,这样可大大节约计算量.

最后,给出利用多项式作最小二乘数据拟合的具体步骤如下:

(1) 计算法方程组的系数矩阵和常数项的各元素:

$$\sum_{i=1}^{n}x_i^0=n,\quad \sum_{i=1}^{n}x_i,\quad \sum_{i=1}^{n}x_i^2,\quad \cdots,\quad \sum_{i=1}^{n}x_i^{2m};$$

$$\sum_{i=1}^{n}y_i,\quad \sum_{i=1}^{n}y_ix_i,\quad \sum_{i=1}^{n}y_ix_i^2,\quad \cdots,\quad \sum_{i=1}^{n}y_ix_i^m.$$

(2) 利用改进平方根法或迭代法求法方程组的解 $a_0^*,a_1^*,\cdots,a_m^*$,则最小二乘拟合多项式为

$$P(x)=a_0^*+a_1^*x+a_2^*x^2+\cdots+a_m^*x^m.$$

例 1 通过实验获得数据如表 6-1 所示,试用最小二乘法求多项式曲线,使与此数据组相拟合(计算取 4 位小数).

表 6-1

x_i	1	2	3	4	6	7	8
y_i	2	3	6	7	5	3	2

解 (1) 作散点分布图.

将数据(x_i, y_i)描在坐标纸上,如图 6-1 所示. 从图可以看出,点的分布近似为抛物线.

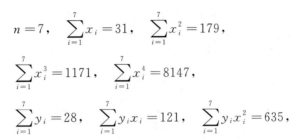

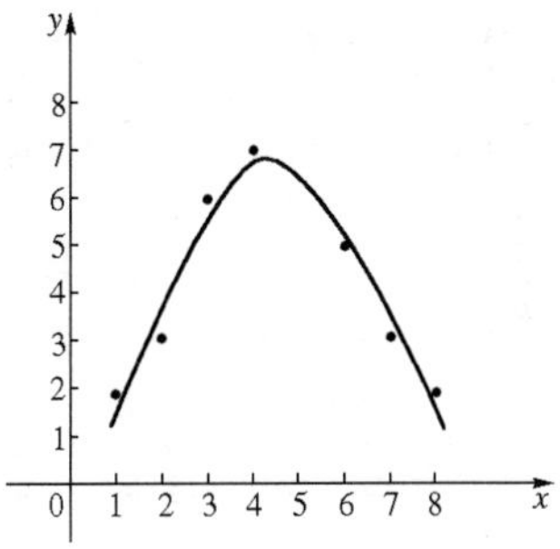

图 6-1

(2) 确定近似表达式.

设拟合曲线为二次多项式

$$y=\varphi(x)=a_0+a_1x+a_2x^2.$$

(3) 建立法方程组.

由于

$$n=7,\quad \sum_{i=1}^{7}x_i=31,\quad \sum_{i=1}^{7}x_i^2=179,$$

$$\sum_{i=1}^{7}x_i^3=1171,\quad \sum_{i=1}^{7}x_i^4=8147,$$

$$\sum_{i=1}^{7}y_i=28,\quad \sum_{i=1}^{7}y_ix_i=121,\quad \sum_{i=1}^{7}y_ix_i^2=635,$$

故法方程组为

$$\begin{bmatrix}7 & 31 & 179\\ 31 & 179 & 1171\\ 179 & 1171 & 8147\end{bmatrix}\begin{bmatrix}a_0\\ a_1\\ a_2\end{bmatrix}=\begin{bmatrix}28\\ 121\\ 635\end{bmatrix}.$$

(4) 求解法方程组.

解(3)中得到的法方程组,得

$$a_0=-1.3185,\quad a_1=3.4321,\quad a_2=-0.3864,$$

故所求拟合曲线为

$$y=\varphi(x)=-1.3185+3.4321x-0.3864x^2.$$

例 2 在一物理实验中,测得电压 V 与电流 I 的一组数据如表 6-2 所示,试用最小二乘法求数据的最佳拟合函数.

表 6-2

V_i/V	1	2	3	4	5	6	7	8
I_i/mA	15.3	20.5	27.4	36.6	49.1	65.6	87.8	117.6

解 将数据描在坐标纸上,如图 6-2 所示. 从图看出,点的分布近似为指数曲线. 故取指数函数

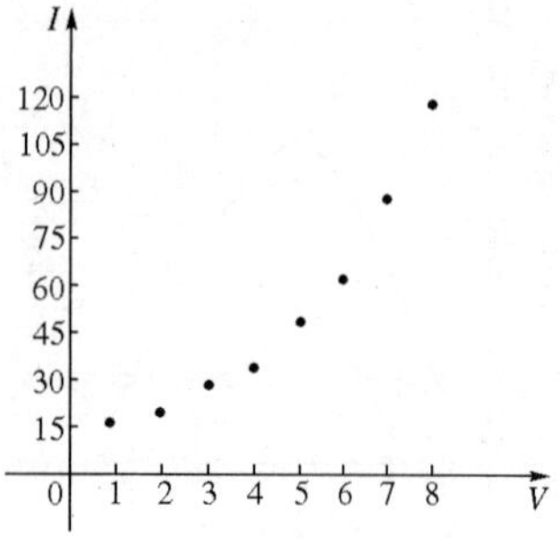

图 6-2

$$I=a\mathrm{e}^{bV} \quad (a,b \text{ 为常数})$$

作为拟合函数比较合适. 此时只要求出常数 a,b,就可找到最佳拟合函数. 但是,这是一个关于 a,b 的非线性模型,故应首先通过适当变换,将其化为线性模型,然后利用最小二乘法去求解.为此,我们对函数

$$I=a\mathrm{e}^{bV}$$

两边取常用对数,得

$$\lg I=\lg a+bV\lg\mathrm{e}.$$

令 $u=\lg I$,并记 $A=\lg a,B=b\lg\mathrm{e}$,则得线性模型

$$u=A+BV.$$

以下计算步骤类似于例 1.

由表 6-3 可计算法方程组的各系数和右端项:

$$n=8,\quad \sum_{i=1}^{8}V_i=36,\quad \sum_{i=1}^{8}V_i^2=204,$$

$$\sum_{i=1}^{8}u_i=13.0197,\quad \sum_{i=1}^{8}V_iu_i=63.9003.$$

于是法方程组为

$$\begin{bmatrix}8 & 36\\36 & 204\end{bmatrix}\begin{bmatrix}A\\B\end{bmatrix}=\begin{bmatrix}13.0197\\63.9003\end{bmatrix},$$

解得 $A=1.0584,B=0.1265$,进而可得 $a=11.4393,b=0.2912$. 故最佳拟合函数为

$$I=11.4393\mathrm{e}^{0.2912V}.$$

表 6-3

V_i	I_i	u_i	V_i^2	V_iu_i
1	15.3	1.1847	1	1.1847
2	20.5	1.3118	4	2.6236
3	27.4	1.4378	9	4.3134
4	36.6	1.5635	16	6.2540
5	49.1	1.6911	25	8.4555
6	65.6	1.8169	36	10.9014
7	87.8	1.9435	49	13.6045
8	117.6	2.0704	64	16.5632

本章小结

曲线拟合的最小二乘法是计算机数据处理的重要内容,也是函数逼近的另一重要方法,它在工程技术中有着广泛的应用.本章用多元二次多项式求极值的方法导出了一般线性最小二乘问题的法方程组,并讨论了其解的存在唯一性.某些非线性问题可以转化为线性问题得以解决.对实际问题而言,拟合曲线类型的选取是一个极其重要而又比较困难的问题,必要时可通过数据散点分布图观察选取几种不同类型的拟合曲线,再以其偏差小者为优,经检验后再决定最后的取舍.

算法与程序设计实例

曲线拟合的最小二乘法.

算法 给定数据容量 n 和多项式次数 m.

(1) 对 $k=1,2,\cdots,n$,输入数据 x_k 和 y_k;

(2) 对 $k=0,1,2,\cdots,2m$,计算 $S_k=\sum\limits_{j=1}^{n}x_j^k$;

(3) 利用 $S_0,S_1,\cdots,S_{2m}$ 构造矩阵 $\boldsymbol{S}$:

$$\boldsymbol{S}=\begin{bmatrix} S_0 & S_1 & \cdots & S_m \\ S_1 & S_2 & \cdots & S_{m+1} \\ \vdots & \vdots & & \vdots \\ S_m & S_{m+1} & \cdots & S_{2m} \end{bmatrix};$$

(4) 对 $k=0,1,2,\cdots,m$,计算 $T_k=\sum\limits_{j=1}^{n}y_jx_j^k$;

(5) 利用 $T_0,T_1\cdots,T_m$ 构造向量 $\boldsymbol{T}=(T_0,T_1,\cdots,T_m)^{\mathrm{T}}$;

(6) 利用 $\boldsymbol{SA}=\boldsymbol{T}$,计算系数向量 $\boldsymbol{A}=(a_0,a_1,\cdots,a_m)^{\mathrm{T}}$;

(7) 输出多项式 $P(x)=\sum\limits_{i=0}^{m}a_ix^i$.

实例 由化学实验得到某物质浓度 y 与时间 t 的关系如表 6-4 所示,求浓度 y 与时间 t 的二次拟合曲线.

表 6-4

时间 t	1	2	3	4	5	6	7	8
浓度 y	4.00	6.40	8.00	8.80	9.22	9.50	9.70	9.86
时间 t	9	10	11	12	13	14	15	16
浓度 y	10.00	10.20	10.32	10.42	10.50	10.55	10.58	10.60

程序和输出结果

程序如下：

```
#include<stdio.h>
#include<alloc.h>
#include<math.h>
void main()
{
    int i;
    float *a;
    float x[16]={1,2,3,4,5,6,7,8,9,10,11,12,13,14,15,16};
    float y[16]={4.00,6.40,8.00,8.80,9.22,9.50,9.70,9.86,10.00,10.20,
                 10.32,10.42,10.50,10.55,10.58,10.60};
    float *Approx(float *, float *, int, int);
    a=Approx(x,y,16,2);
    clrscr();
    for(i=0;i<=2;i++)
        printf("a[%d]=%f\n",i,a[i]);
    getch();
}
float *Approx(float *x, float *y, int m, int n)
{
    float *c, *a;
    int i, j, t;
    float power(int, float);
    float *ColPivot(float *, int);
    c=(float *)malloc((n+1)*(n+2)*sizeof(float));
    for(i=0;i<=n;i++)
```

```
    {
        for(j=0;j<=n;j++)
        {
            *(c+i*(n+2)+j)=0.0;
            for(t=0;t<=m-1;t++)
                *(c+i*(n+2)+j)+=power(i+j,x[t]);
        }
        *(c+i*(n+2)+n+1)=0.0;
        for(j=0;j<=m-1;j++)
            *(c+i*(n+2)+n+1)+=y[j]*power(i,x[j]);
    }
    a=ColPivot((float *)c,n+1);
    return a;
}
float *ColPivot(float *a, int n)
{
    int i,j,t,k;
    float *x,*c,p;
    x=(float *)malloc(n*sizeof(float));
    c=(float *)malloc(n*(n+1)*sizeof(float));
    for(i=0;i<=n-1;i++)
    for(j=0;j<=n;j++)
        *(c+i*(n+1)+j)=(*(a+i*(n+1)+j));
    for(i=0;i<=n-2;i++)
    {
        k=i;
        for(j=i+1;j<=n-1;j++)
            if(fabs(*(c+j*(n+1)+i))
            >(fabs(*(c+k*(n+1)+i)))) k=j;
        if(k!=i)
            for(j=i;j<=n;j++)
            {
                p=*(c+i*(n+1)+j);
                *(c+i*(n+1)+j)=*(c+k*(n+1)+j);
```

```
                * (c+k * (n+1)+j)=p;
            }
        for(j=i+1;j<=n-1;j++)
        {
            p=( * (c+j * (n+1)+i))/( * (c+i * (n+1)+i));
            for(t=i;t<=n-1;t++)
                * (c+j * (n+1)+t)
                    = * (c+j * (n+1)+t)-p * ( * (c+i * (n+1)+t));
            * (c+j * (n+1)+n)-= * (c+i * (n+1)+n) * p;
        }
    }
    for(i=n-1;i>=0;i--)
    {
        for(j=n-1;j>=i+1;j--)
            * (c+i * (n+1)+n))-=x[j] * ( * (c+i * (n+1)+j));
        x[i]= * (c+i * (n+1)+n)/( * (c+i * (n+1)+i));
    }
    free(c);
    return x;
}
float power(int i, float v)
{
    float a=1.0;
    while(i--) a * =v;
    return a;
}
```

输出结果如下：

```
a[0]=4.387500
a[1]=1.065962
a[2]=-0.044466
```

因此，二次拟合多项式为

$$y(t)=4.3875+1.065962t-0.044466t^2.$$

思 考 题

1. 何谓最小二乘原理？为什么要研究最小二乘原理？用最小二乘法求函数近似表达式的一般步骤如何？它与求插值函数近似式有何区别？

2. 最小二乘问题的法方程组是如何构造出来的？它是否存在唯一解？

3. 何谓矛盾方程组？如何求解？

习 题 六

1. 求线性方程组

$$\begin{cases}2x_1+4x_2=11,\\3x_1-5x_2=3,\\x_1+2x_2=6,\\4x_1+2x_2=14\end{cases}$$

的最优近似解(计算取 4 位小数).

2. 试用最小二乘法分别求一次和二次多项式,使它们与表 6-5 中的数据相拟合(计算取 3 位小数),并比较两条拟合曲线的优劣.

表 6-5

x_i	1.36	1.49	1.73	1.81	1.95	2.16	2.28	2.48
y_i	14.094	15.069	16.844	17.378	18.435	19.949	20.963	22.495

3. 试用最小二乘法求形如 $y=a+bx^2$ 的多项式,使它与表 6-6 中的数据相拟合(计算取 3 位小数).

表 6-6

x_i	19	25	31	38	44
y_i	19.0	32.3	49.0	73.3	97.8

4. 观测一个物体的直线运动,测得数据如表 6-7 所示,求该物体的初速度及加速度(假定为常数)(计算取 3 位小数).

表 6-7

时间 t_i/s	0	0.9	1.9	3.0	3.9	5.0
距离 s_i/m	0	10	30	50	80	110

5. 某种铝合金的含铝量为 x(单位：%)，其熔解温度为 y(单位:℃). 由实验测得 x 与 y 的数据如表 6-8 所示，试用最小二乘法建立 x 与 y 之间的经验公式(计算取 4 位小数).

表 6-8

x_i	36.9	46.7	63.7	77.8	84.0	87.5
y_i	181	197	235	270	283	292

6. 设一发射源的发射强度公式为 $I=I_0\mathrm{e}^{-at}$. 测得 I 与 t 的数据如表 6-9 所示，试用最小二乘法确定 I_0 与 a(计算取 3 位小数).

表 6-9

t_i	0.2	0.3	0.4	0.5	0.6	0.7	0.8
I_i	3.16	2.38	1.75	1.34	1.00	0.74	0.56

7. 求形如 $y=a\mathrm{e}^{bx}$ (a,b 为常数，且 $a>0$)的经验公式，使它与表 6-10 中的数据相拟合(计算取 4 位小数).

表 6-10

x_i	1.00	1.25	1.50	1.75	2.00
y_i	5.10	5.79	6.53	7.45	8.46

8. 用最小二乘法求一个形如

$$y=\varphi(x)=a+b\ln x$$

的经验公式，使其与表 6-11 中的数据相拟合(计算取 4 位小数).

表 6-11

x_i	1	2	3	4
y_i	2.5	3.4	4.1	4.4

第七章 数值微积分

在科学研究和工程技术中，常常需要计算函数 $f(x)$ 的微分与定积分. 而在实际问题中，常常会遇到很难或完全无法直接计算微分或定积分的复杂连续函数，或列表型函数. 此时通过解析方法求解就行不通了，必须用数值方法进行计算. 数值微分是将微分离散化为差分进行计算；数值积分是将被积函数的线性组合作为定积分的近似值. 本章首先要求学生了解数值求积公式的思想和意义，理解代数精度的概念，熟练掌握基于插值的牛顿-柯特斯公式及其复化求积公式，以及基于外推原理的龙贝格求积公式. 高斯求积公式具有最高的代数精度，但求高斯点的过程复杂，可作为选学内容. 数值微分仅介绍简单形式的差商型和插值型求导公式，其困难在于步长的选取.

§1 牛顿-柯特斯公式

一、数值积分的基本思想

当函数 $f(x)$ 为已知时，我们讨论如何计算定积分

$$I=\int_a^b f(x)\mathrm{d}x.$$

为了避开求原函数的困难，我们通过被积函数 $f(x)$ 的值来求出定积分的值. 由积分中值定理，对于区间 $[a,b]$ 上的连续函数 $f(x)$，在 $[a,b]$ 内存在点 ξ，使得

$$I=\int_a^b f(x)\mathrm{d}x=(b-a)f(\xi)\quad(a\leqslant\xi\leqslant b).$$

但 ξ 的值一般是不知道的，因而难以准确计算 $f(\xi)$ 的值. 我们称 $f(\xi)$ 为 $f(x)$ 在 $[a,b]$ 上的**平均高度**. 若能对 $f(\xi)$ 提供一种近似算法，就可得到一种数值积分公式，如最简单的形式

$$I=\int_a^b f(x)\mathrm{d}x \approx (b-a)f(a), \tag{7.1.1}$$

$$I=\int_a^b f(x)\mathrm{d}x \approx (b-a)f(b), \tag{7.1.2}$$

$$I=\int_a^b f(x)\mathrm{d}x \approx (b-a)f\left(\frac{a+b}{2}\right). \tag{7.1.3}$$

以上三个公式分别称为**左矩形公式**、**右矩形公式**及**中矩形公式**,其几何意义是明显的.

更一般地,$f(x)$在$[a,b]$上 $n+1$ 个节点 x_i 处的高度为 $f(x_i)$ $(i=0,1,2,\cdots,n)$,通过加权平均的方法近似地得出平均高度 $f(\xi)$. 这类数值积分公式的一般形式为

$$I=\int_a^b f(x)\mathrm{d}x \approx \sum_{i=0}^{n} A_i f(x_i). \tag{7.1.4}$$

我们称 x_i 为**求积节点**,称 A_i 为**求积系数**(或节点 x_i 的**权**).

记

$$R_n[f]=\int_a^b f(x)\mathrm{d}x - \sum_{i=0}^{n} A_i f(x_i), \tag{7.1.5}$$

称 $R_n[f]$为求积公式(7.1.4)的**截断误差**.

这类求积方法通常称为**机械求积方法**,其特点是直接利用某些节点上的函数值计算积分值,从而将积分求值问题归结为函数值的计算,也就避开了牛顿-莱布尼茨公式需要寻求原函数的困难.

二、插值型求积公式

用拉格朗日插值多项式 $L_n(x)$作为 $f(x)$的近似函数,设区间$[a,b]$上的节点为

$$a=x_0<x_1<x_2<\cdots<x_n=b,$$

则有

$$L_n(x)=\sum_{i=0}^{n} l_i(x) f(x_i),$$

其中

$$l_i(x)=\prod_{\substack{j=0\\ j\neq i}}^{n} \frac{x-x_j}{x_i-x_j}.$$

于是,计算定积分时, $f(x)$可由 $L_n(x)$代替,有

$$\begin{aligned} I &= \int_a^b f(x)\mathrm{d}x \approx \int_a^b L_n(x)\mathrm{d}x = \int_a^b \sum_{i=0}^{n} l_i(x) f(x_i)\mathrm{d}x \\ &= \sum_{i=0}^{n}\left[\int_a^b l_i(x)\mathrm{d}x\right] f(x_i). \end{aligned}$$

记

$$A_i=\int_a^b l_i(x)\mathrm{d}x, \tag{7.1.6}$$

则有公式

$$I=\int_a^b f(x)\mathrm{d}x \approx \sum_{i=0}^{n} A_i f(x_i), \tag{7.1.7}$$

其中 A_i 只与插值节点 x_i 有关,而与被积函数 $f(x)$无关. 公式(7.1.7)称为**插值型求积公式**.

由拉格朗日插值多项式的余项可知,公式(7.1.7)的截断误差为

$$R_n[f]=\int_a^b [f(x)-L_n(x)]\mathrm{d}x=\frac{1}{(n+1)!}\int_a^b f^{(n+1)}(\xi)\omega_{n+1}(x)\mathrm{d}x, \tag{7.1.8}$$

其中

$$\omega_{n+1}(x)=\prod_{i=0}^{n}(x-x_i), \quad \xi\in(a,b).$$

三、牛顿-柯特斯公式

在插值型求积公式中,若取等距节点,将区间$[a,b]$作 n 等分,记节点 $x_i=a+ih$ $(i=0,1,2,\cdots,n)$,$h=\frac{b-a}{n}$,这样计算 A_i 的公式(7.1.6)在作变量替换 $x=a+th$ 后可简化为

$$\begin{aligned} A_i &=\int_a^b \prod_{\substack{j=0\\ j\neq i}}^{n} \frac{x-x_j}{x_i-x_j}\mathrm{d}x=h\int_0^n \prod_{\substack{j=0\\ j\neq i}}^{n} \frac{t-j}{i-j}\mathrm{d}t \\ &=\frac{b-a}{n}\frac{(-1)^{n-i}}{i!(n-i)!}\int_0^n \prod_{\substack{j=0\\ j\neq i}}^{n}(t-j)\mathrm{d}t. \end{aligned}$$

记

$$C_i^{(n)}=\frac{1}{n}\frac{(-1)^{n-i}}{i!(n-i)!}\int_0^n \prod_{\substack{j=0\\ j\neq i}}^{n}(t-j)\mathrm{d}t, \tag{7.1.9}$$

则有

$$A_i=(b-a)C_i^{(n)}, \tag{7.1.10}$$

且

$$I=\int_a^b f(x)\mathrm{d}x \approx (b-a)\sum_{i=0}^{n} C_i^{(n)} f(x_i), \tag{7.1.11}$$

其中 $C_i^{(n)}$ 是不依赖于 $f(x)$和区间$[a,b]$的常数. 称公式(7.1.11)为**牛顿-柯特斯**(Newton-Cotes)**求积公式**,其中 $C_i^{(n)}$ 称为**柯特斯系数**.

由(7.1.9)式可得柯特斯系数具有以下性质:

(1) $C_i^{(n)}=C_{n-i}^{(n)}$ (对称性);

(2) $\sum_{i=0}^{n} C_i^{(n)}=1$ (权性).

特别地,当 $n=1$ 时,

$$C_0^{(1)}=C_1^{(1)}=\int_0^1 t\,\mathrm{d}t=\frac{1}{2},$$

$$I=\int_a^b f(x)\mathrm{d}x\approx\frac{b-a}{2}[f(a)+f(b)]. \tag{7.1.12}$$

公式(7.1.12)称为**梯形公式**.

当 $n=2$ 时,

$$C_0^{(2)}=C_2^{(2)}=\frac{1}{4}\int_0^2 t(t-1)\mathrm{d}t=\frac{1}{6},\quad C_1^{(2)}=\frac{1}{4}\int_0^2 t(t-2)\mathrm{d}t=\frac{4}{6},$$

$$I=\int_a^b f(x)\mathrm{d}x\approx\frac{b-a}{6}\left[f(a)+4f\left(\frac{a+b}{2}\right)+f(b)\right]. \tag{7.1.13}$$

公式(7.1.13)称为**辛普森**(Simpson)**公式或抛物公式**.

当 $n=4$ 时,类似地有

$$\begin{aligned} I&=\int_a^b f(x)\mathrm{d}x \\ &\approx\frac{b-a}{90}[7f(x_0)+32f(x_1)+12f(x_2)+32f(x_3)+7f(x_4)], \\ &\quad x_i=a+i\,\frac{b-a}{4}\quad(i=0,1,2,3,4), \end{aligned} \tag{7.1.14}$$

公式(7.1.14)称为**柯特斯公式**.

为了便于应用,将部分柯特斯系数列成表,见表 7-1.

表 7-1

n	$C_i^{(n)}$								
1	$\frac{1}{2}$	$\frac{1}{2}$							
2	$\frac{1}{6}$	$\frac{4}{6}$	$\frac{1}{6}$						
3	$\frac{1}{8}$	$\frac{3}{8}$	$\frac{3}{8}$	$\frac{1}{8}$					
4	$\frac{7}{90}$	$\frac{32}{90}$	$\frac{12}{90}$	$\frac{32}{90}$	$\frac{7}{90}$				
5	$\frac{19}{288}$	$\frac{75}{288}$	$\frac{50}{288}$	$\frac{50}{288}$	$\frac{75}{288}$	$\frac{19}{288}$			
6	$\frac{41}{840}$	$\frac{216}{840}$	$\frac{27}{840}$	$\frac{272}{840}$	$\frac{27}{840}$	$\frac{216}{840}$	$\frac{41}{840}$		
7	$\frac{751}{17280}$	$\frac{3577}{17280}$	$\frac{1323}{17280}$	$\frac{2989}{17280}$	$\frac{2989}{17280}$	$\frac{1323}{17280}$	$\frac{3577}{17280}$	$\frac{751}{17280}$	
8	$\frac{989}{28350}$	$\frac{5888}{28350}$	$\frac{-928}{28350}$	$\frac{10496}{28350}$	$\frac{-4540}{28350}$	$\frac{10496}{28350}$	$\frac{-928}{28350}$	$\frac{5888}{28350}$	$\frac{989}{28350}$

从表 7-1 可看出,当 n 较大时,柯特斯系数较复杂,且出现负项,计算过程的稳定性没有保证. 这时一般较少使用. 梯形公式、辛普森公式和柯特斯公式是最基本、最常用的求积公式,其截断误差可由下述定理给出:

定理 1 (1) 若 $f''(x)$在区间$[a,b]$上连续,则梯形公式(7.1.12)的截断误差为

$$R_1[f]=-\frac{(b-a)^3}{12}f''(\xi)\quad(\xi\in[a,b]);\tag{7.1.15}$$

(2) 若 $f^{(4)}(x)$在区间$[a,b]$上连续,则辛普森公式(7.1.13)的截断误差为

$$R_2[f]=-\frac{(b-a)^5}{2880}f^{(4)}(\xi)=-\frac{1}{90}\left(\frac{b-a}{2}\right)^5 f^{(4)}(\xi)\quad(\xi\in[a,b]);\tag{7.1.16}$$

(3) 若 $f^{(6)}(x)$在区间$[a,b]$上连续,则柯特斯公式(7.1.14)的截断误差为

$$R_4[f]=-\frac{(b-a)^7}{1013760}f^{(6)}(\xi)=-\frac{8}{495}\left(\frac{b-a}{4}\right)^7 f^{(6)}(\xi)\quad(\xi\in[a,b]).\tag{7.1.17}$$

例 1 分别利用梯形公式、辛普森公式和柯特斯公式计算定积分 $I=\int_{0.5}^{1}\sqrt{x}\,\mathrm{d}x$,并与精确值进行比较.

解 (1) 用梯形公式得

$$I\approx\frac{0.5}{2}(\sqrt{0.5}+1)\approx 0.4267767.$$

(2) 用辛普森公式得

$$I\approx\frac{0.5}{6}(\sqrt{0.5}+4\sqrt{0.75}+1)\approx 0.43093403.$$

(3) 用柯特斯公式得

$$I\approx\frac{0.5}{90}(7\sqrt{0.5}+32\sqrt{0.625}+12\sqrt{0.75}+32\sqrt{0.875}+7)\approx 0.43096407.$$

精确值为

$$I=\int_{0.5}^{1}\sqrt{x}\,\mathrm{d}x=\frac{2}{3}\sqrt{x^3}\,\Big|_{0.5}^{1}=0.43096441.$$

由此知三种计算方法计算的结果分别具有 2,3,6 位有效数字.

§2 龙贝格公式

一、复化求积公式

为了提高数值积分的精确度,将积分区间$[a,b]$等分为 n 个小区间,在每个小区间上用基本求积公式,再累加得出新的求积公式. 这样既可提高结果的精确度,又可使算法简便易于实现. 这种求积公式称为**复化求积公式**.

将区间$[a,b]$分为 n 等份,记分点 $x_i=a+ih$ $(i=0,1,2,\cdots,n)$, $h=\dfrac{b-a}{n}$ 称为**步长**. 小区间为$[x_{i-1},x_i]$ $(i=1,2,\cdots,n)$.

若在每个小区间$[x_{i-1},x_i]$上应用梯形公式(7.1.12),即

$$\int_{x_{i-1}}^{x_i} f(x)\mathrm{d}x \approx \frac{h}{2}[f(x_{i-1})+f(x_i)] \quad (i=1,2,\cdots,n),$$

则有

$$I=\int_a^b f(x)\mathrm{d}x=\sum_{i=1}^{n}\int_{x_{i-1}}^{x_i} f(x)\mathrm{d}x \approx \frac{h}{2}\sum_{i=1}^{n}[f(x_{i-1})+f(x_i)]$$

$$=\frac{h}{2}\left[f(a)+2\sum_{i=1}^{n-1}f(x_i)+f(b)\right] \xlongequal{\text{记为}} T_n. \tag{7.2.1}$$

(7.2.1)式称为**复化梯形公式**.

类似地,也有**复化辛普森公式**

$$S_n=\frac{h}{6}\left[f(a)+4\sum_{i=0}^{n-1}f(x_{i+1/2})+2\sum_{i=1}^{n-1}f(x_i)+f(b)\right], \tag{7.2.2}$$

其中

$$x_{i+1/2}=x_i+\frac{1}{2}h;$$

还有**复化柯特斯公式**

$$C_n=\frac{h}{90}\Big[7f(a)+32\sum_{i=0}^{n-1}f(x_{i+1/4})+12\sum_{i=0}^{n-1}f(x_{i+1/2})$$

$$+32\sum_{i=0}^{n-1}f(x_{i+3/4})+14\sum_{i=1}^{n-1}f(x_i)+7f(b)\Big], \tag{7.2.3}$$

其中

$$x_{i+1/4}=x_i+\frac{1}{4}h,\ x_{i+1/2}=x_i+\frac{1}{2}h,\ x_{i+3/4}=x_i+\frac{3}{4}h.$$

定理 1 设函数 $f(x)$在区间$[a,b]$上具有连续的二阶导数,则复化梯形公式的截断误差为

$$R_{\mathrm{T}}[f]=-\frac{b-a}{12}h^2 f''(\eta) \quad (\eta\in(a,b)). \tag{7.2.4}$$

证明 由本章§1 的定理 1 知,在区间$[x_i,x_{i+1}]$上梯形公式的截断误差为

$$-\frac{h^3}{12}f''(\eta_i) \quad (\eta_i\in(x_i,x_{i+1}),\ i=0,1,2,\cdots,n-1),$$

误差相加,得

$$R_{\mathrm{T}}[f]=\int_a^b f(x)\mathrm{d}x-T_n=-\frac{h^3}{12}\sum_{i=0}^{n-1}f''(\eta_i).$$

由于 $f''(x)$在$[a,b]$上连续,所以在$[a,b]$内必存在一点 η,使得

$$f''(\eta)=\frac{1}{n}\sum_{i=0}^{n-1}f''(\eta_i).$$

于是 $$R_T[f]=-\frac{b-a}{12}h^2f''(\eta)\quad(\eta\in(a,b)).$$

类似地,可推出复化辛普森公式的截断误差为

$$R_S[f]=-\frac{b-a}{2880}h^4f^{(4)}(\eta)\quad(\eta\in(a,b)),\tag{7.2.5}$$

复化柯特斯公式的截断误差为

$$R_C[f]=-\frac{2(b-a)}{945}\left(\frac{h}{4}\right)^6f^{(6)}(\eta)\quad(\eta\in(a,b)).\tag{7.2.6}$$

例 1 计算定积分 $I=\int_0^1 e^x dx$,若要求误差不超过 $\frac{1}{2}\times 10^{-4}$,分别用复化梯形公式和复化辛普森公式计算,问:至少需各取多少个节点?

解 由 $f(x)=e^x,f''(x)=f^{(4)}(x)=e^x$ 得

$$\max_{x\in[0,1]}|f''(x)|=\max_{x\in[0,1]}|f^{(4)}(x)|=e.$$

由(7.2.4)式有

$$|R_T[f]|\leqslant\frac{e}{12n^2}\leqslant\frac{1}{2}\times 10^{-4},$$

解出 $n>67.3$,故用复化梯形公式时 n 至少取 68,即需 69 个节点.

由(7.2.5)式有

$$|R_S[f]|\leqslant\frac{e}{2880n^4}\leqslant\frac{1}{2}\times 10^{-4},$$

解出 $n>2.1$,故用复化辛普森公式时 n 至少取 3,即需 7 个节点.

二、变步长求积公式

在使用复化求积公式时,必须事先给出合适的步长. 在实际问题中,有时导数绝对值的上界很难估计,从而误差也不好估计. 所以,在实际计算中,常常采用变步长的计算方案,即步长逐次分半,反复利用复化求积公式进行计算,并同时查看相继两次计算结果的误差是否达到要求,直到所求得的积分近似值满足精确度要求为止. 下面以复化梯形公式为例,介绍变步长的求积公式.

设积分区间$[a,b]$分为 n 等份,共有 $n+1$ 个节点,则由复化梯形公式得

$$T_n=\frac{h}{2}\left[f(a)+2\sum_{i=1}^{n-1}f(x_i)+f(b)\right],\quad h=\frac{b-a}{n}.$$

将积分区间再二分一次,分为 $2n$ 个小区间,有 $2n+1$ 个节点. 为了讨论二分前、后的两个积分值的关系,考查一个小区间$[x_i,x_{i+1}]$,其中点为 $x_{i+1/2}$. 二分前、后该小区间上的两个积分值分别为

$$T_1=\frac{h}{2}[f(x_i)+f(x_{i+1})],$$

$$T_2=\frac{h}{4}[f(x_i)+2f(x_{i+1/2})+f(x_{i+1})],$$

显然有关系

$$T_2=\frac{1}{2}T_1+\frac{h}{2}f(x_{i+1/2}).$$

将这一关系式两边关于 i 由 0 到 $n-1$ 累加求和,则有下列关系式:

$$T_{2n}=\frac{1}{2}T_n+\frac{h}{2}\sum_{i=0}^{n-1}f(x_{i+1/2}). \tag{7.2.7}$$

上式即为二分前、后区间$[a,b]$上积分值 T_n 与 T_{2n}的递推公式. 在计算 T_{2n}时, T_n 为已知数据,只需累加新增的分点 $x_{i+1/2}$的函数值 $f(x_{i+1/2})$,使计算量节约一半. 计算过程中,常常用$|T_{2n}-T_n|<\varepsilon$ 是否满足作为控制计算精确度的条件. 若满足,则取 T_{2n}为 I 的近似值;若不满足,则再将区间二分,直到满足要求为止.

三、龙贝格公式

我们对递推化的梯形公式进行修正,希望提高该公式的收敛速度. 由复化梯形公式的误差公式(7.2.4)有

$$\frac{I-T_{2n}}{I-T_n}=\frac{1}{4}\frac{f''(\eta_1)}{f''(\eta_2)}.$$

若 $f''(x)$在$[a,b]$上变化不大,即有 $f''(\eta_1)\approx f''(\eta_2)$,则在二分之后误差是原先误差的 $\frac{1}{4}$ 倍,即 $\frac{I-T_{2n}}{I-T_n}\approx\frac{1}{4}$,可得

$$I\approx\frac{4}{3}T_{2n}-\frac{1}{3}T_n\overset{\text{记为}}{=\!=}\overline{T}, \tag{7.2.8}$$

$\overline{T}$ 应当比 T_{2n}更接近积分值 I.

事实上,容易验证 $S_n=\overline{T}$. 这说明,用二分前、后的两个复化梯形公式按(7.2.8)式组合,结果得出的是复化辛普森公式.

类似地,由复化辛普森公式逐次二分有

$$\frac{I-S_{2n}}{I-S_n}\approx\frac{1}{16},$$

可得

$$I\approx\frac{16}{15}S_{2n}-\frac{1}{15}S_n.$$

也可验证右端即为复化柯特斯公式的值 C_n,即

$$C_n = \frac{16}{15}S_{2n} - \frac{1}{15}S_n. \tag{7.2.9}$$

同样,由复化柯特斯公式逐次二分有

$$\frac{I - C_{2n}}{I - C_n} \approx \frac{1}{64},$$

可得

$$I \approx \frac{64}{63}C_{2n} - \frac{1}{63}C_n.$$

将该式右端记为

$$R_n = \frac{64}{63}C_{2n} - \frac{1}{63}C_n. \tag{7.2.10}$$

式(7.2.10)称为**龙贝格**(Romberg)**公式**.

我们在积分区间二分的过程中运用公式(7.2.8),(7.2.9),(7.2.10)修正三次,便将粗糙的复化梯形公式积分值 T_n 逐步加工成精确度较高的龙贝格公式积分值 R_n. 这种加速方法称为**龙贝格算法**,其计算流程图如下所示:

$$\begin{array}{ccccccc}
\text{梯形序列} & & \text{辛普森序列} & & \text{柯特斯序列} & & \text{龙贝格序列} \\
T_1 & & & & & & \\
\downarrow & \searrow & & & & & \\
T_2 & \rightarrow & S_1 & & & & \\
\downarrow & \searrow & & \searrow & & & \\
T_4 & \rightarrow & S_2 & \rightarrow & C_1 & & \\
\downarrow & \searrow & & \searrow & & \searrow & \\
T_8 & \rightarrow & S_4 & \rightarrow & C_2 & \rightarrow & R_1 \\
\downarrow & \searrow & & \searrow & & \searrow & \\
T_{16} & \rightarrow & S_8 & \rightarrow & C_4 & \rightarrow & R_2 \\
\vdots & & \vdots & & \vdots & & \vdots
\end{array}$$

例 2 用龙贝格公式计算定积分

$$I = \int_0^1 \frac{4}{1+x^2}\mathrm{d}x,$$

要求误差不超过 $\varepsilon = \frac{1}{2} \times 10^{-5}$(其精确值为 π).

解 计算结果见表 7-2,故

$$I \approx 3.141593.$$

表 7-2

k	区间等分数 $n=2^k$	梯形序列 T_{2k}	辛普森序列 S_{2k-1}	柯特斯序列 C_{2k-2}	龙贝格序列 R_{2k-3}
0	1	3			
1	2	3.1	3.133333		
2	4	3.131177	3.141569	3.142118	
3	8	3.138989	3.141593	3.141595	3.141586
4	16	3.140942	3.141593	3.141593	3.141593
5	32	3.141430	3.141593	3.141593	3.141593

*§3 高斯型求积公式

一、代数精确度

定义 1 若求积公式

$$\int_a^b f(x)\mathrm{d}x \approx \sum_{k=0}^{n} A_k f(x_k)$$

对于任意不高于 m 次的代数多项式都准确成立，而对于 $m+1$ 次多项式却不能准确成立，则称该求积公式具有 m **次代数精确度**，或称该求积公式的代数精确度为 m

由上述定义和定积分的性质易知，求积公式

$$\int_a^b f(x)\mathrm{d}x \approx \sum_{k=0}^{n} A_k f(x_k)$$

具有 m 次代数精确度的充分必要条件是该公式对 $f(x)=1,x,\cdots,x^m$ 能准确成立，而对 $f(x)=x^{m+1}$ 不能准确成立.

例如，可以验证，梯形公式

$$\int_a^b f(x)\mathrm{d}x \approx \frac{b-a}{2}[f(a)+f(b)],$$

对于 $f(x)=1,x$ 准确成立，但对 $f(x)=x^2$ 却不准确成立，所以梯形公式的代数精确度为 $m=1$.

由插值型求积公式的余项(7.1.8)易得下面的定理：

定理 1 含有 $n+1$ 个节点 $x_i(i=0,1,2,\cdots,n)$ 的插值型求积公式(7.1.7)的代数精确度至少为 n.

定理 2 牛顿-柯特斯求积公式(7.1.11)的代数精确度至少是 n. 特别地，当 n 为偶数时,牛顿-柯特斯求积公式的代数精确度可以达到 $n+1$.

证明 这里证明定理后半部分内容.

验证当 $n=2k$ 时,公式(7.1.11)对 $f(x)=x^{n+1}$ 精确成立. 由于误差

$$R=\int_a^b \frac{f^{(n+1)}(\xi)}{(n+1)!}\omega(x)\mathrm{d}x=\int_a^b \omega_{n+1}(x)\mathrm{d}x$$

$$\xlongequal{x=a+th} h^{n+2}\int_0^n t(t-1)\cdots(t-n)\mathrm{d}t$$

$$\xlongequal{n=2k} h^{n+2}\int_0^{2k} t(t-1)\cdots(t-k)(t-k-1)\cdots(t-2k-1)(t-2k)\mathrm{d}t$$

$$\xlongequal{u=t-k} h^{n+2}\int_{-k}^{k}(u+k)(u+k-1)\cdots u(u-1)\cdots(u-k+1)(u-k)\mathrm{d}u,$$

令

$$H(u)=(u+k)(u+k-1)\cdots u(u-1)\cdots(u-k+1)(u-k),$$

则

$$H(-u)=(-1)^{2k+1}H(u)=-H(u),$$

即 $H(u)$ 是奇函数,故 $R=0$. 这说明,当 n 为偶数时,牛顿-柯特斯求积公式的代数精确度可达 $n+1$.

辛普森求积公式,即 $n=2$ 时的牛顿-柯特斯求积公式,其代数精确度为 3.

二、高斯型求积公式

当节点等距时,插值型求积公式的代数精确度是 n 或 $n+1$. 若对节点适当选择,可提高插值型求积公式的代数精确度. 对具有 $n+1$ 个节点的插值型求积公式,其代数精确最高可达 $2n+1$.

定义 2 将 $n+1$ 个节点的具有 $2n+1$ 次代数精确度的插值型求积公式

$$\int_a^b f(x)\mathrm{d}x \approx \sum_{k=0}^{n} A_k f(x_k)$$

称为**高斯型求积公式**,其中节点 $x_k(k=0,1,2,\cdots,n)$ 称为**高斯点**, $A_k(k=0,1,2,\cdots,n)$ 称为**高斯系数**.

对于高斯型求积公式,下面主要讨论如何确定各个高斯点 x_k 及高斯系数 A_k.

我们以 $\int_{-1}^{1} f(x)\mathrm{d}x$ 为例,一个节点的高斯型求积公式是中矩形公式

$$\int_{-1}^{1} f(x)\mathrm{d}x \approx 2f(0),$$

其高斯点为 $x_0=0$,高斯系数为 $A_0=2$.

现推导两个节点的高斯型求积公式

$$\int_{-1}^{1} f(x)\mathrm{d}x \approx A_0 f(x_0) + A_1 f(x_1).$$

具有 3 次代数精确度，即要求对 $f(x)=1,x,x^2,x^3$ 准确成立，于是有

$$\begin{cases} A_0 + A_1 = 2, \\ A_0 x_0 + A_1 x_1 = 0, \\ A_0 x_0^2 + A_1 x_1^2 = \dfrac{2}{3}, \\ A_0 x_0^3 + A_1 x_1^3 = 0. \end{cases}$$

解之得 $x_0 = -x_1 = -\dfrac{1}{\sqrt{3}}$, $A_0 = A_1 = 1$，所以公式为

$$\int_{-1}^{1} f(x)\mathrm{d}x \approx f\left(-\frac{1}{\sqrt{3}}\right) + f\left(\frac{1}{\sqrt{3}}\right). \tag{7.3.1}$$

对任意积分区间$[a,b]$，可通过变换 $x=\dfrac{b-a}{2}t+\dfrac{a+b}{2}$ 将它变成区间$[-1,1]$上，这时

$$\int_a^b f(x)\mathrm{d}x = \frac{b-a}{2}\int_{-1}^{1} f\left(\frac{b-a}{2}t + \frac{a+b}{2}\right)\mathrm{d}t.$$

相应的两个节点的高斯型求积公式为

$$\int_a^b f(x)\mathrm{d}x \approx \frac{b-a}{2}\left[f\left(\frac{a-b}{2\sqrt{3}} + \frac{a+b}{2}\right) + f\left(\frac{b-a}{2\sqrt{3}} + \frac{a+b}{2}\right)\right]. \tag{7.3.2}$$

更一般的高斯型求积公式的推导虽可化为代数方程问题，但求解困难. 我们给出高斯点的基本特性定理.

定理 3 节点 $x_k(k=0,1,2,\cdots,n)$为高斯点的充分必要条件是以这些点为零点的多项式 $\omega_{n+1}(x)=\prod\limits_{i=0}^{n}(x-x_i)$与任意的次数$\leqslant n$ 的多项式 $P(x)$在$[a,b]$上正交，即

$$\int_a^b P(x)\omega_{n+1}(x)\mathrm{d}x = 0.$$

证明 *必要性* 设 $x_k(k=0,1,2,\cdots,n)$是高斯型求积公式的高斯点，$P(x)$是次数不超过 n 的多项式，则 $P(x)\omega_{n+1}(x)$是次数不超过 $2n+1$ 的多项式. 由高斯点的定义及

$$\omega_{n+1}(x_k) = 0 \quad (k=0,1,2,\cdots,n)$$

有

$$\int_a^b P(x)\omega_{n+1}(x)\mathrm{d}x = \sum_{k=0}^{n} A_k P(x_k)\omega_{n+1}(x_k) = 0.$$

充分性 设 $\omega_{n+1}(x)$与任意次数不超过 n 的多项式正交，$f(x)$是任意次数不超过 $2n+1$ 的多项式，则必存在次数不超过 n 的多项式 $P(x)$，$Q(x)$，使得

$$f(x) = P(x)\omega_{n+1}(x) + Q(x).$$

由于插值型求积公式至少具有 n 次代数精确度，且

$$\omega_{n+1}(x_k)=0 \quad (k=0,1,2,\cdots,n),$$

故有

$$\begin{aligned}\int_a^b f(x)\mathrm{d}x &= \int_a^b P(x)\omega_{n+1}(x)\mathrm{d}x+\int_a^b Q(x)\mathrm{d}x=0+\int_a^b Q(x)\mathrm{d}x \\ &\approx \sum_{k=0}^{n}A_kQ(x_k)=\sum_{k=0}^{n}A_k[P(x_k)\omega_{n+1}(x_k)+Q(x_k)] \\ &= \sum_{k=0}^{n}A_kf(x_k).\end{aligned}$$

可见,上述求积公式至少具有 $2n+1$ 次代数精确度. 而对于 $2n+2$ 次多项式

$$f(x)=\omega_{n+1}^2(x),$$

有

$$\int_a^b \omega_{n+1}^2(x)\mathrm{d}x>0.$$

所以,上述求积公式的代数精确度是 $2n+1$,$x_k(k=0,1,2,\cdots,n)$是高斯点.

由定理 3 可知:

(1) 具有 $n+1$ 个节点的插值型求积公式的代数精确度最高是 $2n+1$,因此高斯型求积公式是代数精确度最高的插值型求积公式;

(2) 定理给出了求高斯点的方法: 找与任意次数不超过 n 的多项式 $P(x)$在$[a,b]$上正交的多项式

$$\omega_{n+1}(x)=\prod_{k=0}^{n}(x-x_k),$$

其零点 $x_k(k=0,1,2,\cdots,n)$即为高斯点.

三、勒让德多项式

以高斯点 $x_k(k=1,2,\cdots,n)$为零点的 n 次多项式

$$\mathrm{L}_n(x)=\omega_n(x)=\prod_{k=1}^{n}(x-x_k) \tag{7.3.3}$$

称为**勒让德**(Legendre)**多项式**.

在$[-1,1]$上,可以证明勒让德多项式为

$$\mathrm{L}_n(x)=\frac{1}{2^n(2n-1)!!}\frac{\mathrm{d}^n}{\mathrm{d}x^n}[(x^2-1)^n]. \tag{7.3.4}$$

由此即可得出勒让德多项式,例如

$$\mathrm{L}_1(x)=x,\quad \mathrm{L}_2(x)=x^2-\frac{1}{3},\quad \mathrm{L}_3(x)=x^3-\frac{3}{5}x,$$

$$\mathrm{L}_4(x)=x^4-\frac{30}{35}x^2+\frac{3}{35},\quad \cdots.$$

这样,求勒让德多项式的零点即可得到高斯点 x_k,进而求出高斯系数 A_k,如三个节点的高

斯型求积公式为

$$\int_{-1}^{1} f(x)\mathrm{d}x \approx \frac{5}{9}f\left(-\sqrt{\frac{3}{5}}\right)+\frac{8}{9}f(0)+\frac{5}{9}f\left(\sqrt{\frac{3}{5}}\right). \tag{7.3.5}$$

高斯型求积公式代数精确度高,但节点较多时,求高斯节点和高斯系数复杂,可用复化方法处理.

§4 数值微分

一、差商型求导公式

对于表达式复杂的函数,或以表格形式给出的函数,可利用数值方法求其导数. 这类问题称为**数值微分**,可统一表述为:给定函数 $y=f(x)$ 的数据 $(x_i,f(x_i))$ 或 (x_i,y_i) $(i=0,1,2,\cdots,n)$,求函数 $f(x)$ 在节点 x_i 处的导数值.

最简单的数值微分公式是用节点 x_k 处的差商代替微商建立的. 若为等距节点,设 $h=x_{k+1}-x_k$,则有

$$f'(x_k)=\frac{f(x_k+h)-f(x_k)}{h}+O(h)\approx\frac{f(x_{k+1})-f(x_k)}{h}, \tag{7.4.1}$$

$$f'(x_k)=\frac{f(x_k)-f(x_k-h)}{h}+O(h)\approx\frac{f(x_k)-f(x_{k-1})}{h}, \tag{7.4.2}$$

$$f'(x_k)=\frac{f(x_k+h)-f(x_k-h)}{2h}+O(h^2)\approx\frac{f(x_{k+1})-f(x_{k-1})}{2h}. \tag{7.4.3}$$

公式(7.4.1),(7.4.2),(7.4.3)分别称为数值微分的**向前差商公式**、**向后差商公式**及**中心差商公式**,统称为**差商型求导公式**.

类似地,可得到

$$f''(x_k)=\frac{f(x_{k+1})-2f(x_k)+f(x_{k-1})}{h^2}+O(h^2). \tag{7.4.4}$$

以上数值微分公式较简洁,可利用节点值快速计算节点处的导数,但精确度较低,在实际计算中,步长 h 应较小.

二、插值型求导公式

利用函数 $f(x)$ 的数据表构造 $f(x)$ 的插值多项式 $P_n(x)$,并取 $P_n'(x)$ 的值作为 $f'(x)$ 的近似值,这样建立的数值公式 $f'(x)\approx P_n'(x)$ 称为**插值型求导公式**.

设 $P_n(x)$ 是满足插值条件

$$P_n(x_i)=f(x_i)\quad(i=0,1,2,\cdots,n)$$

的插值多项式,则余项为

$$f(x)-P_n(x)=\frac{f^{n+1}(\xi)}{(n+1)!}\omega_{n+1}(x),$$

其中 ξ 是 x 的函数. 对上式求导数，得

$$f'(x)-P_n'(x)=\frac{f^{(n+1)}(\xi)}{(n+1)!}\omega_{n+1}'(x)+\frac{\omega_{n+1}(x)}{(n+1)!}\frac{\mathrm{d}}{\mathrm{d}x}f^{(n+1)}(\xi). \qquad (7.4.5)$$

由于 ξ 与 x 的具体关系无法知道，(7.4.5)式右端第二项中的 $\frac{\mathrm{d}}{\mathrm{d}x}f^{(n+1)}(\xi)$ 无法求得. 因此，对任意给定的点 x，误差 $f'(x)-P_n'(x)$ 可能很大. 为此，我们限定求节点 $x_i(i=0,1,2,\cdots,n)$ 处的导数值. 于是 $\omega_{n+1}(x_i)=0$，数值微分公式为

$$f'(x_i)=P_n'(x_i)+\frac{f^{(n+1)}(\xi)}{(n+1)!}\omega_{n+1}'(x_i)\quad(i=0,1,2,\cdots,n). \qquad (7.4.6)$$

下面是节点等距分布时常用的数值微分公式：

(1) 一阶两点公式

$$f'(x_i)=\frac{1}{h}(y_{i+1}-y_i)-\frac{h}{2}f''(\xi_1)\quad(\xi_1\in(x_i,x_{i+1}),\ i=0,1,2,\cdots,n-1),$$

$$f'(x_i)=\frac{1}{h}(y_i-y_{i-1})-\frac{h}{2}f''(\xi_2)\quad(\xi_2\in(x_{i-1},x_i),\ i=1,2,\cdots,n). \qquad (7.4.7)$$

(2) 一阶三点公式

$$f'(x_i)=\frac{1}{2h}(-3y_i+4y_{i+1}-y_{i+2})+\frac{h^2}{3}f^{(3)}(\xi_1)$$

$$(\xi_1\in(x_i,x_{i+2}),\ i=0,1,2,\cdots,n-2),$$

$$f'(x_i)=\frac{1}{2h}(-y_{i-1}+y_{i+1})-\frac{h^2}{6}f^{(3)}(\xi_2)$$

$$(\xi_2\in(x_{i-1},x_{i+1}),\ i=1,2,\cdots,n-1),$$

$$f'(x_i)=\frac{1}{2h}(y_{i-2}-4y_{i-1}+3y_i)+\frac{h^2}{3}f^{(3)}(\xi_3)$$

$$(\xi_3\in(x_{i-2},x_i),\ i=2,3,\cdots,n). \qquad (7.4.8)$$

用插值多项式 $P_n(x)$ 作为 $f(x)$ 的近似函数，还可以建立高阶数值微分公式

$$f^{(k)}(x_i)\approx P_n^{(k)}(x_i).$$

(3) 二阶三点公式

$$f''(x_i)=\frac{1}{h^2}(y_{i-1}-2y_i+y_{i+1})-\frac{h^2}{12}f^{(4)}(\xi_1)$$

$$(\xi_1\in(x_{i-1},x_{i+1}),\ i=1,2,\cdots,n-1).$$

在实际计算数值微分时，要特别注意误差分析. 由于数值微分对舍入误差较敏感，往往计算不稳定. 还需指出，当插值多项式 $P_n(x)$ 收敛到 $f(x)$ 时，$P_n'(x)$ 不一定收敛到 $f'(x)$.

为了避免这方面的问题,可用样条插值函数的导函数代替函数 $f(x)$的导函数.

本章小结

本章主要介绍了数值积分和数值微分的一些常用方法.

牛顿-柯特斯公式是在等距节点情形下的插值型求积公式,其简单情形是梯形公式、辛普森公式等.

复化求积公式是改善求积公式精确度的一种行之有效的方法,特别是复化梯形公式和复化辛普森公式,使用方便,在实际计算中常常使用.

龙贝格求积公式是在积分区间逐次二分过程中,对用复化梯形公式所得的近似值进行多级“修正”,而获得的准确程度较高的求积分近似值的一种方法.

高斯型求积公式是一种高精确度的求积公式. 在求积节点数相同,即计算量相近的情况下,利用高斯型求积公式往往可以获得精确度较高的积分近似值,但需确定高斯点,且当节点数据改变时所有数据都要重新查表计算.

对于数值微分,仅介绍了简单形式的差商型求导公式和插值型求导公式,在精确度要求不高时可采用.

对具体实际问题而言,一个公式使用的效果如何,与被积分或被微分函数的性态及计算结果的精确度要求等有关. 我们要根据具体问题,选择合适的公式进行计算.

算法与程序设计实例

用辛普森公式计算定积分.

算法 复化辛普森公式为

$$S_n = \frac{h}{6}\sum_{k=0}^{n-1}\left[f(x_k)+4f\left(x_k+\frac{h}{2}\right)+f(x_{k+1})\right],$$

计算过程如下:

(1) 令 $h=(b-a)/n$, $s_1=f(a+h/2)$, $s_2=0$;

(2) 对 $k=1,2,\cdots,n-1$,计算

$$s_1 \leftarrow s_1+f(a+kh+h/2), \quad s_2 \leftarrow s_2+f(a+kh);$$

(3) $s=\frac{h}{6}[f(a)+4s_1+2s_2+f(b)]$.

实例 用复化辛普森公式计算下列定积分:

(1) $I=\int_0^1 \frac{1}{1+x^2}\mathrm{d}x$; (2) $I=\int_0^1 \frac{\sin x}{x}\mathrm{d}x$.

程序和输出结果

(1) 程序如下：

```
#include<stdio.h>
#include<conio.h>
void main()
{
    int i, n=2;
    float s;
    float f(float);
    float Simpson(float (*)(float),float,float,int);
    for(i=0;i<=2;i++)
    {
        s=Simpson(f,0,1,n);
        printf("s(%d)=%f\n",n,s);
        n*=2;
    }
    getch();
}
float Simpson(float (*f)(float),float a, float b, int n)
{
    int k;
    float s,s1,s2=0.0;
    float h=(b-a)/n;
    s1=f(a+h/2);
    for(k=1;k<=n-1;k++)
    {
        s1+=f(a+k*h+h/2);
        s2+=f(a+k*h);
    }
    s=h/6*(f(a)+4*s1+2*s2+f(b));
    return s;
}
float f(float x)
```

```
{
    return 1/(1+x*x);
}
```

输出结果如下：

s(2)＝0.785392

s(4)＝0.785398

s(8)＝0.785398

说明：这里运行了 3 次，当 $n=2^3=8$ 时，就与 $n=2^2=4$ 时有 6 位数字相同，若用复化梯形公式计算，当 $n=512$ 时，有此结果.

(2) 程序与(1)的程序基本相同，只要将函数定义为

```
float f(float x)
{
    if(x==0)return 1;
    else return sin(x)/x;
}
```

输出结果如下：

s(2)＝0.946087

s(4)＝0.946083

s(8)＝0.946083

思 考 题

1. 叙述数值求积的基本思想方法.

2. 何谓插值型求积公式？它的截断误差如何表示？

3. 复化求积与分段插值的思想方法有何联系？梯形公式、辛普森公式、柯特斯公式及其复化公式都具有什么形式？这三个复化公式的截断误差各是步长 h 的几阶无穷小量？

4. 龙贝格公式是怎样形成的？怎样用龙贝格公式求定积分的近似值？给定允许误差范围 ε，怎样检查所求结果是在允许误差范围内？

5. 何谓代数精确度？说高斯型求积公式具有最高代数精确度的含义是什么？

6. 高斯型求积公式和高斯点是如何定义的？何谓两个节点的高斯型求积公式？已知区间$[-1,1]$上的高斯型求积公式，如何构造一般区间$[a,b]$上的高斯型求积公式？

7. 插值型求导公式怎样形成？误差怎样估计？

习 题 七

1. 分别用梯形公式和辛普森公式计算定积分

$$I=\int_0^1 e^{-x}\,dx,$$

并估计误差(计算取5位小数).

2. 证明:柯特斯系数 $C_i^{(n)}$ 具有性质 $\sum_{i=0}^{n} C_i^{(n)}=1$.

3. 推导出中矩形公式及其截断误差:

$$\int_a^b f(x)\,dx \approx (b-a)f\left(\frac{a+b}{2}\right),$$

$$R[f]=\frac{f''(\xi)}{24}(b-a)^3 \quad (\xi\in(a,b)),$$

并说明该公式的几何意义.

4. 已知连续函数 $f(x)$ 如表7-3所示的数据,用柯特斯公式计算定积分

$$I=\int_{1.8}^{2.6} f(x)\,dx$$

(计算取5位小数).

表 7-3

x_k	1.8	2.0	2.2	2.4	2.6
$f(x_k)$	3.12014	4.42659	6.04241	8.03014	10.46675

5. 分别用复化梯形公式和复化辛普森公式计算定积分

$$I=\int_0^{10} e^{-x^2}\,dx$$

(计算取11个节点,6位小数).

6. 用定积分 $\int_2^8 \frac{1}{x}dx=2\ln 2$ 计算 $\ln 2$,要使计算误差不超过 $\frac{1}{2}\times 10^{-5}$,问:用复化梯形公式时至少取多少个节点?

7. 用龙贝格公式计算定积分

$$I=\frac{2}{\sqrt{\pi}}\int_0^1 e^{-x}\,dx,$$

要求误差不超过 10^{-5}.

8. 证明求积公式

$$\int_{-1}^{1} f(x)\mathrm{d}x \approx \frac{1}{9}[5f(-\sqrt{0.6})+8f(0)+5f(\sqrt{0.6})]$$

对于不高于 5 次的多项式准确成立,并计算定积分

$$I=\int_{0}^{1} \frac{\sin x}{1+x}\mathrm{d}x$$

(计算取 5 位小数).

9. 证明:高斯系数为

$$A_k=\int_{-1}^{1} l_k^2(x)\mathrm{d}x,$$

其中 $$l_k=\frac{\omega_{n+1}(x)}{(x-x_k)\omega'_{n+1}(x_k)} \quad (k=0,1,2,\cdots,n).$$

10. 设函数 $f(x)\in C^4[x_0-2h,x_0+2h](h>0)$,记

$$x_k=x_0+kh,\quad f(x_k)=f_k \quad (k=\pm 2,\pm 1,0),$$

求证:

(1) $f'(x_0)=\dfrac{1}{12h}(f_{-2}-8f_{-1}+8f_1-f_2)+O(h^4)$;

(2) $f''(x_0)=\dfrac{1}{h^2}(f_1+f_{-1}-2f_0)+O(h^2)$.

第八章
常微分方程的数值解法

在工程和科学技术的实际问题中，经常会遇到常微分方程求解问题．然而，只有少数比较典型的常微分方程，才能用解析方法求解，即使求出解，也常常因计算量太大而不实用．而实际问题中大多数常微分方程是不可能用解析方法求解的．但在许多情况下，实际问题本身又往往只要求出其解在一系列点上的近似值．这就需要依靠数值解法．常微分方程的数值解法就是利用数值微分、数值积分和泰勒展开等离散化方法将微分方程变为差分方程进行求解．

本章着重讨论一阶常微分方程初值问题

$$\begin{cases}\dfrac{\mathrm{d}y}{\mathrm{d}x}=f(x,y), \\ y(x_0)=y_0\end{cases}\quad (x_0\leqslant x) \tag{8.0.1}$$

的数值解法．理论上，若函数 $f(x,y)$ 对于 y 满足李普希茨(Lipschitz)条件

$$|f(x,y_1)-f(x,y_2)|\leqslant L|y_1-y_2|,$$

则初值问题(8.0.1)存在唯一解．因此，在本章讨论中，我们总假定函数 $f(x,y)$ 满足李普希茨条件．

所谓微分方程的**数值解法**，就是寻求微分方程的解 $y(x)$ 在一系列离散节点

$$a\leqslant x_0<x_1<x_2<\cdots<x_n<x_{n+1}<\cdots\leqslant b$$

处的近似值 $y_0,y_1,y_2,\cdots,y_n,y_{n+1},\cdots$，其相邻两个节点的距离 $h_n=x_{n+1}-x_n$ 称为**步长**．我们总假设节点是等距离的，即 h_n 为常数 h，这时

$$x_n=x_0+nh\quad (n=0,1,2,\cdots).$$

此时，节点 x_n 处的函数值为

$$y(x_n)=y(x_0+nh)\quad (n=0,1,2,\cdots).$$

本章要求掌握欧拉公式及其改进的欧拉公式的构造，并能正确应用这些公式求微分方程的数值解，理解龙格-库塔方法的基本思想，了解二阶龙格-库塔方法的推导过程，能用经典的四阶龙格-库塔方法求微分方程的数值解，了解线性多步方法并能用阿达姆斯外插公式求常微分方程初值问题的数值解．

§1 欧拉方法

一、欧拉公式

在初值问题(8.0.1)中,用差商代替导数,即

$$y'(x_n) \approx \frac{y(x_{n+1}) - y(x_n)}{h},$$

结果有

$$y(x_{n+1}) \approx y(x_n) + hf(x_n, y(x_n)).$$

再用 y_n 近似代替 $y(x_n)$,便导出计算公式

$$\begin{cases} y_{n+1} = y_n + hf(x_n, y_n) \quad (n = 0, 1, 2, \cdots), \\ y_0 = y(x_0), \end{cases} \tag{8.1.1}$$

公式(8.1.1)称为**显式欧拉(Euler)公式**.

根据公式(8.1.1),由初值 y_0,就可逐步计算出 $y_1, y_2, \cdots$.

若用向后差商代替导数,即

$$y'(x_{n+1}) \approx \frac{1}{h}[y(x_{n+1}) - y(x_n)],$$

便可导出计算公式

$$y_{n+1} = y_n + hf(x_{n+1}, y_{n+1}). \tag{8.1.2}$$

公式(8.1.2)称为**隐式欧拉公式**. 这类隐式格式的计算远比显式格式困难.

类似地,利用中心差商代替导数,即

$$y'(x_n) \approx \frac{1}{2h}[y(x_{n+1}) - y(x_{n-1})],$$

便可导出公式

$$y_{n+1} = y_{n-1} + 2hf(x_n, y_n). \tag{8.1.3}$$

公式(8.1.3)称为**两步欧拉公式**. 在计算 y_{n+1} 时,需利用前两步的信息 y_n, y_{n-1}.

公式(8.1.1),(8.1.2),(8.1.3)统称为**欧拉公式**,相应的求解微分方程的数值方法称为**欧拉方法**.

二、欧拉预估-校正公式

对方程 $y' = f(x, y)$ 的两端从 x_n 到 x_{n+1} 积分,得

$$y(x_{n+1}) = y(x_n) + \int_{x_n}^{x_{n+1}} f(x, y(x))\mathrm{d}x. \tag{8.1.4}$$

在上式中,利用梯形公式计算积分项,便有

$$y(x_{n+1}) \approx y(x_n) + \frac{h}{2}[f(x_n, y(x_n)) + f(x_{n+1}, y(x_{n+1}))].$$

再用 y_n 代替 $y(x_n)$ 的近似值,便可导出计算公式

$$y_{n+1} = y_n + \frac{h}{2}[f(x_n, y_n) + f(x_{n+1}, y_{n+1})]. \tag{8.1.5}$$

公式(8.1.5)称为**梯形公式**,可视为显式欧拉公式(8.1.1)与隐式欧拉公式(8.1.2)的算术平均. 它仍是隐式,不便于直接计算.

在实际计算中,可将欧拉公式与梯形公式结合使用. 先由显式欧拉公式求得一个初步的近似值,记为 $\bar{y}_{n+1}$,称之为**预报值**. 再将预报值代入梯形公式,即由 $\bar{y}_{n+1}$ 代替 y_{n+1},直接计算,这一步骤称为**校正**. 这样,建立的预估-校正系统为

$$\begin{cases} \text{预估} \quad \bar{y}_{n+1} = y_n + hf(x_n, y_n), \\ \text{校正} \quad y_{n+1} = y_n + \dfrac{h}{2}[f(x_n, y_n) + f(x_{n+1}, \bar{y}_{n+1})] \end{cases} \quad (n=0,1,2,\cdots). \tag{8.1.6}$$

公式(8.1.6)称为**欧拉预估-校正公式**或**改进的欧拉公式**. 这是一种显式公式,是对隐式梯形公式的改进,可以直接计算.

为了便于上机编程计算,可将公式(8.1.6)改写为

$$\begin{cases} y_p = y_n + hf(x_n, y_n), \\ y_c = y_n + hf(x_{n+1}, y_p), \\ y_{n+1} = \dfrac{1}{2}(y_p + y_c) \end{cases} \quad (n=0,1,2,\cdots). \tag{8.1.7}$$

例 1 利用欧拉公式和欧拉预估-校正公式求初值问题

$$\begin{cases} y' = y - \dfrac{2x}{y}, \\ y(0) = 1 \end{cases}$$

在区间[0,1]上的数值解(取 $h=0.1$),并与精确解 $y=\sqrt{2x+1}$ 进行比较.

解 将 $f(x,y)=y-\dfrac{2x}{y}$ 代入有关公式,得

(1) 欧拉公式

$$\begin{cases} y_{n+1} = y_n + h\left(y_n - \dfrac{2x_n}{y_n}\right) \quad (n=0,1,2,\cdots,9), \\ y_0 = 1,\ h = 0.1. \end{cases}$$

(2) 欧拉预估-校正公式

$$\begin{cases}\bar{y}_{n+1}=y_n+h\left(y_n-\dfrac{2x_n}{y_n}\right),\\ y_{n+1}=y_n+\dfrac{h}{2}\left(y_n-\dfrac{2x_n}{y_n}+\bar{y}_{n+1}-\dfrac{2x_{n+1}}{\bar{y}_{n+1}}\right)\quad(n=0,1,2,\cdots,9),\\ y_0=1,\ h=0.1.\end{cases}$$

分别计算,其结果如表 8-1 所示.

表 8-1

x_n	欧拉公式 y_n	欧拉预估-校正公式 y_n	精确值 $y(x_n)=\sqrt{2x_n+1}$
0.0	1	1	1
0.1	1.1	1.095909	1.095445
0.2	1.191818	1.184097	1.183216
0.3	1.277438	1.266201	1.264911
0.4	1.358213	1.343360	1.341641
0.5	1.435133	1.416402	1.414214
0.6	1.508966	1.485956	1.483240
0.7	1.580338	1.552514	1.549193
0.8	1.649783	1.616475	1.612452
0.9	1.717779	1.678166	1.673320
1.0	1.784771	1.737867	1.732051

从表 8-1 可看出,用欧拉公式计算的数值解有两位有效数字,而用欧拉预估-校正公式计算的数值解有 3 位有效数字.

三、欧拉方法的误差估计

定义 1 假定 y_n 为准确值,即 $y_n=y(x_n)$,在此前提下,用某种数值方法计算 y_{n+1} 的误差 $R_n=y(x_{n+1})-y_{n+1}$ 称为该数值方法计算 y_{n+1} 的**局部截断误差**.

定义 2 若某一数值方法的局部截断误差为 $R_n=O(h^{p+1})$,p 为正整数,则称这种数值方法为 p **阶方法**,或说该方法具有 p **阶精确度**.

下面我们着重讨论欧拉方法的局部截断误差及其阶.

由泰勒公式有

$$y(x_{n+1})=y(x_n+h)$$
$$=y(x_n)+hy'(x_n)+\frac{h^2}{2!}y''(x_n)+\frac{1}{3!}h^3y'''(x_n)+\cdots.$$

对于显式欧拉公式(8.1.1),有

$$y_{n+1}=y_n+hf(x_n,y_n)=y(x_n)+hf(x_n,y_n)$$
$$=y(x_n)+hy'(x_n),$$

于是其局部截断误差为

$$y(x_{n+1})-y_{n+1}=\frac{h^2}{2!}y''(x_n)+\cdots=O(h^2). \tag{8.1.8}$$

因此,显式欧拉方法的局部截断误差为 $O(h^2)$,该方法是一阶方法.

对于梯形公式(8.1.5),由于梯形求积公式(7.1.15)的误差为

$$|R_T(f)|\leqslant\frac{h^3}{12}\max_{a\leqslant x\leqslant b}|y''(x)|,$$

所示其局部截断误差为 $O(h^3)$. 因此,梯形公式是二阶方法.

对于欧拉预估-校正公式(8.1.6),将其改写为

$$\begin{cases}y_{n+1}=y_n+\dfrac{1}{2}(k_1+k_2),\\ k_1=hf(x_n,y_n),\\ k_2=hf(x_n+h,y_n+k_1)\end{cases}\quad(n=0,1,2,\cdots). \tag{8.1.9}$$

在 $y_n=y(x_n)$ 的前提下,有

$$k_1=hf(x_n,y_n)=hy'(x_n),$$
$$k_2=hf(x_n+h,y_n+k_1)=hf(x_n+h,y(x_n)+k_1)$$
$$=h\left[f(x_n,y(x_n))+h\frac{\partial}{\partial x}f(x_n,y(x_n))+k_1\frac{\partial}{\partial y}f(x_n,y(x_n))+O(h^2)\right]$$
$$=hf(x_n,y(x_n))$$
$$+h^2\left[\frac{\partial}{\partial x}f(x_n,y(x_n))+f(x_n,y(x_n))\frac{\partial}{\partial y}f(x_n,y(x_n))+O(h)\right]$$
$$=hy'(x_n)+h^2y''(x_n)+O(h^3).$$

将 k_1,k_2 代入(8.1.9)式,有

$$y_{n+1}=y_n+hy'(x_n)+\frac{1}{2}h^2y''(x_n)+O(h^3).$$

与泰勒公式比较,则其局部截断误差为

$$y(x_{n+1})-y_{n+1}=\frac{h^3}{3!}y'''(x_n)+\cdots-O(h^3)=O(h^3).$$

因此,欧拉预估-校正公式是二阶方法.

§2 龙格-库塔方法

一、龙格-库塔方法的基本思想

在上一节中,我们得到了一些基本的求解微分方程的数值方法. 从误差估计知道,这些方法的局部截断误差较大,精确度较低. 我们希望得到更高阶的方法.

考查差商 $\frac{y(x_{n+1})-y(x_n)}{h}$. 由微分中值定理知,存在点 ξ,使得

$$\frac{y(x_{n+1})-y(x_n)}{h}=y'(\xi)\quad(\xi\in(x_n,x_{n+1})).$$

于是,由方程 $y'=f(x,y(x))$ 得

$$y(x_{n+1})=y(x_n)+hf(\xi,y(\xi)),$$

其中 $k^*=f(\xi,y(\xi))$ 称为 $[x_n,x_{n+1}]$ 上的**平均斜率**. 这样,只要对平均斜率提供一种近似算法,便相应导出一种计算公式. 显然,显式欧拉公式(8.1.1)就是以 $k_1=f(x_n,y_n)$ 作为平均斜率 k^* 的近似,欧拉预估-校正公式(8.1.9)就是以 x_n 与 x_{n+1} 两个点的斜率值 k_1 与 k_2 取算术平均作为平均斜率 k^* 的近似.

这个处理过程启示我们,若设法在 $[x_n,x_{n+1}]$ 内多预报几个点的斜率值,然后将它们加权平均作为平均斜率 k^*,则有可能构造出具有更高精确度的计算公式. 这就是**龙格-库塔(Runge-Kutta)方法**的基本思想.

二、二阶龙格-库塔公式

我们推广欧拉预估-校正公式. 考查区间 $[x_n,x_{n+1}]$ 内任一点

$$x_{n+p}=x_n+ph\quad(0<p\leqslant 1).$$

用 x_n 和 x_{n+p} 两个点的斜率值 k_1 和 k_2 加权平均得到平均斜率 k^*,即令

$$y_{n+1}=y_n+h[(1-\lambda)k_1+\lambda k_2],$$

其中 λ 为待定系数. 类似于欧拉预估-校正公式,取

$$k_1=f(x_n,y_n),\quad y_{n+p}=y_n+phk_1,\quad k_2=f(x_{n+p},y_{n+p}),$$

这样便有如下计算公式:

$$\begin{cases}y_{n+1}=y_n+h[(1-\lambda)k_1+\lambda k_2],\\ k_1=f(x_n,y_n),\\ k_2=f(x_n+ph,y_n+phk_1)\end{cases}\quad(n=0,1,2,\cdots).\tag{8.2.1}$$

我们希望适当选取参数 λ,p,使得计算公式(8.2.1)具有较高精确度.

现仍假定 $y_n=y(x_n)$,分别将 k_1 和 k_2 作泰勒展开:

$$\begin{aligned} k_1 &= f(x_n, y_n) = y'(x_n), \\ k_2 &= f(x_{n+p}, y_n + phk_1) \\ &= f(x_n, y_n) + ph[f_x(x_n, y_n) + f(x_n, y_n) f_y(x_n, y_n)] + O(h^2) \\ &= y'(x_n) + phy''(x_n) + O(h^2). \end{aligned}$$

代入(8.2.1)式,有

$$y_{n+1} = y(x_n) + hy'(x_n) + \lambda ph^2 y''(x_n) + O(h^3).$$

上式与泰勒展开式

$$y(x_{n+1}) = y(x_n) + hy'(x_n) + \frac{h^2}{2} y''(x_n) + O(h^3)$$

相比较系数可知,要使(8.2.1)具有二阶精确度,需使 $\lambda p = \frac{1}{2}$. 因此,我们把满足 $\lambda p = \frac{1}{2}$ 的公式(8.2.1)统称为**二阶龙格-库塔公式**.

特别地,当 $p=1, \lambda=\frac{1}{2}$ 时,(8.2.1)式就是欧拉预估-校正公式.

若取 $p=\frac{1}{2}, \lambda=1$,则公式(8.2.1)的形式为

$$\begin{cases} y_{n+1} = y_n + hk_2, \\ k_1 = f(x_n, y_n), \\ k_2 = f\left(x_{n+1/2}, y_n + \frac{h}{2} k_1\right) \end{cases} \quad (n=0,1,2,\cdots). \tag{8.2.2}$$

该公式可看作用中点斜率值 k_2 取代平均斜率 k^* 得到,故也可称为**中点公式**,它具有二阶精确度.

三、高阶龙格-库塔公式

为了进一步提高精确度,可在区间 $[x_n, x_{n+1}]$ 上取多个点,预报相应点的斜率值,再对这些斜率值加权平均作为平均斜率值,然后利用泰勒展开,比较相应系数,从而确定在尽可能高的精确度下有关参数应满足的条件,得到高阶龙格-库塔公式.

其中,较常用的**三阶龙格-库塔公式**为

$$\begin{cases} y_{n+1} = y_n + \frac{h}{6}(k_1 + 4k_2 + k_3), \\ k_1 = f(x_n, y_n), \\ k_2 = f\left(x_n + \frac{h}{2}, y_n + \frac{h}{2} k_1\right), \\ k_3 = f(x_n + h, y_n + h(-k_1 + 2k_2)) \end{cases} \quad (n=0,1,2,\cdots), \tag{8.2.3}$$

经典的四阶龙格-库塔公式为

$$\begin{cases} y_{n+1}=y_n+\dfrac{h}{6}(k_1+2k_2+2k_3+k_4), \\ k_1=f(x_n,y_n), \\ k_2=f\left(x_n+\dfrac{h}{2},y_n+\dfrac{h}{2}k_1\right), \\ k_3=f\left(x_n+\dfrac{h}{2},y_n+\dfrac{h}{2}k_2\right), \\ k_4=f(x_n+h,y_n+hk_3) \end{cases} \quad (n=0,1,2,\cdots). \tag{8.2.4}$$

从理论上讲,可以构造任意高阶的龙格-库塔公式.但实践证明,高于四阶的龙格-库塔公式计算量很大,四阶龙格-库塔公式是精确度及计算量较理想的公式.

例 1 用经典四阶龙格-库塔公式求解初值问题

$$\begin{cases} y'=y-\dfrac{2x}{y}, \\ y(0)=1 \end{cases}$$

在区间$[0,1]$上的数值解(取 $h=0.2$).

解 利用经典四阶龙格-库塔公式,有

$$\begin{cases} k_1=y_n-\dfrac{2x_n}{y_n}, \\ k_2=y_n+0.1k_1-\dfrac{2(x_n+0.1)}{y_n+0.1k_1}, \\ k_3=y_n+0.1k_2-\dfrac{2(x_n+0.1)}{y_n+0.1k_2}, \\ k_4=y_n+0.2k_3-\dfrac{2(x_n+0.2)}{y_n+0.2k_3}, \\ y_{n+1}=y_n+\dfrac{0.1}{3}(k_1+2k_2+2k_3+k_4) \end{cases} \quad (n=0,1,2,\cdots).$$

计算结果见表 8-2.

表 8-2

x_n	0	0.2	0.4	0.6	0.8	1.0
y_n	1	1.18323	1.34167	1.48324	1.61251	1.73214
$y(x_n)$	1	1.18322	1.34164	1.48324	1.61245	1.73205

该结果有 4 位有效数字.与本章 §1 的例 1 相比,可见四阶龙格-库塔公式的精确度高于欧拉公式和预估-校正公式.

§3 线性多步方法

一、线性多步方法的基本思想

在微分方程求解的递推公式中,计算 y_{n+1} 之前,事实上近似值 $y_0,y_1,\cdots,y_n$ 已经求出,若能充分利用第 $n+1$ 步前面的多步信息来计算 y_{n+1},就可希望获得较高的精确度.这就是构造线性多步方法的基本思想.

我们已经知道,微分方程初值问题(8.0.1)中的微分方程等价于积分方程

$$y(x_{n+1})=y(x_n)+\int_{x_n}^{x_{n+1}}f(x,y(x))\mathrm{d}x.$$

用 k 次插值多项式 $P_k(x)$来代替 $f(x,y(x))$,即令 $f(x,y(x))=P_k(x)+R_k(x)$,则有

$$y(x_{n+1})=y(x_n)+\int_{x_n}^{x_{n+1}}P_k(x)\mathrm{d}x+\int_{x_n}^{x_{n+1}}R_k(x)\mathrm{d}x.$$

舍去余项

$$R_n=\int_{x_n}^{x_{n+1}}R_k(x)\mathrm{d}x,$$

设 $y_n=y(x_n)$,而 y_{n+1} 为 $y(x_{n+1})$的近似值,便可得到一类**线性多步方法**的计算公式

$$y_{n+1}=y_n+\int_{x_n}^{x_{n+1}}P_k(x)\mathrm{d}x. \tag{8.3.1}$$

$P_k(x)$分别取零次和一次多项式时,公式(8.3.1)就是显式或隐式欧拉公式和梯形公式.若需要提高计算精确度,就要用更高次的插值多项式 $P_k(x)$来代替 $f(x,y(x))$.

二、阿达姆斯外插公式及其误差

在公式(8.3.1)中,作三次插值多项式 $P_3(x)$. 选取 $x_n,x_{n-1},x_{n-2},x_{n-3}$作为插值节点,记 $F(x)=f(x,y(x))$,则 $F(x)$的三次插值多项式为

$$P_3(x)=\sum_{i=0}^{3}\left(\prod_{\substack{j=0\\ j\neq i}}^{3}\frac{x-x_{n-j}}{x_{n-i}-x_{n-j}}F(x_{n-i})\right),$$

其插值余项为

$$R_3(x)=\frac{1}{4!}F^{(4)}(\xi_n)(x-x_n)(x-x_{n-1})(x-x_{n-2})(x-x_{n-3})$$

$$(x_{n-3}\leqslant\xi_n\leqslant x_n).$$

由公式(8.3.1), 令 $x=x_n+th$ (h 为步长),则

$$\int_{x_n}^{x_{n+1}} P_3(x)\mathrm{d}x = \int_0^1 \Big[\frac{1}{3!}F(x_n)(t+1)(t+2)(t+3) + \frac{1}{-2}F(x_{n-1})t(t+2)(t+3) + \frac{1}{2}F(x_{n-2})t(t+1)(t+3) + \frac{1}{-3!}F(x_{n-3})t(t+1)(t+2)\Big]h\,\mathrm{d}t$$

$$= \frac{h}{24}[55F(x_n) - 59F(x_{n-1}) + 37F(x_{n-2}) - 9F(x_{n-3})].$$

这样便有公式

$$y_{n+1} = y_n + \frac{h}{24}[55f(x_n, y_n) - 59f(x_{n-1}, y_{n-1}) + 37f(x_{n-2}, y_{n-2}) - 9f(x_{n-3}, y_{n-3})] \quad (n = 3, 4, \cdots). \tag{8.3.2}$$

公式(8.3.2)称为**线性四步阿达姆斯**(Adams)**显式公式**. 由于插值多项式 $P_3(x)$ 是在区间 $[x_{n-3}, x_n]$ 上做出的,而积分区间为 $[x_n, x_{n+1}]$,所以公式(8.3.2)也称为**阿达姆斯外插公式**.

公式(8.3.2)的局部截断误差就是数值积分的误差,即

$$R_n = \int_{x_n}^{x_{n+1}} R_3(x)\mathrm{d}x = \int_{x_n}^{x_{n+1}} \frac{1}{4!}F^{(4)}(\xi_n)(x - x_n)(x - x_{n-1})(x - x_{n-2})(x - x_{n-3})\mathrm{d}x.$$

由于 $(x - x_n)(x - x_{n-1})(x - x_{n-2})(x - x_{n-3})$ 在区间 $[x_n, x_{n+1}]$ 上不变号,若设 $F^{(4)}(x)$ 在 $[x_n, x_{n+1}]$ 上连续,利用积分第二中值定理,存在 $\eta_n \in [x_n, x_{n+1}]$,使得

$$R_n = \frac{1}{4!}F^{(4)}(\eta_n)\int_{x_n}^{x_{n+1}} (x - x_n)(x - x_{n-1})(x - x_{n-2})(x - x_{n-3})\mathrm{d}x = \frac{251}{720}h^5 F^{(4)}(\eta_n) = \frac{251}{720}h^5 y^{(5)}(\eta_n) = O(h^5). \tag{8.3.3}$$

因此,公式(8.3.2)是一个四阶方法.

注意到要用阿达姆斯外插公式进行计算,必须提供初值 y_0, y_1, y_2, y_3. 实际计算中,常常用四阶龙格-库塔公式计算出这些初值,再由阿达姆斯外插公式进行计算.

例 1　用阿达姆斯外插公式求解初值问题

$$\begin{cases} \dfrac{\mathrm{d}y}{\mathrm{d}x} = y - \dfrac{2x}{y}, \\ y(0) = 1 \end{cases}$$

在区间[0,1]上的数值解(取 $h = 0.1$).

解　先由四阶龙格-库塔公式求出初值,结果如表 8-3 所示.

表 8-3

n	0	1	2	3
x_n	0	0.1	0.2	0.3
y_n	1	1.095446	1.183217	1.264916

然后由公式(8.3.2)计算其他点处的值,结果见表 8-4.

表 8-4

x_n	0.4	0.5	0.6	0.7	0.8	0.9	1.0
y_n	1.341551	1.414045	1.483017	1.548917	1.612114	1.672914	1.731566
$y(x_n)$	1.341641	1.414214	1.483240	1.549193	1.612452	1.673320	1.732051

三、阿达姆斯内插公式

在公式(8.3.1)中,若以 $x_{n+1},x_n,x_{n-1},x_{n-2}$ 为插值节点作 $f(x,y(x))$ 的三次插值多项式,类似于上一小节的做法,可得计算公式及截断误差如下:

$$y_{n+1}=y_n+\frac{h}{24}(9f_{n+1}+19f_n-5f_{n-1}+f_{n-2}),\quad (n=3,4,\cdots). \tag{8.3.4}$$

$$R_n=-\frac{19}{720}h^5y^{(5)}(\eta_n)=O(h^5) \tag{8.3.5}$$

公式(8.3.4)称为**线性三步阿达姆斯公式**或**阿达姆斯内插公式**,它也是四阶方法.

公式(8.3.4)是隐式公式,不便于直接使用. 仿照改进欧拉公式的构造方法,将显式公式(8.3.2)与隐式公式(8.3.4)结合,则有以下预估-校正公式:

$$\begin{cases}\text{预估}\quad \bar{y}_{n+1}=y_n+\dfrac{h}{24}(55f_n-59f_{n-1}+37f_{n-2}-9f_{n-3}),\\ \bar{f}_{n+1}=f(x_{n+1},\bar{y}_{n+1}),\\ \text{校正}\quad y_{n+1}=y_n+\dfrac{h}{24}(9\bar{f}_{n+1}+19f_n-5f_{n-1}+f_{n-2})\end{cases}\quad (n=3,4,\cdots). \tag{8.3.6}$$

上面我们建立了两个四阶的线性多步公式,它们在实际计算中经常被使用. 从理论上还可以建立更高阶的线性多步公式,但由于高次拉格朗日插值多项式不一定一致地收敛于被插值函数(甚至会出现龙格现象),特别是它的导数更不一定能很好地近似被插值函数的导数,所以建立更高阶的多步公式没有太大的实际意义.

*§4　一阶常微分方程组和高阶常微分方程的数值解法

一、一阶常微分方程组的数值解法

前面介绍了一阶常微分方程的各种数值解法,它们对一阶常微分方程组同样适用,其计算公式、截断误差的推导与一阶常微分方程的情况类似. 下面以含两个未知函数的一阶常微分方程组为例,并直接给出计算公式.

设讨论的常微分方程组初值问题为

$$\begin{cases} \dfrac{\mathrm{d}y}{\mathrm{d}t}=f(t,y,z), \quad y(t_0)=y_0, \\ \dfrac{\mathrm{d}z}{\mathrm{d}t}=g(t,y,z), \quad z(t_0)=z_0 \end{cases} \quad (t_0 \leqslant t \leqslant T). \tag{8.4.1}$$

(1) 欧拉方法计算公式为

$$\begin{cases} y_{n+1}=y_n+hf(t_n,y_n,z_n), \\ z_{n+1}=z_n+hg(t_n,y_n,z_n) \end{cases} \quad (n=0,1,2,\cdots); \tag{8.4.2}$$

(2) 经典四阶龙格-库塔方法计算公式为

$$\begin{cases} y_{n+1}=y_n+\dfrac{1}{6}(k_1+2k_2+2k_3+k_4), \\ z_{n+1}=z_n+\dfrac{1}{6}(m_1+2m_2+2m_3+m_4) \end{cases} \quad (n=0,1,2,\cdots), \tag{8.4.3}$$

其中

$$\begin{cases} k_1=hf(t_n,y_n,z_n), \\ m_1=hg(t_n,y_n,z_n), \\ k_2=hf(t_n+h/2,y_n+k_1/2,z_n+m_1/2), \\ m_2=hg(t_n+h/2,y_n+k_1/2,z_n+m_1/2), \\ k_3=hf(t_n+h/2,y_n+k_2/2,z_n+m_2/2), \\ m_3=hg(t_n+h/2,y_n+k_2/2,z_n+m_2/2), \\ k_4=hf(t_n+h,y_n+k_3,z_n+m_3), \\ m_4=hg(t_n+h,y_n+k_3,z_n+m_3) \end{cases} \quad (n=0,1,2,\cdots);$$

(3) 四阶阿达姆斯外插方法计算公式为

$$\begin{cases} y_{n+1}=y_n+\dfrac{h}{24}(55f_n-59f_{n-1}+37f_{n-2}-9f_{n-3}), \\ z_{n+1}=z_n+\dfrac{h}{24}(55g_n-59g_{n-1}+37g_{n-2}-9g_{n-3}) \end{cases} \quad (n=3,4,\cdots). \tag{8.4.4}$$

二、高阶微分方程的数值解法

对于高阶常微分方程初值问题,可先化为含多个未知函数的一阶常微分方程组初值问题的形式,然后按求解一阶常微分方程组初值问题的方法进行求解. 下面以二阶常微分方程初值问题

$$\begin{cases} \dfrac{d^2 y}{dx^2} = f\left(x, y, \dfrac{dy}{dx}\right), \\ y(x_0) = y_0,\ \dfrac{dy}{dx}\Big|_{x=x_0} = z_0 \end{cases} \quad (x_0 \leqslant x \leqslant b) \tag{8.4.5}$$

为例作简单介绍.

令 $z = \dfrac{dy}{dx}$,则微分方程初值问题(8.4.5)可化为微分方程组初值问题

$$\begin{cases} \dfrac{dy}{dx} = z,\ y(x_0) = y_0, \\ \dfrac{dz}{dx} = f(x, y, z),\ z(x_0) = z_0 \end{cases} \quad (x_0 \leqslant x \leqslant b). \tag{8.4.6}$$

若用欧拉预估-校正公式求解,则有计算公式

$$\begin{cases} y_{n+1} = y_n + \dfrac{1}{2}(k_1 + k_2), \\ z_{n+1} = z_n + \dfrac{1}{2}(m_1 + m_2) \end{cases} \quad (n = 0, 1, 2, \cdots), \tag{8.4.7}$$

其中

$$\begin{cases} k_1 = h z_n, \\ m_1 = h f(x_n, y_n, z_n), \\ k_2 = h(z_n + m_1), \\ m_2 = h f(x_n + h, y_n + k_1, z_n + m_1) \end{cases} \quad (n = 0, 1, 2, \cdots).$$

对于高于二阶的高阶常微分方程,可引入多个变量,化为多个方程的一阶常微分方程组,再用类似于上面的方法进行处理.

本 章 小 结

本章着重介绍了常微分方程的数值解法,主要有欧拉方法、龙格-库塔方法及线性多步方法等.

欧拉方法是最简单、最基本的方法. 利用差商代替微商,就可得到一系列欧拉公式. 这些

公式形式简洁,易于编程计算,但精确度较低,可方便用于精确度要求不高的近似计算.

龙格-库塔公式是利用区间上多个点的斜率值的加权平均的思想,得出的高精确度的计算公式.特别是四阶龙格-库塔公式,易于编程计算,精确度较高,是常用的工程计算公式.

线性多步方法是在用插值多项式代替被积函数的基础上构造的,它可利用前面若干步计算结果的信息,使计算结果精确度提高.其中较常用的四阶阿达姆斯公式,易于估计误差,计算确精度较高,适用于 $f(x,y)$ 较复杂的情形,但需利用其他方法提供初值.

本章最后简单介绍了一阶常微分方程组和可化为一阶常微分方程组的高阶常微分方程数值解法的一些计算公式.

算法与程序设计实例

用改进的欧拉方法求解一阶常微分方程初值问题.

算法 给定迭代次数容许值 N 和 x_0,y_0,x_N.

(1) 令 $k=1,h=(x_N-x_0)/N$.

(2) 计算 $y_p=y_k+hf(x_k,y_k)$.

(3) 令 $x_{k+1}=x_0+kh$,计算 $y_c=y_k+hf(x_{k+1},y_p)$.

(4) 计算 $y_{k+1}=\frac{1}{2}(y_p+y_c)$,并输出 x_{k+1} 和 y_{k+1}.

(5) $k\leftarrow k+1$,若 $k>N$,则程序结束;否则,转(2).

实例 用改进的欧拉方法解微分方程初值问题

$$\begin{cases}y'=-xy^2 \quad (0\leqslant x\leqslant 5),\\ y(0)=2.\end{cases}$$

程序和输出结果

程序如下:

```
#include<stdio.h>
#define N 20
void ModEuler(float (*f1)(float,float), float x0, float y0,float xn, int n)
{
    int i;
    float yp,yc,x=x0,y=y0,h=(xn-x0)/n;
    printf("x[0]=%f\ty[0]=%f\n",x,y);
    for(i=1;i<=n;i++)
    {
        yp=y+h*f1(x,y);
```

```
            x=x0+i*h;
            yc=y+h*f1(x,yp);
            y=(yp+yc)/2.0;
            printf("x[%d]=%f\ty[%d]=%f\n",i,x,i,y);
        }
}
void main()
{
        int i;
        float xn=5.0,x0=0.0,y0=2.0;
        void ModEuler(float (*)(float, float),float,float,float,int);
        float f1(float,float);
        ModEuler(f1,x0,y0,xn,N);
        getch();
}
float f1(float x, float y)
{
return -x*y*y;
}
```

输出结果如下：

```
x[0]=0.000000    y[0]=2.000000
x[1]=0.250000    y[1]=1.875000
x[2]=0.500000    y[2]=1.593891
x[3]=0.750000    y[3]=1.282390
x[4]=1.000000    y[4]=1.009621
x[5]=1.250000    y[5]=0.793188
x[6]=1.500000    y[6]=0.628151
x[7]=1.750000    y[7]=0.503730
x[8]=2.000000    y[8]=0.409667
x[9]=2.250000    y[9]=0.337865
x[10]=2.500000   y[10]=0.282357
x[11]=2.750000   y[11]=0.238857
x[12]=3.000000   y[12]=0.204300
```

x[13]=3.250000 y[13]=0.176490
x[14]=3.500000 y[14]=0.153836
x[15]=3.750000 y[15]=0.135175
x[16]=4.000000 y[16]=0.119642
x[17]=4.250000 y[17]=0.106592
x[18]=4.500000 y[18]=0.095530
x[19]=4.750000 y[19]=0.086080
x[20]=5.000000 y[20]=0.077948

思 考 题

1. 何谓常微分方程的数值解法？一阶常微分方程初值问题有哪些数值解法？比较各种方法的优缺点，并举具体例子说明之.

2. 何谓数值方法的局部截断误差？p 阶精确度的定义是什么？泰勒展开式在研究局部截断误差中起何作用？

3. 何谓显式、隐式、单步、多步方法？如何使用隐式方法？

4. 阿达姆斯公式是怎样导出的？有何优缺点？

5. 如何求解一阶常微分方程组的初值问题？

6. 高阶常微分方程的初值问题怎样求解？

习 题 八

1. 分别用显式欧拉公式和欧拉预估-校正公式求解初值问题

$$\begin{cases} y'=x^2-y^2, \\ y(0)=1 \end{cases}$$

在区间[0,0.5]上的数值解(取 $h=0.1$).

2. 证明：欧拉预估-校正公式可精确求解初值问题

$$\begin{cases} y'=ax+b, \\ y(0)=0. \end{cases}$$

3. 用经典四阶龙格-库塔公式求解初值问题(取 $h=0.2$)

$$\begin{cases} y'=\dfrac{3y}{1+x} \quad (0\leqslant x\leqslant 1), \\ y(0)=1. \end{cases}$$

4. 用阿达姆斯外插方法求初值问题

$$\begin{cases} y' = x + y, \\ y(0) = 0 \end{cases}$$

在区间[0,1]上的数值解(取 $h=0.1$).

5. 证明:对任何参数 t,公式

$$\begin{cases} y_{n+1} = y_n + \dfrac{1}{2}(k_2 + k_3), \\ k_1 = hf(x_n, y_n), \\ k_2 = hf(x_n + th, y_n + tk_1), \\ k_3 = hf(x_n + (1-t)h, y_0 + (1-t)k_2) \end{cases}$$

是二阶龙格-库塔公式.

6. 对初值问题

$$\begin{cases} y' = f(x, y), \\ y(x_0) = y_0 \end{cases}$$

的计算公式

$$y_{n+1} = y_n + h[af(x_n, y_n) + bf(x_{n-1}, y_{n-1}) + cf(x_{n-2}, y_{n-2})],$$

假设 $y_{n-2} = y(x_{n-2})$, $y(x_{n-1}) = y_{n-1}$, $y(x_n) = y_n$,试确定参数 a, b, c,使该公式的局部截断误差为 $O(h^4)$.

7. 利用经典四阶龙格-库塔公式求解微分方程组

$$\begin{cases} y' = \dfrac{1}{z - x},\ y(0) = 1, \\ z' = -\dfrac{1}{y} + 1,\ z(0) = 1 \end{cases}$$

在区间[0,1]上的数值解(取 $h=0.2$).

8. 构造形如

$$y_{n+1} = a_0 y_n + a_1 y_{n-1} + a_2 y_{n-2} + h[b_0 f(x_n, y_n) + b_1 f(x_{n-1}, y_{n-1}) + b_2 f(x_{n-2}, y_{n-2})]$$

的三阶线性三步公式.

习题答案与提示

习 题 一

1. 49×10^{-2}：$E=0.005$，$E_r=0.0102$，2 位有效数字；

0.0490：$E=0.00005$，$E_r=0.00102$，3 位有效数字；

490.00：$E=0.005$，$E_r=0.0000102$，5 位有效数字.

2. $E=0.0013$，$E_r=0.00041$，3 位有效数字.

3. 5 位有效数字.　**5.** (1) 4.472；(2) 4.47.

6. 0.005 cm.　**7.** $n\times1\%$.

8. 2 位有效数字.　**10.** 第(3)个公式绝对误差最小.

11. $\dfrac{2x^2}{(1+2x)(1+x)}$，$|x|\ll1$；$\dfrac{2}{\sqrt{x}(\sqrt{x^2+1}+\sqrt{x^2-1})}$，$|x|\gg1$；

$\dfrac{2\sin^2\dfrac{x}{2}}{x}$，$|x|\ll1$，$x\neq0$.

12. 不稳定. 从 x_0 计算到 x_{10} 时误差约为 $\dfrac{1}{2}\times10^8$.

习 题 二

1. (1) 精确解为 $x_1=3$，$x_2=x_3=1$；(2) 精确解为 $x_1=2$，$x_2=1$，$x_3=1/2$；

(3) $x_1=1.040$，$x_2=0.9870$，$x_3=0.9351$，$x_4=0.8813$.

2. 精确解为 $x_1=x_3=1$，$x_2=x_4=-1$.

3. (1) $x_1=0$，$x_2=2$，$x_3=1$；(2) $x_1=1$，$x_2=1/2$，$x_3=1/3$.

4. $\boldsymbol{X}=(1.11111,0.77778,2.55556)^{\mathrm{T}}$.

5. (1) $\boldsymbol{X}=\left(\dfrac{1507}{665},-\dfrac{1145}{665},\dfrac{703}{665},-\dfrac{395}{665},\dfrac{212}{665}\right)^{\mathrm{T}}$；(2) $\boldsymbol{X}=(3,2,1)^{\mathrm{T}}$.

7. (2) $(-3.999,2.999,1.999)^{\mathrm{T}}$.

8. $\boldsymbol{X}^{(10)}=(0.49996,0.99997,-0.50001)^{\mathrm{T}}$.

12. $\|\boldsymbol{A}\|_\infty=1.1$，$\|\boldsymbol{A}\|_1=0.8$，$\|\boldsymbol{A}\|_2=0.828$，$\|\boldsymbol{A}\|_F=0.8426$.

13. (2) 对 $\boldsymbol{A}^{\mathrm{T}}\boldsymbol{A}$ 使用迹定理：主对角线元素之和等于特征值之和.

习 题 三

1. $\alpha\approx0.35$. **2.** 15 次.

3. (1) 一个根，$\left[0,\frac{\pi}{4}\right]$，$x_{n+1}=\frac{\sin x_n+\cos x_n}{4}$；

(2) 一个根，[1,2]，$x_{n+1}=\log_2(4-x_n)$.

4. (1),(2)收敛,(3),(4)发散，$\alpha=1.466$.

5. $\alpha\approx1.04476$. **6.** $\alpha\approx0.0905$. **7.** $\alpha\approx0.5671$.

8. $\alpha\approx1.3247$. **9.** $-(n-1)/(2\sqrt[n]{a})$；$(n+1)/(2\sqrt[n]{a})$.

10. $\alpha\approx1.879$. **11.** $\alpha\approx1.442250$. **12.** 0.51098.

习 题 四

1. (1) 11，$(0.6667,1.3333,1)^{\mathrm{T}}$； (2) 9.6056，$(1,0.6056,-0.3945)^{\mathrm{T}}$.

2. -13.220180293，$(1,-0.235105504,-0.171621092)^{\mathrm{T}}$；

-13.2201809，$(1,-0.2351055,-0.1716216)^{\mathrm{T}}$.

3. -13.22018，$(1,-0.23510,-0.17162)^{\mathrm{T}}$.

4. $\lambda_1\approx3.4142$，$\lambda_2\approx1.9998$，$\lambda_3\approx0.5959$.

$\boldsymbol{X}^{(1)}\approx(0.9926,-0.1207,0)^{\mathrm{T}}$，$\boldsymbol{X}^{(2)}\approx(0.1207,0.9926,0)^{\mathrm{T}}$，$\boldsymbol{X}^{(3)}\approx(0,0,0)^{\mathrm{T}}$.

习 题 五

1. $\frac{5}{6}x^2+\frac{3}{2}x-\frac{7}{3}$.

2. $-\frac{1}{3}(x-1)(x-2)(x-3)+\frac{3}{2}x(x-2)(x-3)-\frac{1}{6}x(x-1)(x-2)$.

3. 0.1214. **6.** 1.94472. **7.** $\frac{1}{162}(23x^3-63x^2-234x+324)$.

8. $f(1.682)\approx2.5957$，$f(1.813)\approx2.9833$. **11.** 0.875，35.375. **12.** 0.5.

14. $f(0.45)\approx-0.798626$，$|R|<\frac{1}{2}\times10^{-2}$；$f(0.82)\approx-0.198607$，$|R|<\frac{1}{2}\times10^{-2}$.

15. 2.498×10^{-2}.

16. (1) $-3x^3+13x^2-17x+9$，$\frac{1}{4!}f^{(4)}(\xi)(x-1)^2(x-2)^2$，$\xi\in(1,2)$；

(2) $x^3-\frac{9}{2}x^2+\frac{11}{2}x-1$，$\frac{1}{4}f^{(4)}(\xi)(x-1)(x-2)^2(x-3)$，$\xi\in(1,3)$.

17. (1) $\begin{cases} S_1(x)=\dfrac{1}{15}x(1-x)(15-11x), & x\in[0,1], \\ S_2(x)=\dfrac{1}{15}(x-1)(x-2)(7-3x), & x\in[1,2], \\ S_3(x)=\dfrac{1}{15}(x-3)^2(x-2), & x\in[2,3]; \end{cases}$

(2) $\begin{cases} S_1(x)=\dfrac{1}{90}x(1-x)(19x-26), & x\in[0,1], \\ S_2(x)=\dfrac{1}{90}(x-1)(x-2)(5x-12), & x\in[1,2], \\ S_3(x)=\dfrac{1}{90}(3-x)(x-2)(x-4), & x\in[2,3]. \end{cases}$

习 题 六

1. $x_1=2.9794$，$x_2=1.2259$.

2. $\varphi_1(x)=7.464x+3.916$；$\varphi_2(x)=0.301x^2+6.312x+4.978$.

3. $y=0.973+0.050x^2$. **4.** $v_0=11.0814$，$a=4.4976$.

5. $y=95.3524+2.2337x$. **6.** $I=5.635e^{-2.889t}$.

7. $y=3.072e^{0.5057x}$. **8.** $y=2.40+1.601\ln x$.

习 题 七

1. 0.68394，0.63233，$|R_1|\leqslant 0.08333$，$|R_2|\leqslant 0.00035$.

3. **提示** 用 $f(x)$ 的泰勒展开式. **4.** 5.03292. **5.** 0.886319.

6. 0.836214. **7.** 0.71327. **8.** 0.28425.

习 题 八

1.

	x_n	0	0.1	0.2	0.3	0.4	0.5
欧拉法	y_n	1	0.9	0.82	0.75676	0.70849	0.67430
预估校正	y_n	1	0.91	0.83680	0.77858	0.73435	0.70364

3.

x_n	0	0.2	0.4	0.6	0.8	1.0
y_n	1	1.72755	2.74295	4.09204	5.82617	7.99184

4.

x_n	0	0.2	0.4	0.6	0.8	1.0
y_n	0	0.0214	0.0918	0.2221	0.4255	0.7182

6. $a=\frac{23}{12}$, $b=-\frac{16}{12}$, $c=\frac{5}{12}$.

7.

x_n	0	0.2	0.4	0.6	0.8	1.0
y_n	1	1.222	1.493	1.823	2.226	2.718
z_n	1	1.019	1.071	1.150	1.250	1.370

参考文献

[1] 李庆扬，王能超，易大义．数值分析．第四版．北京：清华大学出版社，2001．
[2] 封建湖，车刚明，聂玉峰．数值分析原理．北京：科学出版社，2001．
[3] 邓建中，刘之行．计算方法．第二版．西安：西安交通大学出版社，2001．
[4] 黄友谦，李岳生．数值逼近．第二版．北京：高等教育出版社，1987．
[5] 李信真，车刚明，欧阳洁，封建湖．计算方法．西安：西北工业大学出版社，2000．
[6] 徐树方，高立，张平文．数值线性代数．北京：北京大学出版社，2000．
[7] 梁家荣，尹琦．计算方法．重庆：重庆大学出版社，2001．
[8] 王世儒，王金金，冯有前，李彦民．计算方法．西安：西安电子科技大学出版社，1996．
[9] 贺俐，陈桂兴．计算方法．武汉：武汉大学出版社，1998．
[10] 曹志浩．矩阵特征值问题．上海：上海科学技术出版社，1980．
[11] 袁慰平，孙志忠，吴宏伟，闻震初．计算方法与实习．第 3 版．南京：东南大学出版社，2000．
[12] 陈宏盛，刘雨．计算方法．长沙：国防科技大学出版社，2001．
[13] 聂铁军，侯谊，郑介庸．数值计算方法．西安：西北工业大学出版社，1990．
[14] 胡健伟，汤怀民．微分方程数值解法．北京：科学出版社，2000．
[15] 李德志，刘启海．计算机数值方法引论．西安：西北大学出版社，1993．
[16] 王能超．数值分析简明教程．北京：高等教育出版社，1995．